DELIUS KLASING

CHRISTIAN TIEDT

MOTORBOOTE

TYPEN · TECHNIK · FAHRSPASS

DELIUS KLASING VERLAG

Bibliografische Information der Deutschen Nationalbibliothek
Die Deutsche Nationalbibliothek verzeichnet diese Publikation
in der Deutschen Nationalbibliografie; detaillierte bibliografische
Daten sind im Internet über http://dnb.d-nb.de abrufbar.

1. Auflage 2011
ISBN 978-3-7688-3259-5

Lektorat: Petra Krumme, Kerstin Hug
Titelfoto: Bavaria Yachtbau
Fotos: Delius Klasing Verlag: S. 70/71, 103 (u.), 112/113;
Frauscher Bootswerft: S. 30, 34/35, 41 (m.); Harald Paul: S. 13 (o.), 14;
Hellwig Boote: S. 26/27; Linssen Yachts: S. 32/33; Nimbus Boats: S. 28/29;
Sea Shepherd Conservation Society: S. 19 (u.); Volvo Penta: S. 37 (u.), 40/41;
Wasserstraßenneubauamt Berlin: S. 89 (o.); Yamaha Motor: S. 36
Alle übrigen Abbildungen: Christian Tiedt
Umschlaggestaltung: Gabriele Engel
Layout: Christian Tiedt
Druck: Print Consult, München

Delius Klasing Verlag, Siekerwall 21, D - 33602 Bielefeld
Tel.: 0521/559-0, Fax: 0521/559-115
E-Mail: info@delius-klasing.de
www.delius-klasing.de

INHALT

1

EINLEITUNG

Historie
Klassiker
Abenteuer
Rekorde

DIE HISTORIE

125 Jahre Motorboot-Geschichte

Dampf hatte die Seefahrt im 19. Jahrhundert völlig verändert: Plötzlich war man nicht mehr auf den Wind angewiesen. Doch hohe Geschwindigkeiten ließen sich so nicht erzielen. Abhilfe brachte erst die Dampfturbine des Briten Charles Parsons – aber für den Einsatz auf kleinen Booten war sie viel zu groß. Die Revolution kam mit dem Verbrennungsmotor: Zu Versuchszwecken baute Gottlieb Daimler 1886 eines der ersten Modelle in die REMS ein – das erste Motorboot der Welt.

Die Entwicklung ließ sich nun nicht mehr aufhalten: Deutlichstes Zeichen war die erste internationale Motorbootausstellung, die bereits 1902 mit großem Erfolg am Berliner Wannsee stattfand. Schon fünf Jahre später wurde der Deutsche Motoryacht Verband aus der Taufe gehoben, 1908 wurde der neue Sport olympisch. In Europa waren es vor allem Boote von Friedrich Lürßen, die von sich reden machten, besonders auf den immer populärer werdenden Rennveranstaltungen: DONNERWETTER und VERTEIDIGER gehörten zu den Erfolgsbooten, ebenso wie der LÜRSSEN-DAIMLER, der 1911 in Monaco die »Internationale Meisterschaft des Meeres« und den »Großen Preis der Nationen« gewann.

Auch auf der anderen Seite des Atlantiks machte das Motorboot steile Karriere. Dort waren es Männer wie John Hacker, Gar Wood und Chris Smith, die die Akzente setzten. Beson-

Lürssen-Limousine: Die goldenen Zwanziger- und Dreißigerjahre waren auch im Bootsbau von eleganten Linien und edlen Materialien geprägt. Man baute noch in Handarbeit aus Holz – auch diese 9,20 m lange Lürssen-Limousine, ein klassisches Verkehrsboot dieser Zeit.

MEILENSTEINE DES MOTORBOOTSBAUS

1886: Gottlieb Daimler baut einen Verbrennungsmotor in die REMS ein, die damit zum ersten Motorboot der Welt wird.
1902: Am Berliner Wannsee findet die erste internationale Bootsausstellung statt.
1904: John Hackers AU REVOIR, die über den von ihm zuvor erfundenen V-Rumpf verfügt, ist das damals schnellste Motorboot der Welt.
1906: Der erste Außenbordmotor wird von Ole Evinrude entwickelt. Der Zweitakter wiegt 34 kg und leistet stolze 1,5 PS.
1911: Der Dreipunkter KITTY HAWK von John Hacker revolutioniert den Bootsrennsport.
1922: Bei Chris-Craft wird als erster Großwerft das System der Massenfertigung eingeführt.
1945: Taylor Winner präsentiert mit dem PLASTICRAFT erstmals ein Boot aus glasfaserverstärktem Kunststoff (GFK).
1963: Charles Hunt erfindet den tiefen V-Rumpf, der zu höherer Seetüchtigkeit führt.
1967: Tony und Edward Lee-Elliott präsentieren das erste Festrumpfschlauchboot (RIB).

Flagge des United States Power Squadrons

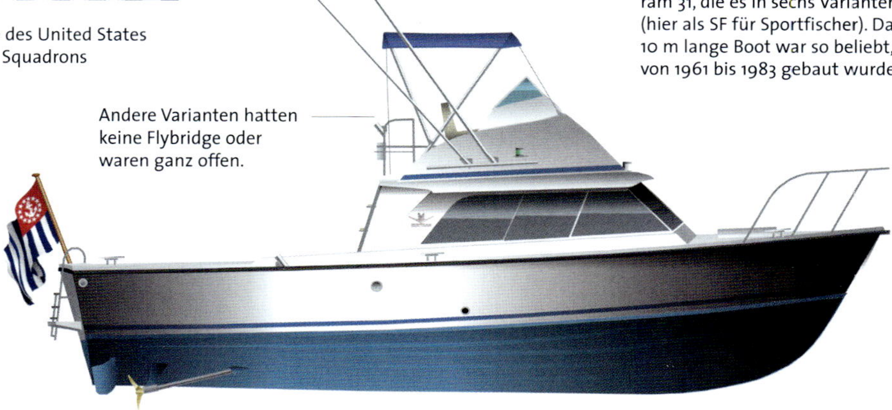

Bertram 31: In den Sechzigerjahren kam der Kunststoffbootsbau voll ins Rollen. Ein gutes Beispiel ist die Bertram 31, die es in sechs Varianten gab (hier als SF für Sportfischer). Das knapp 10 m lange Boot war so beliebt, dass es von 1961 bis 1983 gebaut wurde.

Andere Varianten hatten keine Flybridge oder waren ganz offen.

ders Hacker zeichnete sich durch große Ideen aus: So wird ihm der V-Rumpf ebenso zugeschrieben, wie das Dreipunkt-Layout für Rennboote, mit dem seine Kitty Hawk 1911 die damals unerhörte Geschwindigkeit von 40 kn (etwa 75 km/h) überschritt. Die Zwanziger- und Dreißigerjahre des vergangenen Jahrhunderts wurden zur goldenen Zeit der Motorboote; nicht nur wegen der Baumaterialien wie Mahagoni, Chrom und Messing, sondern auch, weil immer mehr Menschen in ihrer Freizeit auf das Wasser wollten. Elegante Linien und edle Ausstattung prägten die »Runabouts« und »Launches« in den USA, in Deutschland sprach man von »Autobooten« und »Limousinen«.

Die Zeit nach dem Zweiten Weltkrieg dagegen war der Beginn einer neuen Ära im Motorbootsbau. Das Zauberwort lautete glasfaserverstärkter Kunststoff – kurz GFK. Das Material machte kostengünstige Massenproduktion nun auch im Bootsbau möglich. Schon 1945 überraschte der Amerikaner Taylor Winner mit seinem Plasticraft-Runabout, und spätetens zum Ende der 1960er-Jahre hatten die meisten Großwerften ihre Produktion umgestellt. Um auf Kundenwünsche besser eingehen zu können, spezialisierte sich der Bootsbau immer stärker und präsentierte bald eine erstaunliche Bandbreite an verschiedenen Typen, Materialien und Antrieben – sogar klassische, handgebaute Holzboote konnten sich ihre Nische bewahren. Technische und elektronische Details, die Komfort und Sicherheit an Bord erhöhen, wurden stetig verbessert und weiterentwickelt.

Der Spielraum für große Veränderungen scheint dagegen nur noch sehr gering zu sein; »man kann den Rumpf nicht neu erfinden«, heißt es immer wieder. Doch wer weiß? ■

Rio 580 Cabin: Die Achtzigerjahre waren schnittig und bunt – gut zu sehen bei der Rio 580 Cabin, einem Kajütboot aus Italien. Immer mehr Werften boten jetzt auch eine Wahl des Antriebes: So konnte sich der Kunde in diesem Fall zwischen Außenborder und Innenborder mit Z-Antrieb entscheiden.

Das hochgezogene Vorschiff sorgt für gute Seeeigenschaften und erhöht den Platz in der Schlupfkoje.

DIE LEGENDEN

Sie sind die Stars jedes Bootsfestivals: Klassiker, deren Bauzeit schon lange zurückliegt, aber mit zeitloser Schönheit und edler Anmutung. Glänzender Holzlack, poliertes Chrom und der unvergleichliche Klang alter V-8-Motoren schlagen Bootsliebhaber in ihren Bann. Viele der Werften, auf denen die meist makellosen Oldies entstanden sind, gibt es seit Jahrzehnten nicht mehr; andere – die wahren Legenden wie Chris-Craft und Riva – haben überlebt. Ihre spannenden Geschichten und die bemerkenswerten Boote, die aus ihnen hervorgegangen sind, sollen hier zumindest kurz zu ihrem Recht kommen, gemeinsam mit einem weiteren Veteranen aus den Zeiten der Sowjetunion. ■

Chris-Craft Industries (USA): Christopher Columbus Smith baute schon seit Jahren Boote, als er den Firmennamen 1924 in Chris-Craft änderte. In einer Zeit, die an schönen Booten nicht arm war, schaffte er es mit seinen edlen und eleganten Runabouts einen Sonderstatus zu erringen. An prominenten Kunden mangelte es nicht: Katherine Hepburn und Elvis Presley waren nur zwei Namen, die die Marke noch heller strahlen ließen.

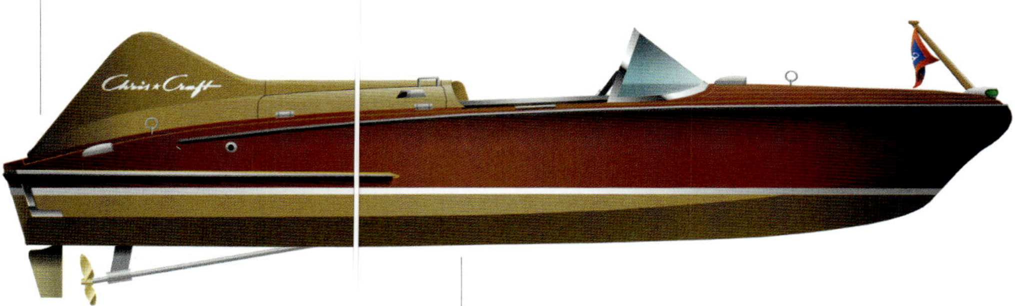

US-Sportbootflagge

Chris-Craft Cobra: Von dem eleganten Mahagoni-Runabout mit der markanten Heckflosse und ebenso einmaligen goldenen Lackierung wurden 1955 nur 106 Exemplare in zwei Größen gebaut. Etwa 80 sollen noch erhalten sein, meist im Topzustand. Gleichzeitig markiert die Cobra den Übergang von der Ära der Holzboote zum GFK-Bau – Heckflosse und Achterdeck waren bereits zu »Übungszwecken« aus Kunststoff geformt.

TECHNISCHE DATEN: Chris-Craft Cobra (Runabout), Baujahr: 1955 (106 Exemplare), Material: Mahagoni mit Kunststoff, Länge: 5,38 m, Gewicht (beladen): bis 0,9 t, Höchstgeschwindigkeit: 33 kn.

TECHNISCHE DATEN:
Riva Olympic (Runabout), Baujahr: 1969–1983 (274 Exemplare), Material: Mahagoni, Länge: 6,55 m, Gewicht (beladen): 1,3 t, Höchstgeschwindigkeit: 38 kn.

Sonderbriefmarke der DDR (1964)

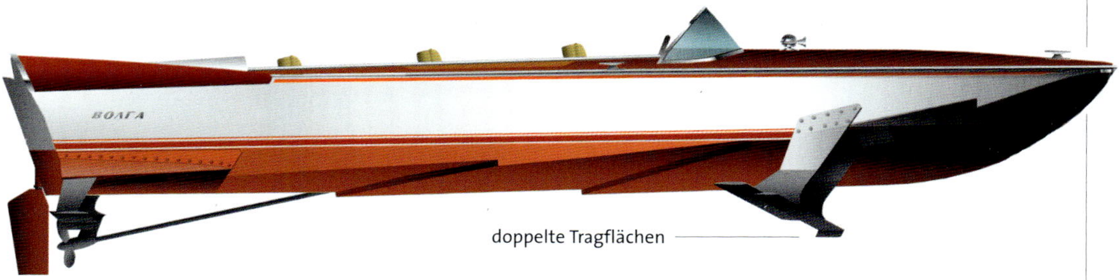

doppelte Tragflächen

Wolga (Sowjetunion): Sie waren wie geschaffen für die flachen Küstengewässer, Seen und endlosen Flüsse der Sowjetunion – Tragflügelboote, entwickelt von dem genialen Ingenieur Rostislav Alexejew. Die Sechzigerjahre wurden zur großen Zeit der eleganten Wolgas. Sogar international sorgten sie für Aufsehen: Fidel Castro bekam von stolzen Sowjets ebenso ein Exemplar geschenkt wie der damalige US-Präsident Richard Nixon. Auch in Deutschland sah man die geflügelten Boote: Während der Verkauf an Privatpersonen im Westen nur schleppend verlief, setzte sie die Volkspolizei der DDR dagegen als Streifenboote ein. Über vier Jahrzehnte wurden die Wolgas immer wieder erneuert, bis 1989 die letzte einer langen Linie die Werkshallen verließ. Viele sind noch erhalten, weltweit verstreut, dank robuster Technik und einer großen Fangemeinde.

TECHNISCHE DATEN: Wolga (Tragflächenboot), Baujahr: 1955–1989, Material: Aluminium, Länge (Typ Strela): 8,50 m, Gewicht (beladen): 1,9 t, Höchstgeschwindigkeit: 38 kn.

Riva Olympic: Wenn auch nicht so bekannt wie ihre glamourösen Schwestern Ariston und Aquarama ist die Olympic von 1969 (benannt nach den olympischen Spielen im vorangegangenen Jahr in Mexiko-City) jedoch ein ebenso formschönes Beispiel vollendeter Bootsbaukunst. Interessant ist sie deshalb, weil sie das letzte Riva-Modell sein sollte, das aus Holz gebaut wurde. Die ab 1972 produzierte Rudy war schon ein Kunststoffboot.

Cantiere Riva (Italien): Schon als junger Mann in der Bootsbauwerkstatt seines Vaters in Sarnico am Lago d'Iseo, hatte Carlo Riva große Pläne: Sein Vorbild waren die Boote (und der Erfolg) von Chris-Craft. Doch seine eigenen Entwürfe konnten noch so gut sein, in Italien waren keine verlässlichen Motoren zu bekommen. Der einzige Ausweg führte 1952 nach New York: Mit Chris-Craft selbst handelte er die Lieferung von Motoren aus, seinem Erfolg stand nun nichts mehr im Weg. Als er die Werft 1980 verkaufte, waren seine Boote längst Legenden, allen voran die Aquarama, die ab 1962 mehr als 30 Jahre lang in mehreren Versionen gebaut wurde.

Riva-Bootswimpel

DIE ABENTEURER

Unterwegs zwischen Afrika und Arktis

Schon lange hat die Landkarte keine weißen Flecken mehr. Aber das bedeutet nicht, dass in der modernen Welt kein Platz mehr wäre für Abenteuer und Entdeckungen. Der Globus ist noch immer groß genug mit schwer zugänglichen Regionen, die in der täglichen Wahrnehmung kaum eine Rolle spielen. Doch oft genug sind es genau diese Orte, die die Fantasie wecken – gerade weil sie so weit weg sind. Egal ob es sich um Flüsse durch kaum erschlossenes Gebiet handelt oder um einsame, abgelegene Küsten, das Motorboot ist oft das ideale Fahrzeug für Expeditionen ins »Unbekannte«.

Den Anfang machte vor rund 100 Jahren ausgerechnet ein Deutscher: Der Kolonialoffizier und Abenteurer Paul Graetz, geboren 1875 in Zittau, schickte sich 1911 an, den »Schwarzen Kontinent« zu durchqueren – mit dem Motorboot; ein Unternehmen, das damals als schlicht unmöglich galt. Doch Graetz ließ sich nicht beirren, begeisterte eine Gruppe von Sponsoren (darunter einen bekannten Schokoladenhersteller), ließ bei der Lürssen-Werft (siehe S. 8) ein offenes 8-m-Boot mit Einzylindermotor bauen und schiffte sich schließlich, gemeinsam mit seinem französischen Kameramann Gustave Fière, voller Tatendrang nach Ostafrika ein.

An der Sambesimündung, im heutigen Mosambik, begann dann ihre rund 7000 km lange Odyssee, deren strapaziöser Verlauf zu

Quer durch Afrika: Die Sarotti war mit den damaligen Mitteln speziell für die Expedition entworfen worden und bewährte sich gut. Der deutsche Abenteurer Carsten Möhle plant derzeit eine ähnliche Reise.

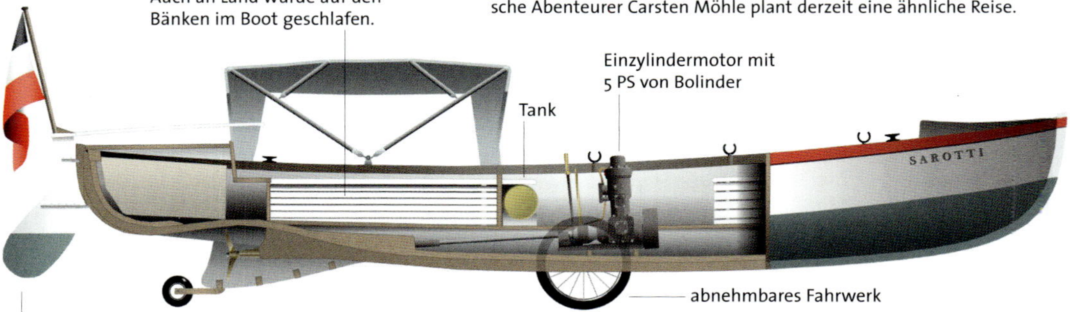

MODERNE MOTORBOOT-EXPEDITIONEN

1994: Bodo Müller und Henryk Wolski durchqueren die ehemalige Sowjetunion mit einem 4,10-m-Schlauchboot auf der 2100 km langen alten Wikingerroute von Riga bis nach Odessa.
1998: Wie Paul Graetz will Kingsley Holgate mit dem Schlauchboot Afrika von Ost nach West durchqueren. Nach der Fahrt auf dem Sambesi stoppt ihn der Bürgerkrieg in Zaire.
2001: Von St. Petersburg gelangt Rollo Gebhard nach 4000 km auf Russlands Wasserstraßen bis zum Kaspischen und Schwarzen Meer.
2004: Mit seinem umgebauten Lotsenboot bezwingt David Scott Cowper die berüchtigte Nordwestpassage nördlich von Kanada.
2006: Über 3000 km folgt eine RIB-Expediton von Andy Leemann dem Mekong von Saigon aufwärts bis zur chinesischen Grenze.
2009: Die Amerikaner Ralph und Robert Brown überqueren auf der Nordroute als erste den Atlantik im offenen Motorboot.
2009–2010: Fünf Monate überwintert Harald Paul mit seiner Yacht im Eis von Labrador.

Der hohe Norden: Während der »Expedition Eis«, die Harald Paul im Sommer 2008 nach Spitzbergen führte, liegt seine Gypsy Life im Hornsund im Südwesten der Inselgruppe vor Anker.

Wasser und zu Lande – die Sarotti war mit abnehmbaren Rädern ausgerüstet – durch endlose Sümpfe und Urwälder führte. Erst Ende 1912 war die Reise geschafft, in zwei Etappen, aber weder der Franzose, der unterwegs von einem wilden Wasserbüffel getötet worden war, noch die Sarotti erreichten das Ziel – sie war im südlichen Kongo gesunken. Doch Graetz hatte kurzerhand ein neues Boot beschafft.

Die Faszination von Extremtörns ist über die Jahre nicht geringer geworden, und immer wieder sorgen Motorbootfahren für Aufmerksamkeit. Oft ist dabei eine Spitzen- oder Erstleistung das Ziel – oder einin Eintrag im Guinnessbuch der Rekorde, wie im Fall der amerikanischen Brüder Ralph und Robert Brown, die 2009 den Atlantik im offenen Motorboot überquerten. Mit ihrem 6,40-m-Katamaran I am Second wählten sie die Nordroute über Grönland und Island und fanden sogar Zeit, zwischen den Eisbergen zu surfen. Die Tasche des Brettes wurde abwechselnd als Schlafsack benutzt – für den Rekord war selbst die kleinste Schlupfkoje tabu.

Auf halber Strecke trafen die Rekordjäger auf Harald Paul mit seiner 11 m langen Gypsy Life. Der Bayer ist zurzeit Deutschlands einziger Extremskipper von Rang. Die Expeditionen, die er gemeinsam mit seiner Frau Silvia unternimmt, führen meist in den hohen Norden. Während des Projektes »Abenteuer Kanada« verbrachte er den Winter 2009/10 mit seinem Boot im Eis vor der Küste Labradors (siehe folgende Seite). Seine Reiseerlebnisse fasst er in Büchern und Filmen zusammen. ■

Spezialanfertigung: Die Expeditionsyacht Gypsy Life basiert auf einem 11-m-Stahlverdränger vom Typ Smelne Vlet 1100. Ihrer besonderen Aufgabe entsprechen jedoch bauliche Veränderungen, wie der um 70 cm vergrößerte Tiefgang, der für höhere Stabilität sorgt.

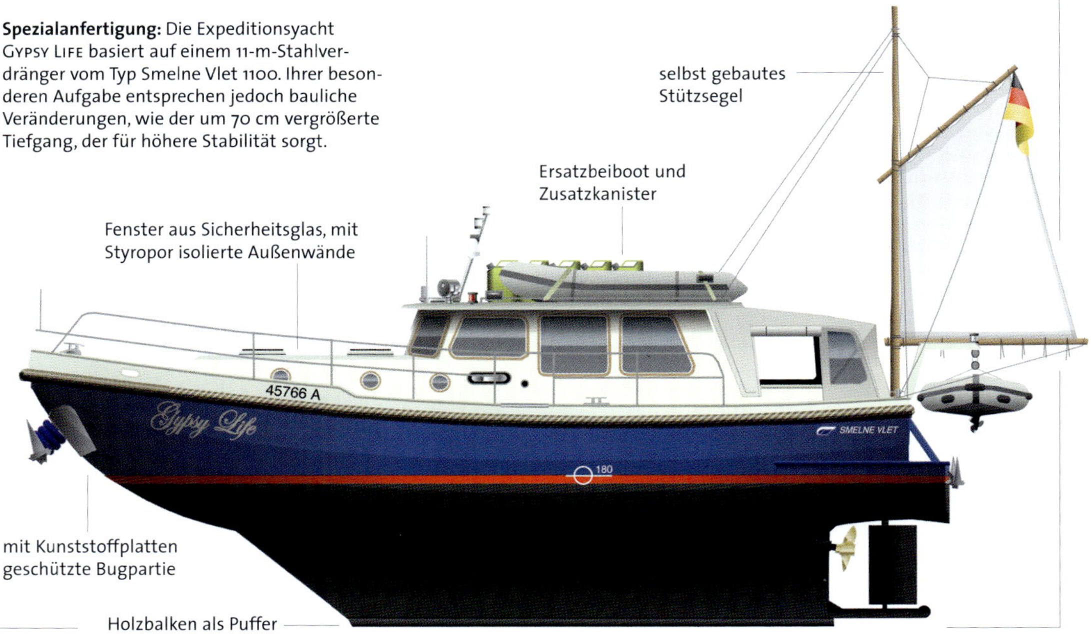

GYPSY LIFE

Im Frühjahr 2009 brachen Harald und Silvia Paul gemeinsam mit ihrer Expeditionsyacht GYPSY LIFE zu ihrer bislang größten Unternehmung auf: Das »Abenteuer Kanada« führte auf der nördlichen Atlantikroute von Schottland über Island und Grönland bis nach Labrador. Knapp 40 km von der nächsten Ortschaft entfernt fanden die beiden eine geeignete Bucht für die Überwinterung in der Wildnis. Mitte Dezember schloss sich das Eis um die GYPSY LIFE und gab sie erst nach fünf einsamen Monaten wieder frei. Nach einem südlichen Abstecher bis nach Neufundland, kehrten die Pauls im Herbst 2010 auf gleichem Weg nach Europa zurück. ■

Harald Paul arbeitete über 25 Jahre im eigenen Forst- und Agrarbetrieb, bevor er 2003 zu seinem ersten Extremtörn nach Spitzbergen aufbrach.

Grönland: Fünfzig Stunden dauerte die Überfahrt von Island nach Grönland, bevor die GYPSY LIFE am 22. Juli zwischen Eisbergen hindurch die Ortschaft Angmagssalik erreichte – das erste wichtige Etappenziel auf dem weiten Weg nach Kanada. Die Fahrt entlang der einsamen Westküste führte an vielen verlassenen Siedlungen vorbei, dafür wurden Wale gesichtet. Bei einer Wetterstation im Prins-Christian-Sund informierten sich die Pauls aus erster Hand über die Eissituation am Kap Farvel.

Labrador: Am 31. August war auch die zweite schwere Passage überstanden und die Pauls fast am Ziel. 70 Stunden nach dem Aufbruch in Ostgrönland warf die GYPSY LIFE ihren Anker in einer namenlosen Bucht im Nordwesten Labradors. Der Weg an der Küste hinab nach Süden brachte die Yacht zu der ehemaligen, längst aufgegebenen Missionsstation Hebron (siehe Bild). Am nächsten Tag wurde die Baumgrenze erreicht und drei weitere Tage später schließlich die einzige größere Siedlung der Region: Nain.

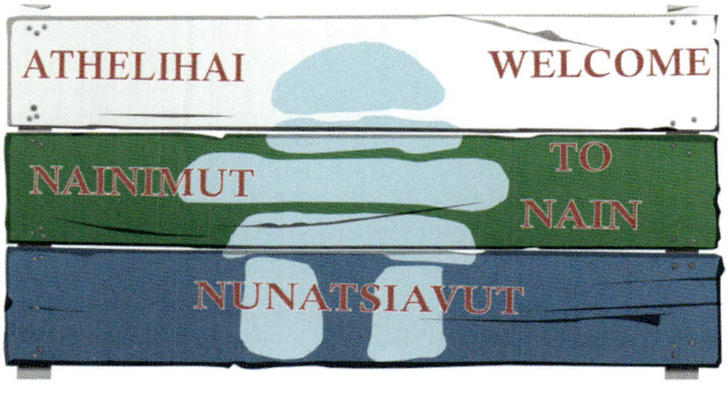

Nain: Mit immerhin 1000 Einwohnern ist der Ort einer der wichtigsten Zentren in Nunatsiavut – so nennen die heimischen Inuit ihr quasi-autonomes Gebiet innerhalb der Provinz Labrador. In Nain rüsteten sich die Pauls für die kommenden Monate aus und nutzten den Hafen als Basis für die Suche nach einem geeigneten Ort für die Überwinterung. Etwa 20 Seemeilen nördlich, innerhalb eines Labyrinths aus Inseln und in völliger Abgeschiedenheit, wurden sie am 16. September fündig – gerade noch rechtzeitig: Bereits zwei Wochen später fiel der erste Schnee.

START: Im friesischen Drachten brachen Harald und Silvia Paul am 15. Mai 2009 zu ihrem bislang größten Projekt auf. Die Gypsy Life wurde für den Einsatz gut vorbereitet, etwa mit einer verstärkten Bugpartie und einem speziellen Propeller für Eisgewässer. Außerdem befanden sich 2200 Liter Diesel und Proviant für mehrere Monate an Bord.

Inverness: Da die Eis- und Wettersituation im Norden noch zu schlecht war, entschloss sich Harald Paul, einige Wochen länger als geplant in Schottland zu bleiben. Am 24. Mai ging es in den Caledonian Canal, der zur Westküste führt, und danach weiter über Orkney, Shetland und die Färöer nach Norden.

Hornafjördur: Der Landfall in Island erfolgte am 3. Juli. Auf dem Kurs, der im Norden um die Insel führt, wurde kurz der Polarkreis überquert, bevor es wieder nach Süden ging. In Isafjördur wartete man eine Woche lang auf gutes Wetter für die Überfahrt nach Grönland.

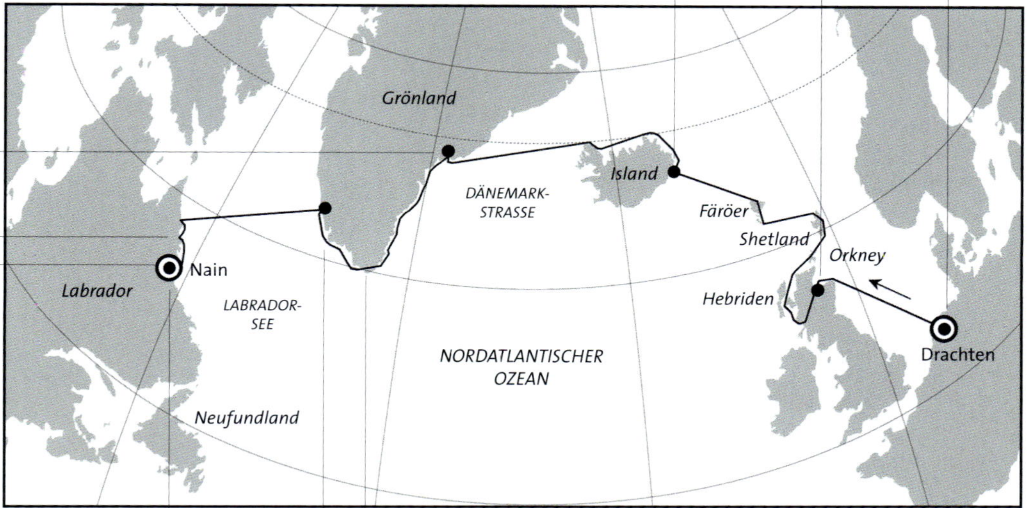

Kap Farvel: Die für Wind, Wetter und Strömungen berüchtigte Südspitze Grönlands passierte die Gypsy Life über eine Kette nahezu eisfreier Fjorde und Sunde gut geschützt auf der Innenseite.

Kitsigut: Beim Umfahren einer Felsgruppe wurde die Gypsy Life von einer Monsterwelle getroffen und fast zum Kentern gebracht – die gefährlichste Situation des Törns.

»Gypsy Bay«: Ihre Heimat für das nächste halbe Jahr benannten die Pauls nach ihrem Boot, das sie noch zusätzlich für die Kälte vorbereiteten: Die offene Plicht im Heck wurde mit einer Holzkonstruktion überdacht, deren Zwischenräume mit Moos isoliert wurden, und zusätzlich mit einem Ofen ausgestattet. Das Vorschiff wurde mit großen Astbündeln abgedeckt. Am 14. Dezember kam der Winter über Nacht: Zunächst fror die Bucht um die Gypsy Life ein, aber schon wenige Tage später war der gesamte Fjord eine geschlossene weiße Fläche. Erst am 23. Mai 2010 – außergewöhnlich spät – gab das Eis sie wieder frei. Dazwischen lagen fünf lange Monate mit Schneestürmen und Temperaturen, die häufig auf weniger als –20 °C fielen.

Astbündel als Isolierung auf dem Vorschiff. Später errichteten die Pauls auch Windzäune und Schutzwälle aus Schnee.

Der Überbau aus Holz wurde nach Ende des Winters wieder entfernt.

Abzugsrohr des Holzofens

Dicke des Eises: 80 cm

DIE SCHNELLSTEN

Auf der Jagd nach dem Geschwindigkeitsrekord

Man nannte sie die »Speedboat Kings«, und ihre große Zeit waren die goldenen Zwanziger- und frühen Dreißigerjahre des vergangenen Jahrhunderts; Männer, wie der amerikanische Unternehmer Garfield Wood, die in ihrer Freizeit alles daran setzten, auf dem Wasser die Schnellsten zu sein. Wenn sich gerade keine anderen Gegner fanden, trat man zwar auch gegen Expresszüge und Postflugzeuge an, oberstes Ziel war jedoch die legendäre »Harmsworth Trophy«. Die Jagd nach dem zu jener Zeit begehrtesten Preis des internationalen Motorbootsports wurde mit immer mehr Hubraum und immer kompromissloseren Booten ausgetragen. Bis 1920 pendelte der Pokal regelmäßig zwischen beiden Seiten des Atlantiks hin und her, dann bekamen ihn die Amerikaner fester in den Griff. Gar Wood selbst triumphierte achtmal mit seinen Miss Americas, deren letzte mit der Nummer 10 mit ihren vier 1600 PS starken Flugzeugmotoren den Höhepunkt dieser faszinierenden Ära markierte: 1932 eroberte Wood mit Miss America X auch den internationalen Geschwindigkeitsrekord der Union Internationale Motonautique (UIM) – er hatte genau 200,9 km/h erreicht.

Miss America X: Das 12-m-Boot war eine kompromisslose Rennmaschine – und mehr als 100 kn schnell. 1932 gebaut, blieb sie im Verlauf ihrer Karriere unbesiegt.

Fünf Jahre hielt sein Rekord, dann betrat Malcolm Campbell die Bühne. Zuvor hatte sich der Engländer bereits einen Namen bei Rekordfahrten an Land gemacht, und auch im neuen Element setzte er Ausrufezeichen: 1937 war er mit der nur einmotorigen Bluebird K3 auf dem Lago Maggiore ganze 2 km/h schneller als Wood. In der Folge verbesserte er den Wert mehrfach bis auf zuletzt 228,1 km/h, erreicht mit der optimierten Bluebird K4, keine zwei Wochen vor Beginn des Zweiten Weltkrieges.

Erst 1950 wurde die Rekordjagd fortgesetzt. Am Steuer der Bluebirds saß jetzt Campbells Sohn Donald, aber zunächst machte die Konkurrenz von sich reden; zuerst mit der amerikanischen Slo-mo-shun IV, dann der Engländer John Cobb. Seine Crusader hatte keinen gewöhnlichen Kolbenmotor mehr im Heck, sondern eine DeHavilland-Strahlturbine, die sonst das Verkehrsflugzeug Comet antrieb.

Doch der gewaltige Leistungszuwachs war im wahrsten Sinne ein nur schwer zu kontrollierendes Spiel mit dem Feuer: 380 km/h war Cobb schnell – rund 90 km/h oberhalb der aktuellen Bestmarke –, als er auf dem Loch Ness die Kontrolle über die Crusader verlor und dabei ums

Slo-mo-shun IV: Von wegen Zeitlupe! Das in Seattle gebaute, 8,50 m lange, sogenannte Hydroplane war 1952 das letzte Boot mit Kolbenmotor, dass einen Weltrekord in der Offenen Klasse aufstellen konnte.

REKORDBOOTE UND PILOTEN

1911: Als erstes Motorboot erobert die 12 m lange DIXIE IV den Geschwindigkeitsrekord auf dem Wasser. Zuvor hatten nur Dampfyachten den Titel gehalten.
1919: Mit dem von Alexander Graham Bell mitentwickelten HD 4 geht der Rekord zum einzigen Mal an ein Tragflächenboot.
1920-1932: Der US-Unternehmer Garfield Wood dominiert die Szene mit seinen MISS AMERICAS. 1921 schlägt er den Schnellzug von Miami nach New York auf der rund 2000 km langen Distanz um 12 Minuten. Sechsmal erobert er den Weltrekord und sogar achtmal die »Harmsworth Trophy«.
1952: SLO-MO-SHUN IV stellt den letzten Rekord mit einem Kolbenmotor auf.
1955: BLUEBIRD K7 ist die erste Rekordhalterin mit einem Jet-Triebwerk im Heck. 1964 stellt Donald Campbell mit ihr den letzten seiner sieben Rekorde auf.
1977: Ken Warby holt den Rekord nach Australien und erreicht im Folgejahr 511 km/h.

Leben kam. Donald Campbell ließ sich davon nicht abschrecken. Auch die neue BLUEBIRD K7 wurde 1955 mit einem Flugzeugtriebwerk ausgerüstet – und schraubte den Rekord in der nächsten Dekade bis auf 444,1 km/h. Doch dann kam der 4. Januar 1967: Um aufstrebende Rivalen in Schach zu halten, stieg Campbell auf dem englischen Coniston Water erneut ins Cockpit. Die Tachonadel zitterte bei 480 km/h, als das Boot plötzlich abhob und auf der Oberfläche des Sees zerschellte. Campbell wurde tödlich verletzt und sank mit K7. Nur zwei Personen konnten seitdem die Marke verbessern. Dem aktuellen Titelträger Ken Warby aus Australien gelang dabei nicht nur nebenbei die anglo-amerikanische Vorherrschaft in der ewigen Bestenliste zu brechen, als Erster durchbrach er auch die Schallmauer von 500 km/h. Sein noch immer gültiger Rekord mit der SPIRIT OF AUSTRALIA stammt von 1978 und liegt bei 511 km/h. ■

BLUEBIRD K7: Das Wrack wurde 42 Jahre nach dem Unfall auf Coniston Water im Sommer 2001 gehoben – mit den sterblichen Überresten Campbells. Inzwischen wurde es restauriert und soll in Kürze noch einmal auf das Wasser zurückkehren.

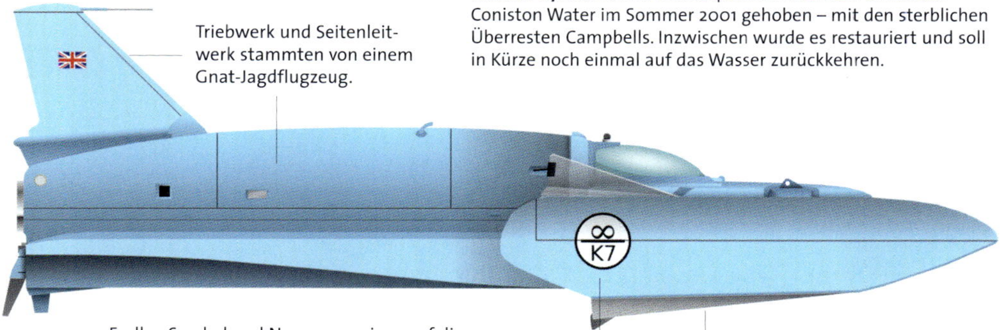

Earthrace

Im Jahre 2005 enstand in Neuseeland ein revolutionäres Bootsbauprojekt: ein Hochseetrimaran, der als »Wavepiercer«, mit einer Spitzengeschwindigkeit von 40 Knoten und 3000 Seemeilen Reichweite, für ein einziges Ziel entwickelt worden war – die Erde in Rekordzeit zu umrunden. Der erste Versuch von Earthrace 2007 scheiterte noch, als das Boot nach schweren strukturellen Sturmschäden fast im Mittelmeer gesunken wäre. Der zweite Anlauf im Jahr darauf war jedoch erfolgreich: Weniger als 61 Tage benötigte der faszinierende Trimaran für die 24 000 Seemeilen lange Strecke. Der alte Rekord von 1998 war damit um 14 Tage unterboten worden. ■

Im Gegensatz zur blauen Nationalen ist Neuseelands Seeflagge rot. Sie zeigt das Sternbild »Kreuz des Südens«.

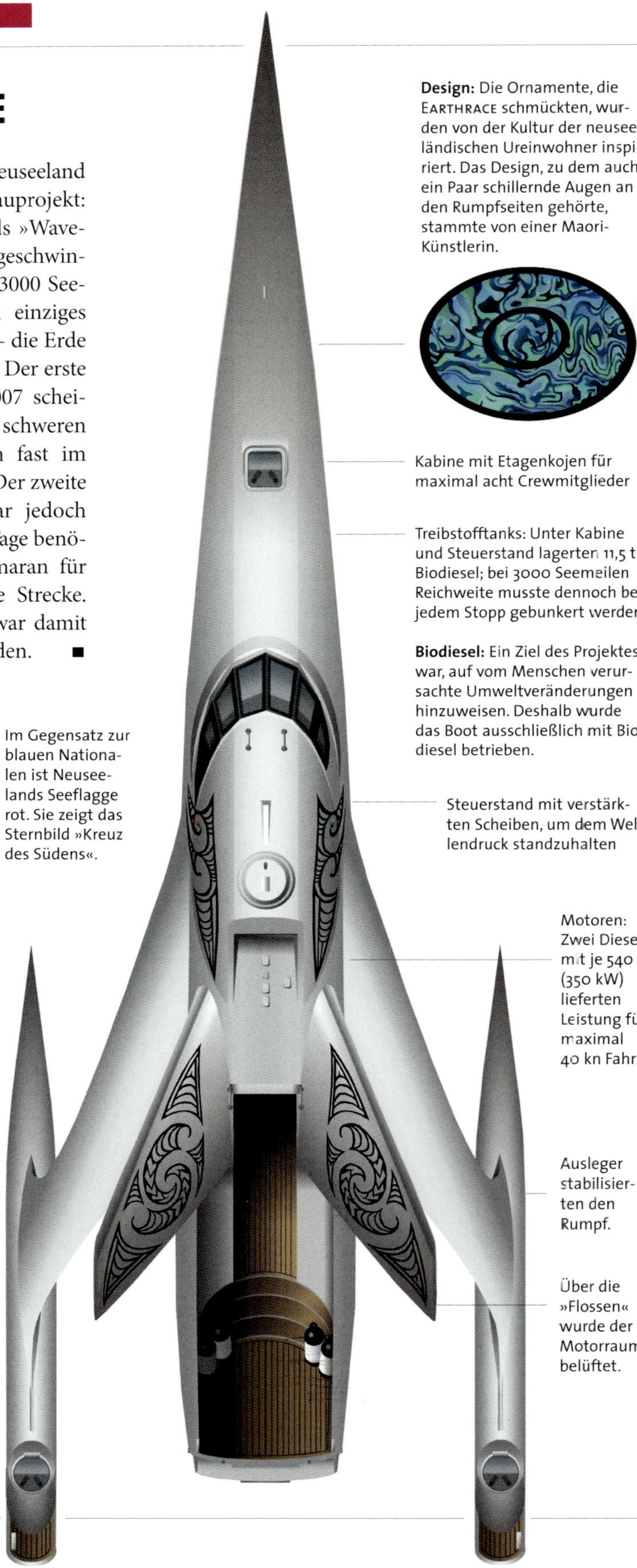

Design: Die Ornamente, die Earthrace schmückten, wurden von der Kultur der neuseeländischen Ureinwohner inspiriert. Das Design, zu dem auch ein Paar schillernde Augen an den Rumpfseiten gehörte, stammte von einer Maori-Künstlerin.

Kabine mit Etagenkojen für maximal acht Crewmitglieder

Treibstofftanks: Unter Kabine und Steuerstand lagerten 11,5 t Biodiesel; bei 3000 Seemeilen Reichweite musste dennoch bei jedem Stopp gebunkert werden.

Biodiesel: Ein Ziel des Projektes war, auf vom Menschen verursachte Umweltveränderungen hinzuweisen. Deshalb wurde das Boot ausschließlich mit Biodiesel betrieben.

Steuerstand mit verstärkten Scheiben, um dem Wellendruck standzuhalten

Motoren: Zwei Diesel mit je 540 PS (350 kW) lieferten Leistung für maximal 40 kn Fahrt.

Ausleger stabilisierten den Rumpf.

Über die »Flossen« wurde der Motorraum belüftet.

»Wavepiercing«: Der messerförmige Rumpf von Earthrace war dafür ausgelegt, in Wellen »hineinzustechen« und sie zu unter- statt zu überqueren. Dadurch wurde das Boot zwar fast zum U-Boot, bei Seegang ließ sich so jedoch eine konstant hohe Geschwindigkeit halten – unverzichtbar für einen Rekordversuch. Rumpf und vor allem Cockpit-Fenster waren so verstärkt, dass sie der Druckbelastung von bis zu 7 m hohen Wellenkämmen standhielten.

TECHNISCHE DATEN:
Trimaran Earthrace
Baujahr: 2005,
Bauwerft: Calibre Boats (NZ),
Kosten: 2,3 Mio. Euro,
Material: GFK-Kevlar-Verbund,
Länge: 24 m,
Gewicht (beladen): 23 t,
Reichweite: 3000 sm,
Höchstgeschwindigkeit: 40 kn,
Besatzung: 4–5 Personen.

START: Am 27. 4. 2008 fiel im spanischen Sagunt der Startschuss zum zweiten Rekordversuch. Der aktuelle Rekord für die Weltumrundung stammte aus dem Jahre 1998 und liegt bei 74 Tagen, 23 Stunden und 53 Minuten.

Tag 4: Auf den Azoren mussten erste technische Probleme am fehlerhaften Autopiloten und an einer blockierten Treibstoffpumpe behoben werden.

Tag 13: Stau vor dem Panamakanal. Dank einer Sondergenehmigung ging nur ein Tag verloren.

Skipper Pete Bethune.

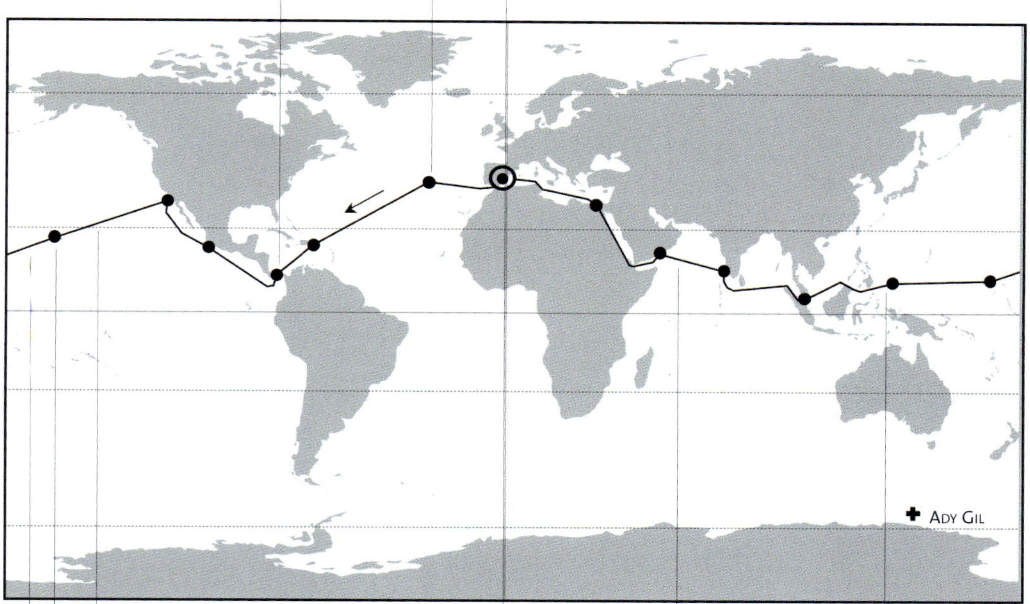

Tag 22: Mitten in der Nacht verfing sich ein Fischernetz in den Propellern und konnte erst bei einem Tauchgang entfernt werden.

Tag 25: Der »Boxenstopp« auf Hawaii erfolgte in rekordverdächtigen 110 Minuten und machte den Zeitverlust wieder wett.

Tag 26: Eine Treibstoffleitung brach. Bis zum Etappenziel auf den Marshallinseln konnte nur mit einer Maschine gefahren werden – mit immerhin jedoch 15 Knoten.

Tag 34: Beim Verlassen von Palau wurde ein treibender Baumstamm gerammt und ein Propeller so stark beschädigt, dass bis Singapur erneut nur ein Diesel zur Verfügung stand.

Tag 50: Vor dem Oman geriet EARTHRACE in den schwersten Sturm der Reise mit bis zu 5 m hohen Wellen.

ZIEL: Nach 60 Tagen, 23 Stunden und 49 Minuten erreicht EARTHRACE Sagunt. Neuer Weltrekord!

Das Ende: 2009 übernahm Sea Shepherd den Trimaran; diese Organisation hat sich den Schutz bedrohter Meereslebewesen zum Ziel gesetzt und ist für ihren hohen Einsatz ebenso bekannt wie für ihre radikalen Methoden. Benannt nach dem Geldgeber, einem amerikanischen Geschäftsmann, lief das nun schwarze Schiff ins Südpolarmeer aus, um die japanische Walfangflotte zu stellen. Nach einer längeren Konfrontation wurde die ADY GIL schließlich von einem Waljagdboot gerammt und sank am 8. Januar 2010. Skipper Pete Bethune und seine Crew wurden gerettet.

Sea Shepherd: Flagge

radarabsorbierender Spezialanstrich

DIE ERFINDER

Ideen, Konzepte und Prototypen

Versuchsgleitboot: Nach heutigen Maßstäben war das erste funktionstüchtige Luftkissenfahrzeug der Welt ein Meilenstein. Für die österreichisch-ungarische Admiralität zählte 1915 jedoch nur die militärische Leistungsstärke – und die war begrenzt, da die innovative Technik noch in den Kinderschuhen steckte.

Ständige Weiterentwicklung prägt jede neue Technik – und dem Motorboot ging es da nicht anders. Gerade hatte es so richtig »Laufen« gelernt, da setzten vor rund 100 Jahren schon zahllose Erfinder und Bootsbauer zur Weiterentwicklung an. Von simplen Detailfragen bis zu völlig neuen Rumpf- und Antriebskonzepten reichte die Palette. Viele der Innovationen scheiterten, weil sie ihrer Zeit entweder weit voraus, technisch zu kompliziert oder – oft genug – zu skurril oder schlicht unnötig waren. Einige wenige eroberten sich jedoch ihre Nischen; das Luftkissenprinzip etwa, (wenn auch erst mit fünfzig Jahren Anlauf), der Tragflügel oder der Pod-Antrieb (siehe S. 36). Und die Forschung geht weiter – bis heute. Drei kurze Beispiele sollen zeigen, wo geniale Ideen in die Zukunft wiesen – oder in die Sackgasse führten …

Als die österreichisch-ungarische Kriegsmarine 1915 ein neues Motortorpedoboot suchte, präsentierte der Linienschiffsleutnant Dagobert Müller von Thomamühl seine Pläne für ein »Versuchsgleitboot«, das sich das bereits bekannte, aber bislang nicht umgesetzte Luftkissenprinzip zunutze machen sollte. Ein Ventilator würde die dafür nötige Luft während der Fahrt unter den flachen Rumpf blasen. Im heute kroatischen Pula wurde das 13 m lange Boot aus Holz gebaut, mit vier Austro-Daimler-Jagdflugzeugmotoren ausgestattet, und nach jeder Testfahrt im Rahmen der damaligen Möglichkeiten weiter verbessert. Doch so schnell das erste, funktionierende Luftkissenfahrzeug der Welt auch war, die Technik stieß an ihre Grenzen, und an allen anderen wichtigen Eigenschaften, wie etwa der Seetüchtigkeit, mangelte es leider – noch. Die Admiräle lehnten ab.

Es dauerte fast ein halbes Jahrhundert, bis das Luftkissen wieder von sich reden machte: Am 25. Juli 1959 überquerte NAUTICAL ONE den

Wendel-Schnellschiff: Von Friedrich Wendels Versuchsbooten blieben mindestens zwei erhalten. Das hier gezeigte stählerne WSS 10, 1953 in Hamburg gebaut, befindet sich im Deutschen Schifffahrtsmuseum in Bremerhaven, WSS 12 im Technik Museum Speyer.

Ärmelkanal zwischen Dover und Calais. Mit dem nur knapp 10 m langen, kreisrunden Gefährt, waren die britischen Flugzeugbauer von Saunders Roe in die Fußstapfen des k.u.k.-Marineleutnants getreten und hatten das erste ausgereifte Luftkissenboot hervorgebracht. Sie nannten es »Hovercraft«.

Auch in Deutschland wollte Professor Friedrich H. Wendel zur gleichen Zeit etwas »auf die Beine stellen«: Schon im Verlauf des Zweiten Weltkrieges hatte er für die deutsche Marine eine Reihe radikaler Tragflügelboote entworfen, von denen die meisten aufgrund der sich ständig verschlechternden Lage aber nie das Zeichenbrett verließen. Auch bei dieser Technik geht es darum, den Reibungswiderstand des Rumpfes zu überwinden, in dem man ihn komplett aus dem Wasser hebt – auf einer Konstruktion aus Tragflügeln. Selbst wenn so sehr hohe Geschwindigkeiten erzielt werden, sind Wellen ein Problem, und nur in der Sowjetunion erfreute sich der Tragflügel breiter Beliebtheit (siehe Wolga, S. 11). Wendel hatte eine Lösung parat: längere, freistehende »Beine« mit minimalen Flügelflächen am unteren Ende, die wie Messer auch durch höheren Seegang schneiden sollten. Doch letztendlich blieben die rund ein Dutzend gebauten Wendel-Schnellschiffe Exoten.

Felix Wankel (der auch den gleichnamigen Motor erfand) feilte derweil an einer noch radikaleren Idee: Für seine Vision von den »Meeresautobahnen der Zukunft« entwickelte er einen schnittigen Zweisitzer, der perfekt in die Science-Fiction-Bücher der Zeit gepasst hätte. Dafür setzte Wankel eine komplett verkleidete, stromlinienförmige Zelle auf Kufen, ähnlich denen eines Wasserskiläufers. Höhepunkt seiner jahrelangen Arbeiten war das Spaltgleitkufenboot ZISCH 74 – technisch ausgereift, doch ohne Platz im modernen Personenverkehr. ■

Spaltgleitkufenboot: Mit seinem 250-PS-Wankelmotor kam der 7,5 m lange und eine Tonne schwere ZISCH 74 auf 43 kn. Heute gehört der interessante Prototyp zur Sammlung des Technoseums in Mannheim.

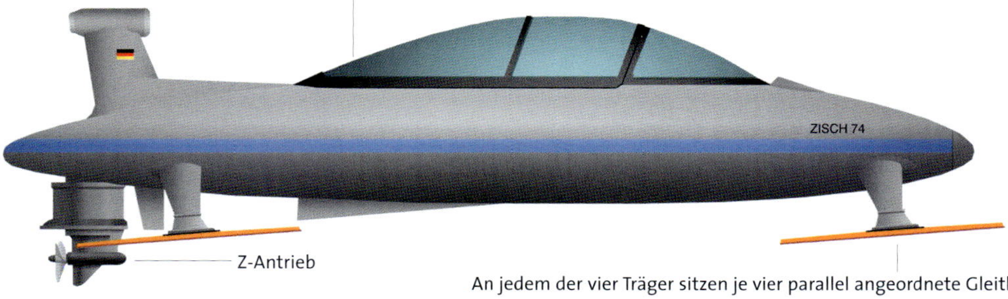

2

TECHNIK

Bootstypen
Rumpfformen
Motoren
Antriebe

DIE BOOTSTYPEN

Begriffe und Kategorien

Das Motorboot ist mit Sicherheit das vielseitigste Freizeitfahrzeug – es gibt inzwischen für nahezu jeden Sport, jedes Hobby und jeden Urlaub auf dem Wasser den passenden schwimmenden Untersatz: Vom robusten Boot für Angeltouren bis zum Wakeboard-Boot, das genau die »richtige« Welle erzeugt. Oder vom Daycruiser für Tagestouren bis zum Stahlverdränger, bei Törnskippern ebenso beliebt wie bei Chartercrews. Stellt man eine Liste auf, kommt man schnell auf zwanzig bis dreißig individuelle Bootstypen.

Diese Vielfalt macht die genaue Unterscheidung nicht eben einfacher, und Überschneidungen bei den gängigen Bezeichnungen sind an der Tagesordnung: So ist das Wakeboard-Boot oben rechts gleichzeitig ein Bowrider, da sich im offenen Vorschiff eine weitere Sitzgruppe befindet. Nicht jeder Bowrider eignet sich aber gleichzeitig auch für Wakeboarder – wegen der bereits erwähnten Form der Heckwelle. Das unten dargestellte Modell ist beispielsweise ebenfalls ein Bowrider; mit ihrem fast unverwüstlichen Rumpf aus Aluminium gehört sie allerdings eher in den Bereich der schnellen Arbeits- und Verkehrsboote, die auch bei Anglern sehr beliebt sind. Dazu kommt, dass die Hersteller aus Werbegründen unterschiedliche Namen für die glei-

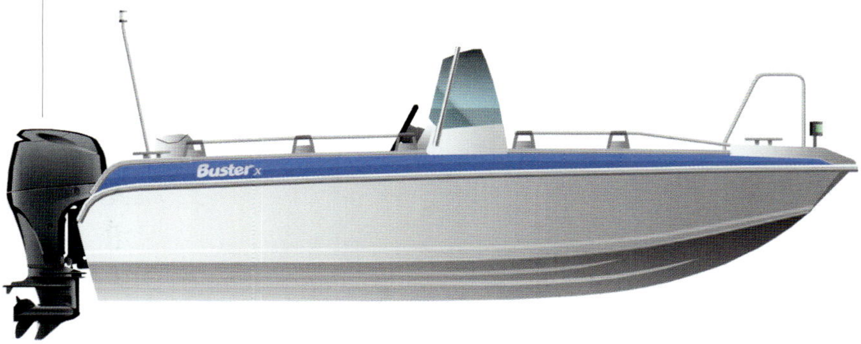

Buster X: Das 5,15 m lange Aluminiumboot ist als Verkehrsmittel wie geschaffen für die Schärengewässer seiner finnischen Heimat. Auch in Deutschland werden kompakte, robuste Gleiter dieser Art immer beliebter, als Mehrzweckboote oder zum Angeln und Fischen in der Freizeit.

VOM ANGELBOOT BIS ZUM WEEKENDER

Angelboot: Robustes, offenes Boot aus Aluminium oder Kunststoff, meist mit Außenborder. Als Arbeitsboot oder für Angler geeignet.
Bowrider: Offenes Boot mit Sitzen im Bug anstatt eines geschlossenen Vorschiffs.
Cuddy cabin: Boot mit kleiner Schlupfkoje im Vorschiff, aber ohne WC oder Pantry.
Daycruiser: Weitverbreitete Bezeichnung für ein schnelles, offenes Sportboot ohne Kabine, das nur für Tagesausflüge geeignet ist.
Fishing boat: Größer als das Angelboot, aber ebenso robust. Mit zweckmäßigem Deckshaus. Speziell zum Sportangeln entworfen.
Flybridge-Yacht: Yacht mit auf dem Dach aufgesetzten Außensteuerstand, der über eine Leiter oder Treppe vom Deck zugänglich ist.
Hardtop: Bezeichnet in der Regel einen Bootstyp (bzw. -modell), dessen Decksaufbau mit festem Dach auf der Heckseite offen ist.
Hausboot: In Serie gebautes, solides Urlaubs-Charterboot mit zweckmäßiger Ausstattung.
Jetski: Wassermotorrad mit Lenkgabel und Wasserstrahl-Jetantrieb auf Gleiterrumpf.
Kajütboot: Sammelbezeichnung für Motorboote mit Kajüte bis etwa 10 m Länge, unabhängig von Rumpfform oder Motorisierung.

MasterCraft X-Star: Wakeboard-Boote sind hoch spezialisiert – wie man bei der erfolgreichen X-Star des US-Herstellers MasterCraft sofort sieht. Vom Rumpf bis zum »Tower« folgt das Design den Anforderungen des Sports.

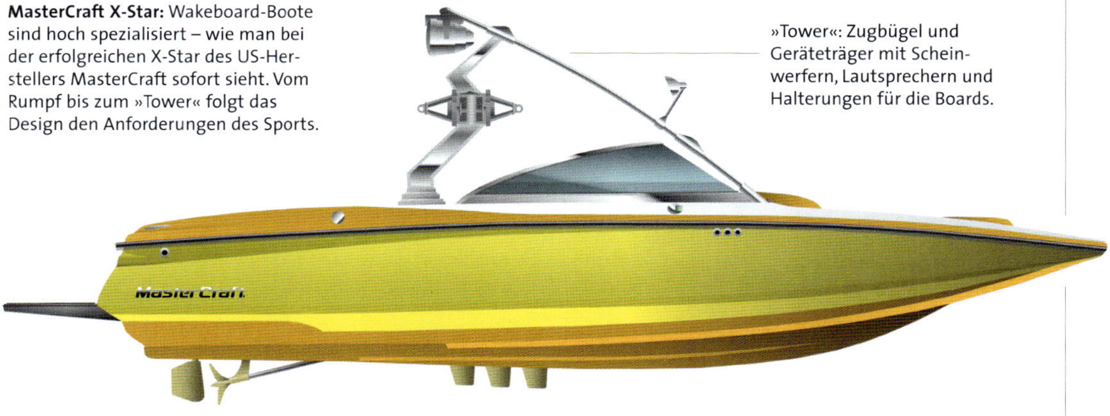

»Tower«: Zugbügel und Geräteträger mit Scheinwerfern, Lautsprechern und Halterungen für die Boards.

che Sache verwenden: So verbirgt sich beispielsweise hinter einem »Coupé«, einem »Sedan« oder einer »Cabin« immer ein Decksaufbau mit geschlossenem Dach. Die Abkürzungen »WA« (für »Walkaround«), »CC« (für »Center Console«) und »Open« bezeichnen dagegen offene Sportboote mit einem Steuerstand in der Mitte. »Open« ist allerdings ebenso gebräuchlich für große Motoryachten mit großem Sonnendach. Man kann die Bezeichnungsflut aber auch mit Humor sehen – wie eine schwedische Werft, die über ihre R-Serie sagt, wofür der Buchstabe stehe, bliebe »dem Eigner überlassen« ...

Dennoch lassen sich motorisierte Sportboote natürlich in Kategorien einteilen. Dazu gehören Größe, Rumpfform, Verwendungszweck, Aufteilung, Motorisierung, Antrieb oder Baumaterial. Die beiden erstgenannten Kategorien sorgen dabei sozusagen für die Grundlage bei der Bestimmung eines Bootstypen: Bis etwa 10 bis 12 m Länge spricht man vom »Motorboot«, darüber von der Motoryacht. Die Rumpfform entscheidet darüber, wie Höchstgeschwindigkeit und Platzangebot ausfallen: Man unterteilt in schnelle Gleiter und gemächliche Verdränger. Motorboot, Motoryacht, Rumpfformen, Motorisierungen und Antriebe werden auf den folgenden Doppelseiten anhand von Beispielen genauer dargestellt. Die wichtigsten Begriffe rund um die eindrucksvolle Typenvielfalt sind als kleine Hilfe bereits auf dieser Doppelseite unten alphabetisch zusammengefasst. ■

MOTORYACHT: Größenbezeichnung für Sportboote ab etwa 10 bis 12 m Länge, meist mit Salon und abgetrennten Kabinen.
MOTORKREUZER: Älterer Begriff für Motoryacht, ebenfalls ab etwa 10 m Länge verwendet.
POWERBOAT: Fast schon reinrassiges Rennboot. Weniger Komfort, dafür viel Leistung.
POWERCAT: Bezeichnung für Motorkatamarane (Doppelrumpfboote) jeder Größe.
RIB: Steht für »Rigid Hull Inflatable Boat«. Seetüchtiges Schlauchboot mit festem Rumpfboden. Mit Schlupfkoje oder Kabine möglich.
RUNABOUT: Klassisches, schnelles Verkehrsboot mit offenem Cockpit, oft aus Holz gebaut.
SLOEP: Sprich »Slup«. Meist offenes Verkehrsboot für gemütliche Ausflugsfahrten.
SPITZGATTER: Beliebter skandinavischer Bootstyp mit rundem oder spitz zulaufendem Heck.
SPORT: Zusatzbezeichnung für ein offenes Kajütboot, meist mit Cabrioverdeck.
STAHLVERDRÄNGER: Komfortable Motoryacht aus den Niederlanden bis etwa 15 m Länge.
TRAWLER: Motoryacht, die äußerlich an klassische amerikanische Fischtrawler erinnert.
WAKEBOARD-BOOT: Offener Gleiter mit Spezialrumpf und Zugbügel für Wakeboarder.
WALKAROUND: Offenes Boot, bei dem sich der Steuerstand in Längsrichtung mittig befindet.
WASSERSKI-BOOT: Schnelles Motorboot, das zum Ziehen von Wasserskiläufern geeignet ist.
WEEKENDER: Kajütboot, ausgestattet mit einer Kabine im Vorschiff, WC und häufig Pantry.

DAS MOTORBOOT

Sportboote gibt es in vielen verschiedenen Typen und Größen. Die auf dieser Doppelseite dargestellte Hellwig V 760 würde man als typischen Weekender bezeichnen: Bei einer Länge von 7,72 m verfügt der Gleiter über eine sogenannte Schlupfkabine und ein WC im Vorschiff und eine kleine Pantry zum Kochen im offenen Cockpit – also über die nötige Ausstattung, um auch ein Wochenende oder länger auf dem Wasser verbringen zu können. ■

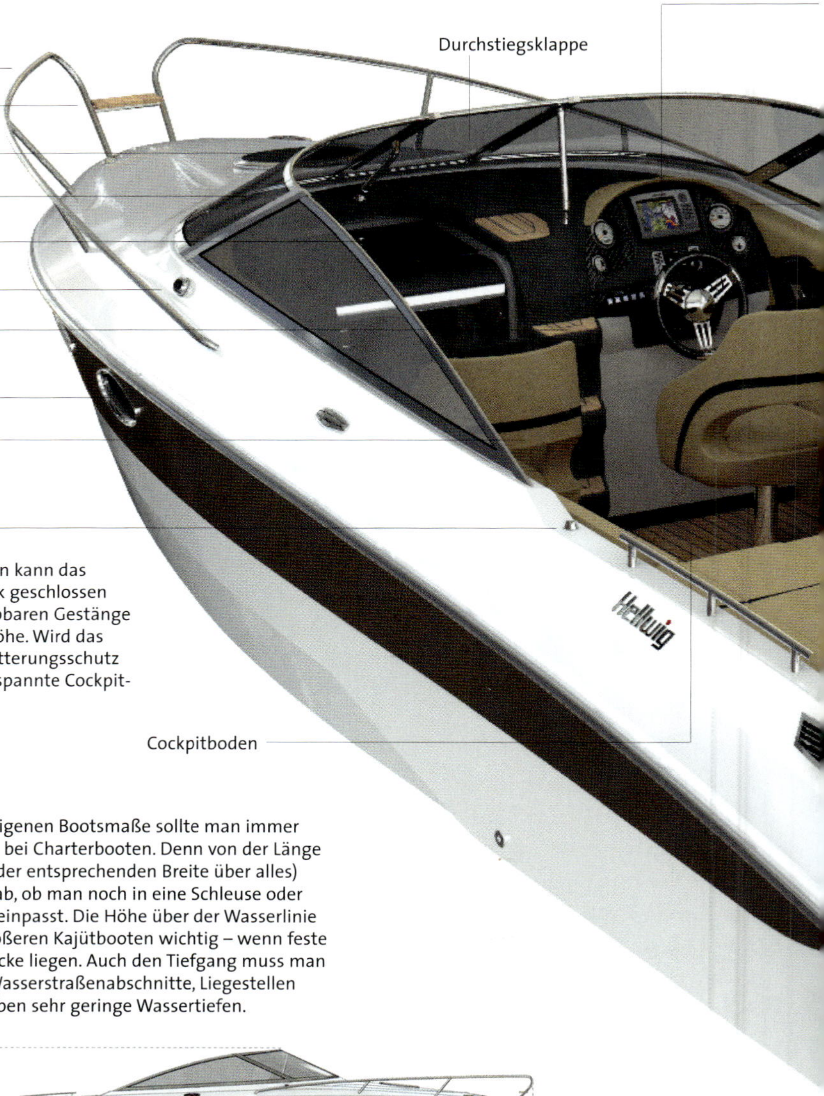

Verdeck: Bei offenen Sportbooten kann das Cockpit mit einem Cabrioverdeck geschlossen werden. Es wird mit einem klappbaren Gestänge aufgestellt und bietet oft Stehhöhe. Wird das Boot nicht benutzt, reicht als Witterungsschutz eine flach und ohne Stangen gespannte Cockpitpersenning.

Abmessungen: Die eigenen Bootsmaße sollte man immer im Kopf haben, auch bei Charterbooten. Denn von der Länge über alles (Lüa; und der entsprechenden Breite über alles) hängt zum Beispiel ab, ob man noch in eine Schleuse oder einen Liegeplatz hineinpasst. Die Höhe über der Wasserlinie ist besonders bei größeren Kajütbooten wichtig – wenn feste Brücken auf der Strecke liegen. Auch den Tiefgang muss man beachten, manche Wasserstraßenabschnitte, Liegestellen und selbst Häfen haben sehr geringe Wassertiefen.

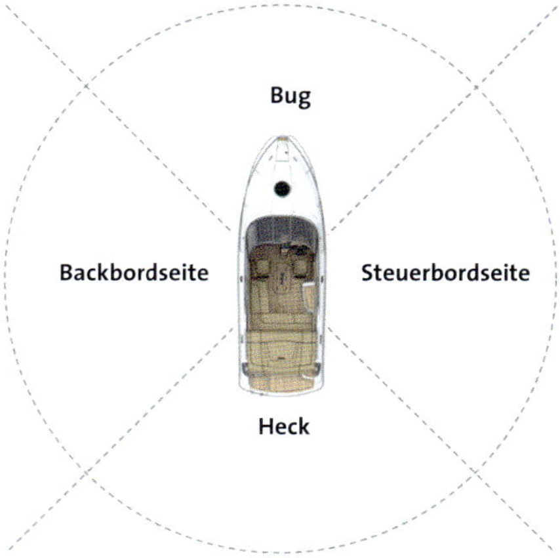

Bug und Heck: Der vordere Teil eines Bootes heißt Bug, der hintere Heck. Die linke Seite ist die Backbordseite, die rechte die Steuerbordseite. Dieser Begriff stammt übrigens aus der Zeit der Wikinger: Deren Langschiffe verfügten nur über ein Steuerruder – und das befand sich am Heck auf der rechten Rumpfseite.

Der Farbkartenplotter stellt Fahrtinformationen wie Kurs, Geschwindigkeit und Position des Bootes auf einer elektronischen Seekarte dar. Die Positionsbestimmung erfolgt per GPS.

Steuerstand: Hier sind die Instrumente zur Motorüberwachung (Drehzahl, Öldruck, Kühlwassertemperatur), wichtige Navigationshilfen wie elektronischer Plotter oder Kompass und die Schalter für Beleuchtung, Lenzpumpe und andere Geräte. Rechts vom Lenkrad befindet sich die Schaltung für den Motor.

Pantry: Waschbecken und Kochfeld sind mit einer Klappe abdeckt, darunter befindet sich der Kühlschrank.

Motorraum: In die gepolsterte Liegefläche ist die Abdeckklappe für den Motorraum integriert.

Innenbordmotor: Für die meisten Sportboote gibt es mehrere Optionen zur Motorisierung: Bei der Hellwig V 760 stehen neun verschiedene Diesel- oder Benzinmotoren zwischen 164 und 317 kW zur Auswahl.

Z-Antrieb: Der Antriebsschaft ist nicht nur nach rechts und links schwenkbar, um das Boot zu steuern. Er kann auch nach oben oder unten geklappt werden. Durch dieses »Trimmen« kann die Lage des Bootes während der Fahrt verbessert oder der Tiefgang etwas verringert werden.

Gegenläufige Propeller sorgen für höhere Kursstabilität – das Boot fährt besser geradeaus.

DIE MOTORYACHT

Vom Motorboot unterscheidet sich die Motoryacht in erster Linie durch ihre Größe, eine einheitliche Grenze gibt es jedoch nicht. Meistens wird sie im Bereich zwischen 10 und 12 m Länge gesehen. Die Ausstattung ist ein weiteres Kriterium: Mindestens eine »echte« Kabine, keine Schlupfkoje, sollte vorhanden sein, ebenso ein separater Salon – und das lässt sich selbst auf einem 8-m-Kajütboot kaum realisieren. Abgebildet ist ein 10,90-m-Halbgleiter aus Schweden: die Nimbus 365 Coupé. ■

Kabinendach: Bei vielen Yachtmodellen ist auf dem Kabinendach ein zweiter Steuerstand aufgesetzt – die sogenannte Flybridge. Sie ist von einem Schanzkleid umschlossen und über eine Leiter oder Treppe mit der Plicht oder dem Salon verbunden.

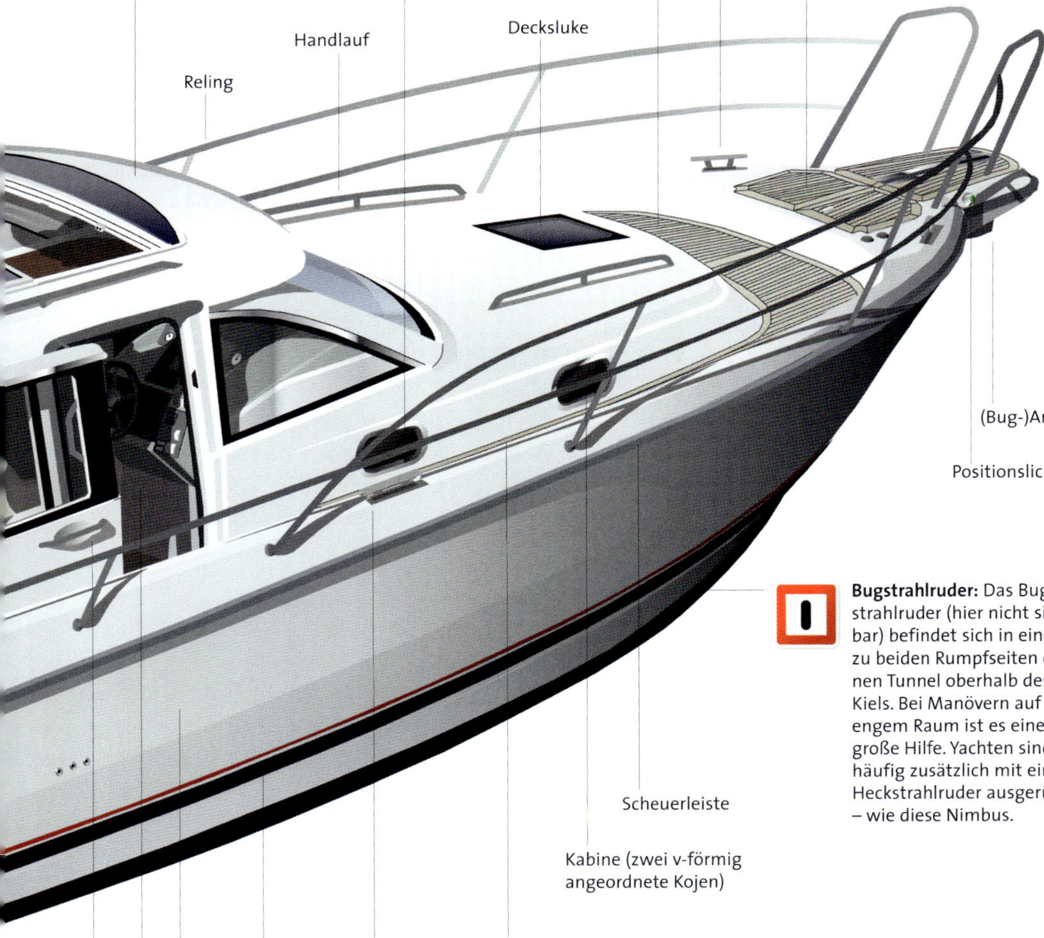

Bugstrahlruder: Das Bugstrahlruder (hier nicht sichtbar) befindet sich in einem zu beiden Rumpfseiten offenen Tunnel oberhalb des Kiels. Bei Manövern auf engem Raum ist es eine große Hilfe. Yachten sind häufig zusätzlich mit einem Heckstrahlruder ausgerüstet – wie diese Nimbus.

Ein begehbares Seitendeck gibt es bei der Nimbus nur an Steuerbord; man spricht dabei von einem »asymmetrischen Layout«.

Asymmetrisches Layout: Um den Salon bzw. das Steuerhaus geräumiger zu gestalten, wird manchmal auf ein Seitendeck verzichtet. Der Decksaufbau reicht dort fast bis an die Bordwand. Außerdem kann das vorhandene etwas breiter ausgeführt werden. Ein Nachteil ist jedoch, dass man nicht so schnell zwischen Bug und Heck hin- und herkommt, etwa bei Anlegemanövern auf dieser Seite.

TECHNISCHE DATEN: Nimbus 365 Coupé, Modelljahr: 2009, Bauwerft: Nimbus Boats (SE), Material: GFK, Länge: 10,90 m, Gewicht (leer): 6,3 t, Tank: 500 l, Motor: Volvo Penta Diesel (370 PS).

DIE RUMPFFORMEN

Gleiter und Verdränger

Wie schnell ein Motorboot fahren kann, hängt grundsätzlich von drei Kriterien ab: der Länge des Rumpfes in der Wasserlinie, seiner Form und von der Motorleistung. Jedes Boot, langsam wie schnell, bewegt sich bei geringer Fahrstufe in der sogenannten Verdrängerfahrt voran; es pflügt *durch* das Wasser und verdrängt es dabei zu den Seiten. Aus physikalischen Gründen kann ein Boot mit traditionellem bauchigen Rumpf dabei seine eigene Rumpfgeschwindigkeit nicht übertreffen. Ist dieser Punkt erreicht, steckt es zwischen Bug- und Heckwelle fest: Während letztere von hinten schiebt, bremst vorn die andere. Wie hoch die Rumpfgeschwindigkeit ist, hängt von der Wasserlinienlänge ab: Je länger, desto schneller – theoretisch. Für ein 6-m-Boot liegt sie bei etwa 6 kn, für ein 10-m-Boot bei ungefähr 7,7 kn.

Entspricht ein Sportboot dieser Kategorie, spricht man von einem Verdränger – unabhängig von seiner Größe. Der Rumpf eines Verdrängers taucht tief ein, ist als Rund- oder Knickspanter ausgeführt, und verfügt meist über einen Kiel, der das Boot im Wasser stabilisiert. Außerdem bietet er eine Menge Platz im Inneren – kein Wunder also, dass der Verdränger gerade dort weitverbreitet ist, wo es um gemütliche Urlaubstörns auf dem Charterboot geht oder die Eigner während der Saison sogar auf ihrem »eigenem Kiel« wohnen. Und ganz nebenbei macht die Geschwindigkeitsbegrenzung auf den meisten Binnenwasserstraßen entspanntes Reisen ohnehin fast schon zur Pflicht.

Wie dem auch sei; um schneller zu sein, als die Physik erlaubt, musste man sich einiges einfallen lassen. Bereits im 19. Jahrhundert war findigen Ingenieuren klar, dass man dafür den Widerstand überwinden müsste – indem man den Rumpf aus dem Wasser hob. Der bereits erwähnte Amerikaner John Hacker war es wohl

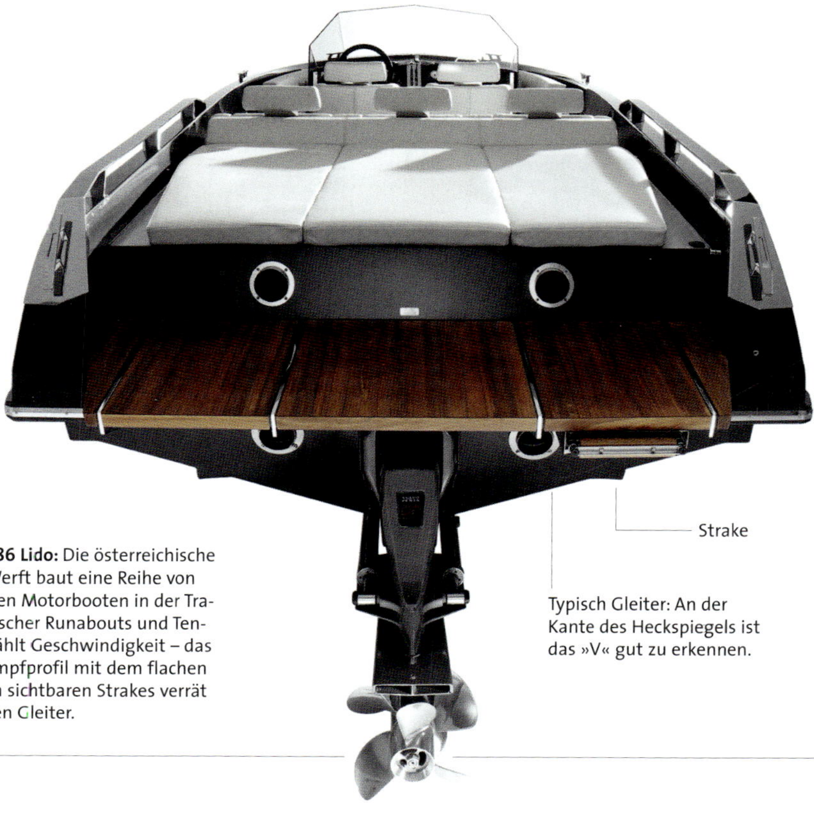

Frauscher 686 Lido: Die österreichische Frauscher-Werft baut eine Reihe von edlen, offenen Motorbooten in der Tradition klassischer Runabouts und Tender. Dabei zählt Geschwindigkeit – das niedrige Rumpfprofil mit dem flachen »V« und den sichtbaren Strakes verrät den schnellen Gleiter.

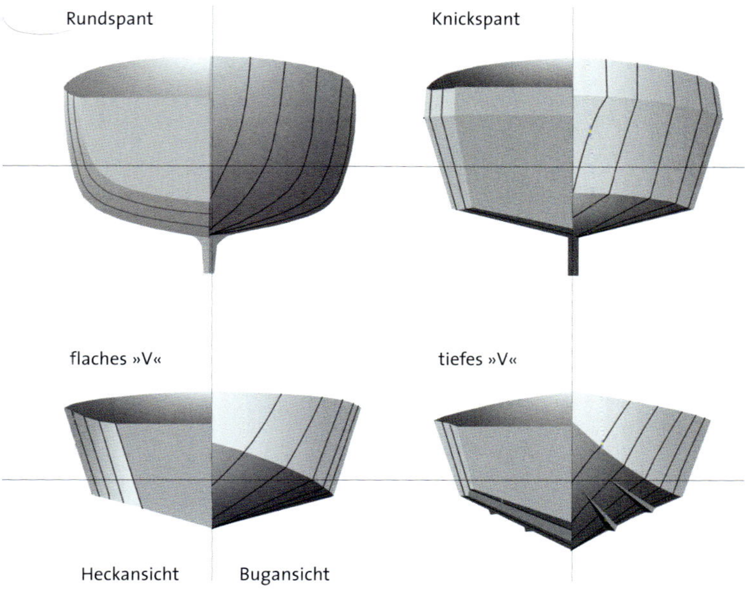

Der Verdränger: Sein Rumpfprofil ist tief und bauchig. Je nach Bauweise ist er als Rundspanter (links) oder Knickspanter (rechts) ausgeführt. Die quer verlaufenden Spanten – hier als dunkle Linien angedeutet – sind die »Rippen« eines Bootes und tragen die Beplankung bzw. die Außenhaut des Rumpfes. Da das Gewicht eines Verdrängers nicht entscheidend ist, besteht die Konstruktion oft aus solidem Stahl.

Der Gleiter: Ein flaches Profil ohne angesetzten Kiel ist das Hauptmerkmal dieser Rumpfform. Je flacher das »V«, desto leichter kommt das Boot ins Gleiten (links). Größere Seetüchtigkeit wird aber mit einem tieferen »V« erzielt – der Bug schneidet dann besser durch die Wellen (rechts). Leichte Gleiterrümpfe werden aus Kunststoff, Holz oder Aluminium gebaut.

(siehe S. 8), der sich vor mehr als 100 Jahren den V-Rumpf ausdachte, eine vergleichsweise leichte Konstruktion mit flachem Boden, die sich bei ausreichender Motorisierung tatsächlich aus dem Wasser auf die eigene Bugwelle hob. Der »Gleiter« war geboren – und mit ihm im Prinzip das schnelle Sportboot unserer Tage. Plötzlich waren Geschwindigkeiten bis 30 kn die Regel und selbst weit höhere leicht zu erreichen.

Da sich der flache V-Rumpf nur für ruhige Gewässer eignete, entwickelte man ein »tieferes« V, das bei rauen Verhältnissen ruhigere Fahrt ermöglichte, aber mehr PS benötigte.

Und auch dem Verdränger brachte man noch das »Laufen« bei: Mit weit nach hinten gezogenem, breitem und flachem V-Boden und starken Motoren schuf man den »Halbgleiter«. Ein Kompromiss, wie der Name schon sagt. ■

VON DER AUFKIMMUNG ZUM VERDRÄNGER

AUFKIMMUNG: Neigung des V-Bodens von den Rumpfseiten zur Mitte hin. Je größer der Winkel, desto tiefer das V.

GLEITER: Schnelles, vergleichsweise leichtes Sportboot mit V-Boden.

GLEITFAHRT: Fahrt oberhalb der Rumpfgeschwindigkeit. Boot hebt sich aus dem Wasser und gleitet auf der eigenen Bugwelle.

HALBGLEITER: Schneller als ein Verdränger, aber langsamer als ein echter Gleiter.

KNICKSPANTER: Rumpfform mit geraden Seiten und flachem, abgewinkelten Spitzboden.

RUMPFGESCHWINDIGKEIT: Von der Länge der Wasserlinie eines Bootes abhängige Höchstgeschwindigkeit in der Verdrängerfahrt.

RUNDSPANTER: Verdrängerrumpf mit halbrundem Rumpfquerschnitt.

STRAKE: In Längsrichtung verlaufende Leiste außen am V-Boden. Erhöht die Kursstabilität und lässt das Boot schneller gleiten.

STUFE: Quer verlaufende Kante im V-Boden, hinter der sich ein Luftpolster bildet, das den Wasserwiderstand verringert.

V-BODEN: Glatter, nach unten spitz zulaufender Rumpfboden eines Gleiters.

VERDRÄNGER: Langsames, schweres, jedoch geräumiges Boot, das nicht gleiten kann, sondern normal durch das Wasser fährt.

VERDRÄNGERFAHRT: Fahrt innerhalb der Rumpfgeschwindigkeit.

DER VERDRÄNGER

In vielerlei Hinsicht entspricht der Verdränger dem klassischen Bootstyp: Solide gebaut, garantieren die seit Generationen bewährten (und nicht selten noch aus der Segelschiffzeit stammenden) Rumpfmerkmale ein verlässliches Maß an Seetüchtigkeit. Viel Platz an und unter Deck, eine sparsame Dieselmotorisierung und vergleichsweise große Reichweite machen ihn zum perfekten Boot für Törns jeder Länge. Verdränger sind daher weitverbreitet, und auch in Deutschland sind Spitzgatter (s. unten rechts), Trawler und Sloepen häufig anzutreffen. Der sicherlich häufigste Typ ist der »Stahlverdränger« aus den Niederlanden – wie die hier dargestellte Linssen Grand Sturdy 430 Mark II. ■

Rumpfgeschwindigkeit: Die Formel zur Berechnung der theoretischen Höchstgeschwindigkeit eines Verdrängers in Knoten lautet 2,43 x √LWL. Für die Linssen bedeutet das bei einer LWL von 11,52 m also maximal 8,2 kn – oder 15,2 km/h.

Skeg: schützt Ruderblatt und Propeller vor Grundberührungen.

Kiel: verbessert die Kursstabilität und dient außerdem als Schutz für den Rumpfboden.

Sechszylinder-Vetus-Deutz Turbo-Diesel mit 170 PS

Propellerwelle

Wellenanlage: Die Kombination von Motor und einfacher Wellenanlage ist bei Verdrängern Standard, obwohl Doppelmotorisierungen, die das Boot manövrierfähiger machen, gerade bei größeren Yachten auch üblich sind.

Motor: Wegen ihrer geringen Höchstgeschwindigkeit kommen Verdränger trotz ihres Gewichtes mit vergleichsweise kleinen und sparsamen Dieselmotoren aus. Dank großer Tanks kommen sie leicht auf Reichweiten von mehreren hundert Seemeilen.

Der »Stahlverdränger« : Dutzende von Werften in den Niederlanden bauen diesen Bootstyp inzwischen in unzähligen Variationen, mit leichten optischen Unterschieden, wobei das Grundkonzept eines geräumigen Wohnbereichs jedoch immer im Mittelpunkt steht. Die Modellgrößen reichen von neuerdings schon unter 10 m bis 15 m und darüber. Hierzulande befinden sich inzwischen mehrere hundert Stahlverdränger als Charterboote im Einsatz, vorwiegend auf den Mecklenburgischen und Märkischen Gewässern. Beliebt sind sie besonders wegen ihrer »Schiffigkeit« im Vergleich zu gewöhnlichen Charter-Hausbooten.

Linssen Grand Sturdy 430 Mark II: Die Linssen-Werft in Maasbracht baut edle Stahlverdränger für das obere Marktsegment. Die hier abgebildete Motoryacht gehört zu einer von zwei Modellreihen und verfügt über vier feste Schlafplätze in zwei Kabinen, wobei die klassische Aufteilung eine im Bug und eine im Heck vorsieht. Sie hat die Revier-Klassifikation »A« nach CE-Norm, was Hochseefähigkeit entspricht.

TECHNISCHE DATEN: Linssen Grand Sturdy 430 Mark II, Bauwerft: Linssen Yachts (NL), Material: Stahl, Länge: 13,50 m, Verdrängung: 19 t, Vetus-Deutz Diesel (170 PS).

Rumpfmaterialien: Während Stahlverdränger ihrem Namen voll gerecht werden, wenn es um das Rumpfmaterial geht, setzten andere Typen (bzw. Werften) auf leichteren Kunststoff (GFK) – besonders, wenn sie ursprünglich aus Holz entstanden sind. Die »Planken-Optik« wurde dann aus traditionellen Gründen beibehalten – wie es rechts bei der Saga 27, einem norwegischen Spitzgatter, gut zu sehen ist.

TECHNISCHE DATEN: Saga 27 AC, Bauwerft: Saga Boats (NO), Material: GFK, Länge: 8,15 m, Gewicht (leer): 2,4 t, Tank: 360 l, Motor: Diesel (50 PS).

DER GLEITER

Keine Frage: Schnell fahren macht Spaß, besonders unter freiem Himmel und bei gutem Wetter. Gleichzeitig ist Geschwindigkeit ein großer Vorteil, wenn man auf dem Wasser einfach nur von A nach B kommen möchte. Egal, welcher Aspekt im Vordergrund steht – der Gleiter ist das richtige Boot. Dass der Platz an Bord und die Reichweite etwas knapper ausfallen, weil der Rumpf so flach gehalten ist und die großen Motoren entsprechend durstig sind, nimmt man da gerne in Kauf. Außerdem ist der Gleiter vielseitig, vom einfachen Arbeitsboot über Daycruiser und Weekender bis hin zur großen Motoryacht. Die elegante Frauscher 717 GT verkörpert den Typ in »reinster Form«. ■

Gleitfahrt: Um die Rumpfgeschwindigkeit zu überwinden und ein Boot in Gleitfahrt zu bringen, sind eine hohe Drehzahl und entsprechende Motorleistung Voraussetzung. Der Bug wird sich steil aufstellen, aber wieder absenken, sobald der Übergang geschafft ist. Wer jetzt wieder etwas Gas wegnimmt, fährt in der wirtschaftlichsten Weise und spart Treibstoff – und Geld.

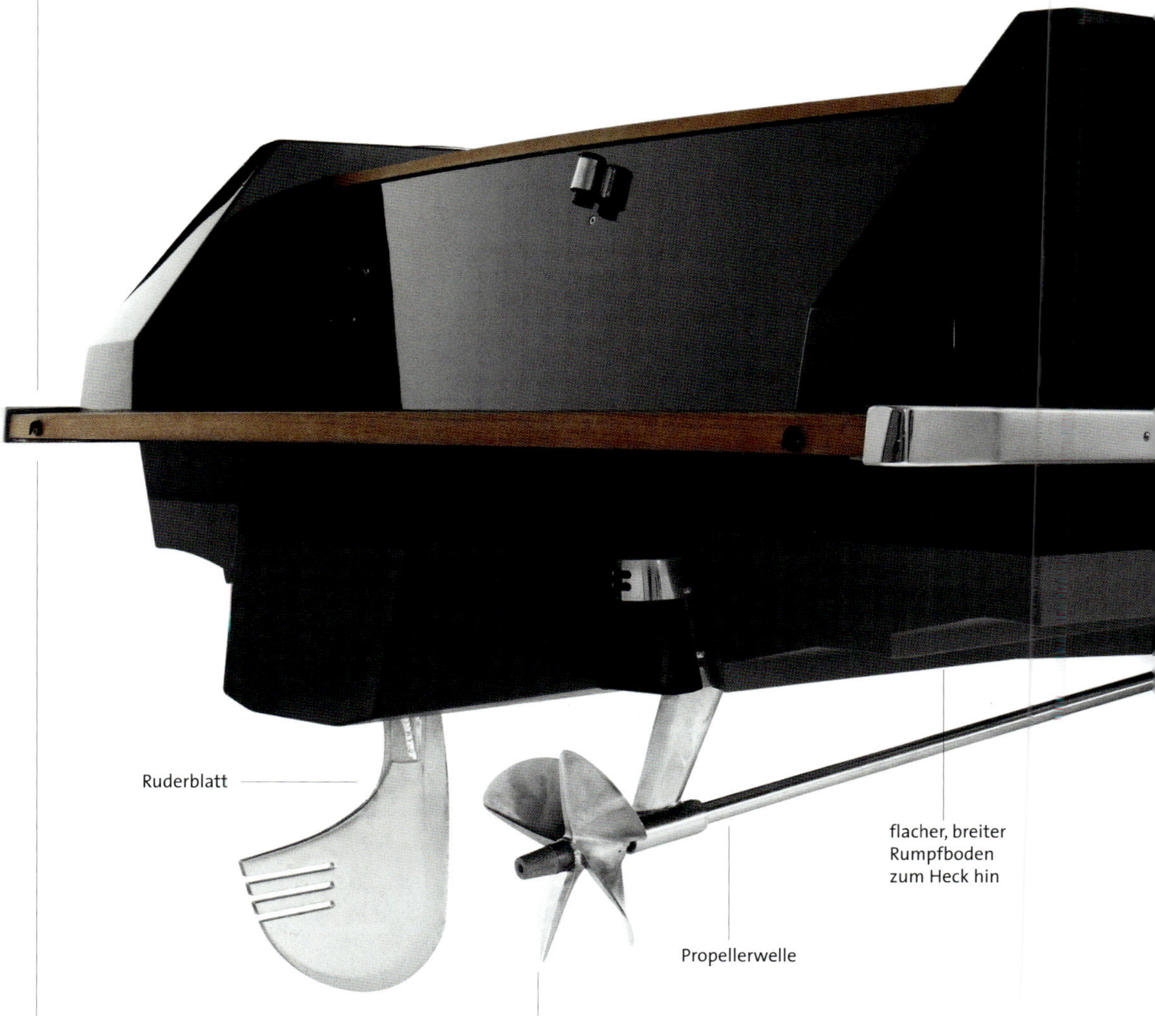

Frauscher 717 GT: In Gmunden am österreichischen Traunsee baut Frauscher edle Runabouts, die – je nach Modell – klassische oder moderne Züge zeigen. Die 717 GT vereint Elemente beider Epochen; ihr Motor befindet sich vor dem Cockpit. Das schafft achtern nicht nur mehr Platz zum Sonnen, sondern sorgt auch für eine günstige Gewichtsverteilung. Je nach Kundenwunsch können Innenborder von 250 bis 420 PS zum Einbau kommen. Frauscher gehört gleichzeitig zu den wenigen Werften, die bereits Elektro- und Hybridmodelle anbieten: Auch die 717 GT ist in Hybridausführung erhältlich.

TECHNISCHE DATEN: Frauscher 717 GT, Bauwerft: Frauscher Boats (AUT), Material: GFK, Länge: 7,17 m, Gewicht: ab 1,7 t.

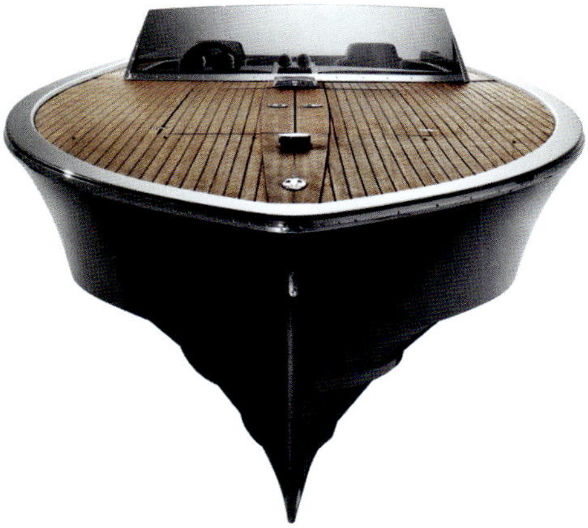

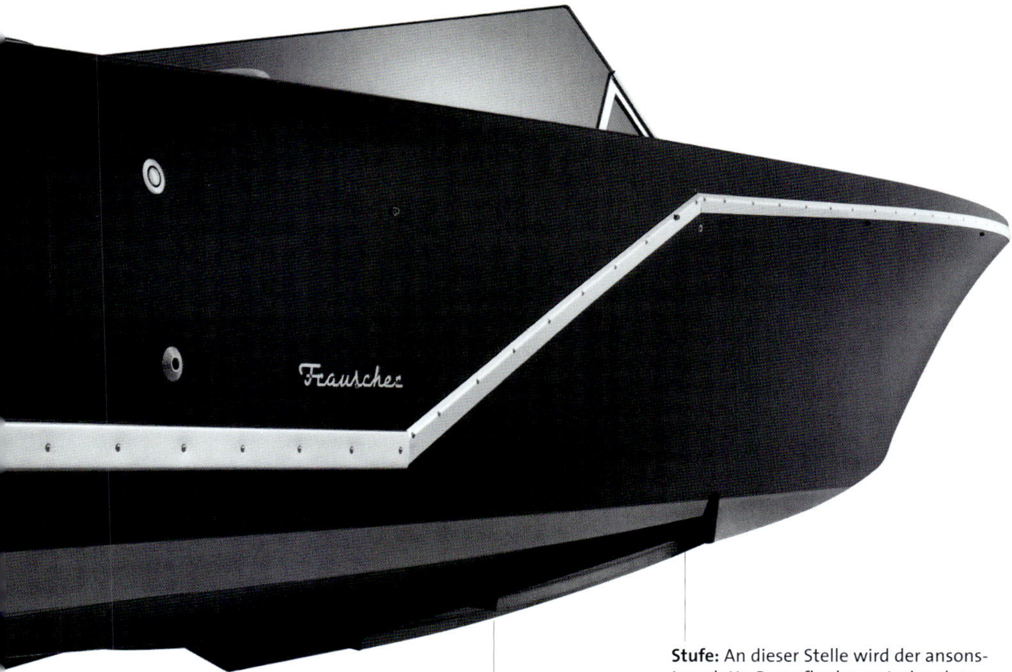

V-Rumpf: Das »V«, das der Knickspantrumpf am Kiel bildet, ist aus dieser Perspektive deutlich zu erkennen. Die Aufkimmung ist moderat, das »V« aber tief genug, um gute Seeeigenschaften zu garantieren. Boote mit tieferem »V« benötigen in der Regel mehr Motorleistung, um ins Gleiten zu kommen.

Strake: Die am Bootsboden entlanggezogenen Profil-Leisten wirken beim Übergang zur Gleitfahrt wie Stützen und erhöhen die Kursstabilität wie kleine, zusätzliche Kiele.

Stufe: An dieser Stelle wird der ansonsten glatte Rumpfboden unterbrochen. Das Wasser strömt jedoch zu schnell, um den Raum unmittelbar hinter der Stufe sofort zu füllen. Stattdessen entsteht dort ein Luftpolster, das den Wasserwiderstand des Rumpfes verringert. Das Boot kommt schneller ins Gleiten und spart in Gleitfahrt sogar ein wenig Treibstoff. Die meisten schnellen Motorboote und -yachten verfügen über einstufige Rümpfe. Rennboote können jedoch auch zwei oder mehr Stufen im Bootsboden haben.

DIE MOTOREN

Motorenarten und Antriebssysteme

Was ein Boot antreibt, hängt nicht nur vom jeweiligen Typ oder Verwendungszweck ab, sondern zu einem guten Stück auch vom Geschmack des Eigners: Die Auswahl bei den Motorenarten und den verschiedenen Antriebssystemen ist inzwischen ebenfalls recht groß, von »Klassikern« wie dem Wellenantrieb oder dem Außenborder hin zu modernen Lösungen, die auf den Pod-Antrieb, Elektro- oder Hybridtechnik setzen. Mit vier Kriterien lässt sich jede mögliche Variante genau beschreiben: Motorenanzahl, Motorenlage, Motorenart und Antriebsart.

Die meisten Sportboote sind nach wie vor mit einem einzelnen Motor ausgerüstet. Die Gründe dafür liegen auf der Hand – Platz- und Kostenersparnis. Ab etwa 8 m Länge sind auch Doppelmotorisierungen möglich; das Boot wird dann manövrierfähiger und sicherer – für den Fall, dass ein Motor ausfällt. Drei Motoren (oder mehr) haben dagegen seltenheitswert und dienen nur einem Zweck: Auffallen um jeden Preis.

Das vielleicht wichtigste Kriterium ist die Lage der Motoren. Der Außenbordmotor befindet sich, wie der Name schon sagt, komplett außerhalb des Bootes. Er ist am Heckspiegel angehängt, was Platz im Boot spart, und wird über eine bewegliche Pinne direkt gesteuert oder mit einem normalen Lenkrad

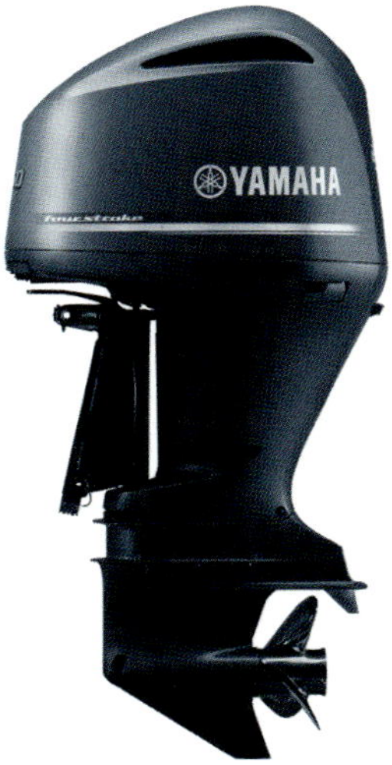

Yamaha F250D: Viertakt-Außenbordmotor mit elektronischer Einspritzung. 268 kg Gewicht liefern 250 PS.

VOM AUSSENBORDER ZUM Z-ANTRIEB

AUSSENBORDER: Wird am Heckspiegel des Bootes befestigt und über Pinne (bis etwa 50 PS) oder Lenkrad gesteuert. Benzinermodelle von 2,5 bis 300 PS, im unteren Leistungsbereich auch als Elektromotoren.

ELEKTROMOTOR: Einbau- oder Außenbordmotoren. Umweltfreundliche und geräuscharme Technik, die ständig leistungsstärker wird und immer weiter verbreitet ist.

HYBRID: Kombination aus einem Verbrennungs- (meist Diesel-) und einem Elektromotor, dessen Akkumulatoren bei einigen Booten auch zusätzlich durch Solarenergie aufgeladen werden können.

INNENBORDER: Im Rumpf liegender Benziner oder Diesel (Diesel ab 25 PS), der mit allen Antriebsarten kombiniert werden kann. Einbau auch paarweise. Selten sind Elektromotoren.

JET-ANTRIEB: Der Motor saugt Wasser an, das über eine lenkbare Düse am Heck als Schubstrahl wieder ausgestoßen wird.

OBERFLÄCHENANTRIEB: Hochleistungswellenantrieb für Rennboote, dessen Spezialpropeller nur zur Hälfte unter Wasser liegen.

POD-ANTRIEB: Ein elektronisch gesteuerter, drehbarer Antriebsschaft befindet sich direkt unter dem Motor. Die Propeller sind je nach Hersteller auf Zug oder Schub ausgelegt.

WELLENANTRIEB: Vom Motor läuft eine starre, geneigte Antriebswelle zum Propeller unter dem Heck. Gesteuert wird über das Ruder, das sich meist hinter dem Propeller befindet.

Z-ANTRIEB: Vom Innenbordmotor führt ein Umlenkgetriebe (in Z-Form) durch den Heckspiegel zum beweglichen Antriebsschaft auf der Außenseite, über den das Boot gesteuert wird.

Miss Geico: Das wahrscheinlich schnellste Offshore-Powerboat der Welt setzt auf Jet-Turbinen und Oberflächenantriebe. Zweimal 2000 PS peitschen den extremen US-Katamaran auf 320 km/h.

vom Steuerstand aus. Für Lagerung, Wartung und Reparatur muss er nicht umständlich ausgebaut, sondern kann in einem Stück abgenommen werden. Das ist beim Innenbordmotor zwar nicht ganz so einfach, dafür ist er im Inneren des Rumpfes aber besser vor Verwitterung und Korrosion geschützt.

Innenborder gibt es inzwischen nicht mehr nur als Diesel und Benziner – auch wenn die Verbrennungsmotoren wie im Straßenverkehr noch lange dominieren werden –, sondern auch in der Elektro-Variante. Die Leistung der Akkumulatoren ist bereits so groß, dass Motorboote damit ins Gleiten kommen und über beachtliche Reichweiten verfügen. Auch die Hybridtechnik ist auf dem Vormarsch; dabei wird die Kombination von Diesel und E-Motor häufig zusätzlich durch Sonnenenergie verstärkt, die von großflächigen Kollektoren an Bord gesammelt wird.

Innenbordmotoren können mit verschiedenen Antriebsarten ausgerüstet werden. Verdränger setzten dabei fast ausschließlich auf den klassischen Wellenantrieb, der dem Boot gute Kursstabilität gibt. Der Nachteil eingeschränkter Manövrierfähigkeit in langsamen Fahrtstufen oder in Rückwärtsfahrt kann durch eine Doppelmotorisierung ausgeglichen werden – oder durch Bug- und Heckstrahlruder. Boote mit Z-Antrieb lassen sich dank ihres voll beweglichen Antriebsschaftes besser manövrieren. Die Antriebsart gilt bei Motorbooten als Alternative zum Außenbordmotor und ist auch auf Motoryachten üblich. Die moderne Alternative zum Z-Antrieb (und zum Wellenantrieb) ist dagegen der Pod-Antrieb, den inzwischen mehrere Hersteller mit unterschiedlichen Systemen anbieten. Im Prinzip handelt es sich dabei um frei drehbare Antriebsschäfte unmittelbar unter den Motoren. Sie sorgen für besseres Fahrverhalten und können bei Doppelmotoren elektronisch unabhängig voneinander so gesteuert werden, dass das Boot sogar seitwärts fährt. ■

IPS-Antrieb: Beim IPS-System von Volvo Penta kommen mindestens zwei Anlagen paarweise zum Einbau.

Dieselmotor D11A-D von Volvo Penta. Das Sechszylinder-Aggregat leistet 600 PS.

Pod: elektronisch gesteuerter, drehbarer Antriebsschaft

Nach vorne weisende Doppelpropeller ziehen das Boot durch das Wasser.

DER AUSSENBORDER

Ursprünglich waren Außenborder nichts weiter als kleine Verbrennungsmotoren mit einfachem Schaft und Propeller, die man zur sonntäglichen Bootspartie aus dem Schuppen holte und hinters Heck hängte. Diese praktische Idee ist über hundert Jahre alt, und auch wenn sich an ihrem genialen Konzept im Grunde kaum etwas verändert hat, die technische Entwicklung des Außenbordmotors ist rasant vorangeschritten. Tragbare Modelle mit überschaubarer Leistung, etwa für den Angelkahn oder das Beiboot, gibt es zwar immer noch; am anderen Ende der Skala stehen inzwischen jedoch schwergewichtige, elektronisch regulierte Hightech-Triebwerke mit bis zu 300 PS. Diese Bandbreite hat den kompakten Außenborder zur vielseitigsten Motorenalternative für Sportboote gemacht. ■

Torqeedo Cruise 2.0: Das Programm des deutschen Herstellers Torqeedo aus Starnberg umfasst eine Reihe von Elektro-Modellen. Der gezeigte Cruise 2.0 verfügt mit externer Batterie über eine effektive Vortriebsleistung von 900 Watt. Das Gewicht beträgt 18 kg.

Elektro-Außenborder: Auch bei den Außenbordern haben sich Elektromotoren einen festen Marktanteil erobert, der in Zukunft sicherlich noch wachsen wird. Technisch voll ausgereift, verfügen sie inzwischen, je nach Batteriekapazität, über akzeptable Laufdauer und Leistung. Zudem sind sie vergleichsweise leise und umweltfreundlich im Betrieb.

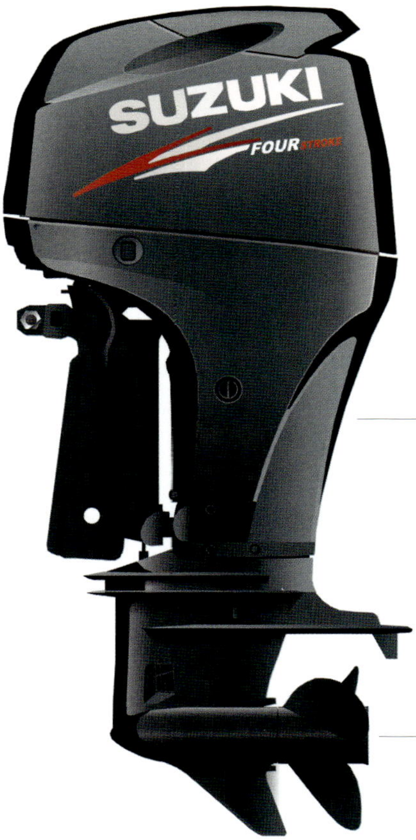

Verbrennungs-Außenborder: Moderne Viertakt-Benziner decken bei den Außenbordern das gewaltige Leistungsspektrum zwischen etwa 1,5 und 300 PS ab, wobei eine weitere Steigerung nach oben durchaus noch möglich ist. Besonders bei den größeren Motoren spielt die Elektronik inzwischen eine wichtige Rolle – etwa bei der Kraftstoffeinspritzung oder der inneren Betriebskontrolle. Diesel sind dagegen zurzeit nicht auf dem Markt; Zweitakter aufgrund von Umweltrichtlinien ebenfalls verschwunden.

Suzuki DF90: Mit 90 PS liegt dieser neue Viertakt-Außenborder von Suzuki in Bezug auf die Leistungsgröße noch im unteren Mittelfeld. Der »Kraftkopf« – also der eigentliche Motor – besteht aus einem Vierzylinder-Reihenmotor mit 16 Ventilen, zwei oben liegenden Nockenwellen und wird elektronisch gestartet. Gelenkt und getrimmt wird der 155 kg schwere DF90 vom Steuerstand aus.

Propeller: Der richtige Propeller ist entscheidend für die Leistungsübertragung auf das Wasser, und es macht Sinn, sich an die Herstellervorgabe zu halten. Die beiden Maße sind Durchmesser und Steigung – die Strecke, die der Propeller mit einer Umdrehung zurücklegen würde, wenn er sich durch ein festes Medium »graben« müsste. Beide werden in Zoll angegeben. Gewöhnliche Propeller sind aus Aluminium hergestellt. Edelstahl ist teurer, hat dafür jedoch bessere Leistungswerte.

Yamaha F5A: Mit einem Gewicht von 27 kg ist Yamahas aktuelles 5-PS-Modell noch gut zu tragen und montieren. Die Leistung reicht bei leichten Booten für Verdrängerfahrt, und bei kleinen Schlauchbooten (mit maßvoller Zuladung) auch zum Gleiten aus. Praktisch ist der bei Motoren dieser Größe meistens intergrierte Kraftstofftank mit 1,1 l Fassungsvermögen.

Schaftlänge: Viele Außenborder gibt es in Ausführungen mit unterschiedlichen Schaftlängen (meist Lang- und Kurzschaft), da je nach Bootstyp auch die Höhe des Spiegels variiert, an dem der Motor befestigt wird.

Trimmeinstellung: Mit den Trimmlöchern kann der Anstellwinkel des Motors verändert werden. Der Schaft sollte möglichst senkrecht nach unten zeigen, damit der Propeller optimale Wirkung erzielen kann. Größere Motoren, wie das 90-PS-Modell links, werden mit einem Schalter vom Steuerstand aus elektrisch getrimmt.

Quickstop: Außenborder sind mit einer elastischen Quickstop-Leine gesichert. Ihr Clip wird bei Pinnensteuerung am Ausschalter direkt am Motor, sonst an entsprechender Stelle am Steuerstand befestigt. Das andere Ende kommt um das Handgelenk des Bootsführers. Sollte dieser über Bord fallen, wird der Clip automatisch abgezogen, und der Motor stoppt. Ohne den eingerasteten Clip lässt sich der Motor außerdem nicht starten.

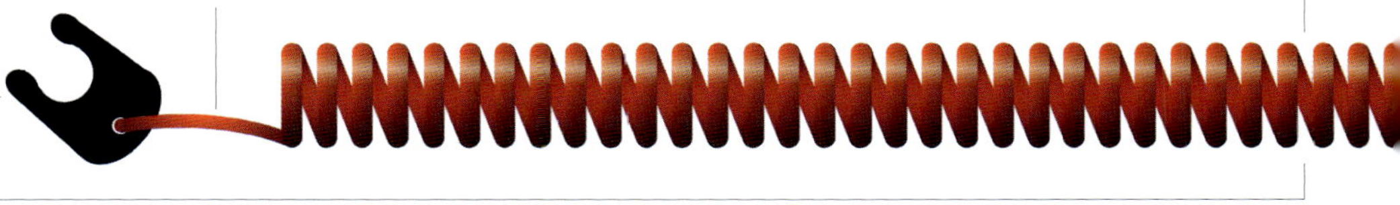

DER INNENBORDER

Innenbordmotoren decken einen großen Leistungsbereich ab: Während Diesel für kleinere Verdränger schon ab etwa 25 PS zu haben sind, ist das Spektrum auch bei Benzinern nach oben hin offen. Dazu kommen die Kombinationsmöglichkeiten mit den verschiedenen Antriebsarten, die genau auf den jeweiligen Bootstyp abgestimmt werden können. Diesel mit Welle und Benziner mit Z-Antrieb gehören zu den häufigsten Varianten; letztere ist hier mit dem 300 PS starken 5,7 DPS von Volvo Penta und seinem passenden Z-Antrieb genauer dargestellt. Neben den klassischen Innenbordern mit Verbrennungsstechnik gibt es inzwischen auch leistungsfähige Elektro- und Hybridsysteme. ■

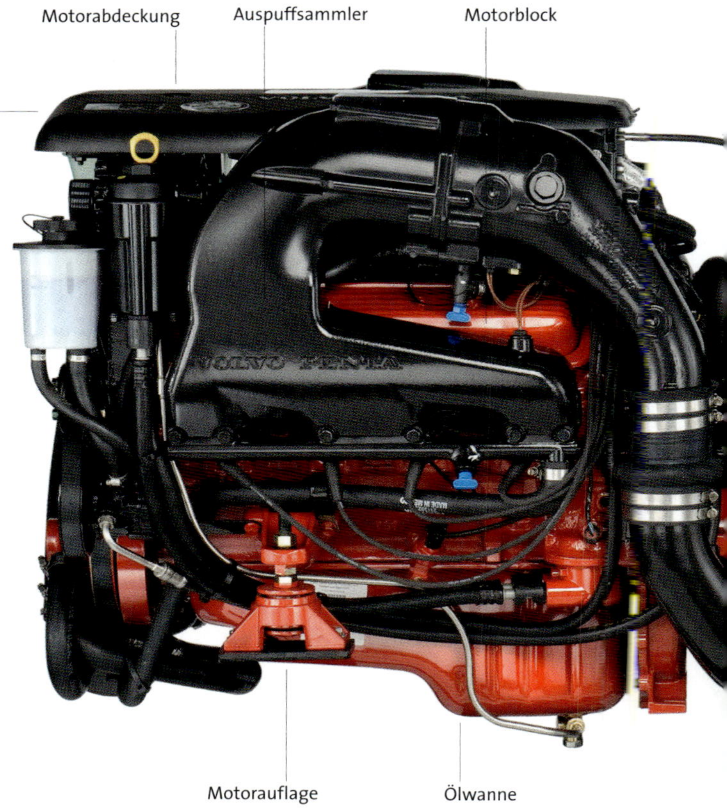

Volvo Penta 5,7 DPS: Dieser 300-PS-Benziner aus der schwedischen Motorenschmiede von Volvo Penta steht stellvertretend für den klassischen »V8er«. Mit 5,7 l Hubraum und elektronischer Direkteinspritzung liefert er das hohe Drehmoment, das für Gleiter wichtig ist. Über den Z-Antrieb mit Doppelpropeller bringt er seine Leistung ins Wasser.

Benziner oder Diesel? Beide Motorenarten haben ihre Vor- und Nachteile. Während der Diesel wartungsärmer ist und in der Regel weniger Kraftstoff verbraucht, ist der Benziner dafür in der Anschaffung billiger, ist etwas kompakter und hat ein besseres Leistungsgewicht. Allerdings ist das Brand- und Explosionsrisiko bei unsachgemäßer Handhabung beim Benziner weitaus größer.

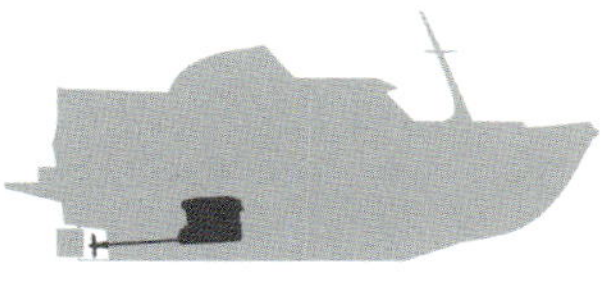

Wellenantrieb: Bei Verdrängern kommen fast ausschließlich Dieselmotoren mit Wellenantrieb zum Einbau; hohe Drehzahlen werden bei den ohnehin geringen Höchstgeschwindigkeiten nicht benötigt, dafür stehen sparsamer Verbrauch und größere Reichweite im Vordergrund.

Z-Antrieb: Für Gleiter jeder Größe sind leistungsstarke Benziner oder Diesel in Verbindung mit Z-Antrieben die passende Lösung. Die Antriebe garantieren auch bei hohen Geschwindigkeiten gutes Manövrierverhalten, die Motoren für die nötige Sprungkraft in jeder Situation.

Pod-Antrieb: Frei drehbare Pod-Antriebe verbessern die Manövriereigenschaften weiter. Bei Doppelmotoren – wie dem hier gezeigten IPS von Volvo Penta – können die Antriebe von einem Computer so angesteuert werden, dass das Boot präzise mit dem Joystick gesteuert werden kann.

Hybridantrieb: Die hier schematisch dargestellte Greenline 33 Hybrid aus Slowenien ist, entsprechend der Bezeichnung, ein modernes 10-m-Kajütboot mit dieselelektrischem Antrieb. Im E-Betrieb beträgt die Höchstgeschwindigkeit 6 kn, mit dem Diesel – je nach Motorenvariante – 10–15 kn.

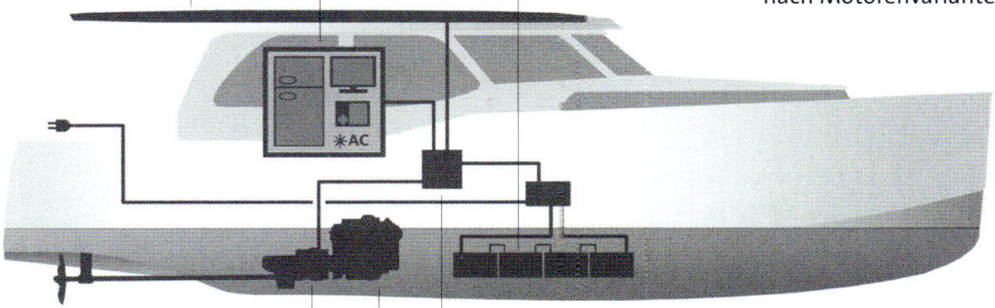

Elektroantrieb: Die Frauscher 650 Alassio ist der Beweis dafür, dass man Booten den Elektroantrieb längst nicht mehr ansehen muss. Fünf Motorenoptionen werden für das 6,50 m lange Runabout angeboten, von 4,3 bis 40 kW – was immerhin 54 PS entspricht

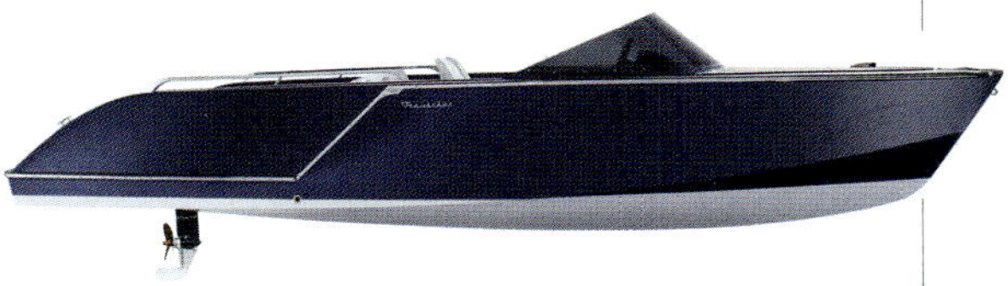

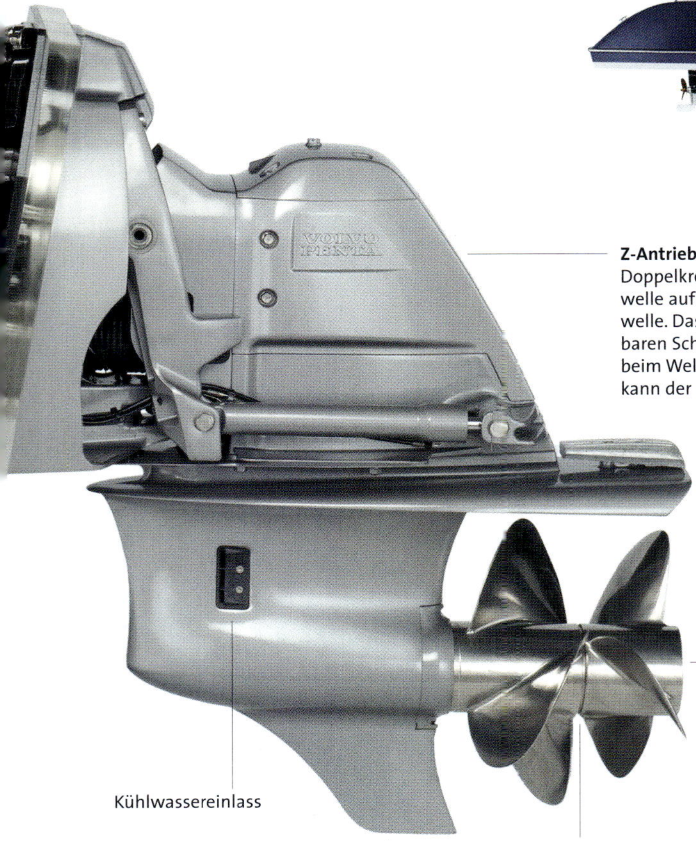

Z-Antrieb: Im Antriebsschaft verbindet ein sogenanntes Doppelkreuzgelenk über zwei rechte Winkel die Antriebswelle auf Motorebene mit der tiefer liegenden Propellerwelle. Das Boot wird direkt über den seitlich schwenkbaren Schaft gesteuert, ein zusätzliches Ruderblatt wie beim Wellenantrieb wäre also überflüssig. Zusätzlich kann der Schaft auf- und abgetrimmt werden.

Doppelpropeller: Durch die Abfolge von zwei gegenläufigen Propellern werden nicht nur Endgeschwindigkeit, Beschleunigung und Laufruhe erhöht, sie gleichen auch den Radeffekt aus.

Radeffekt: Propeller drehen entweder rechts- oder linksherum – je nachdem, wie ihre Flügel angeordnet sind. Verfügt ein Boot über nur einen Propeller, wird das Heck automatisch etwas in seine Drehrichtung versetzt. Unangenehm fällt der Effekt besonders bei konventionellen Wellenanlagen in Rückwärtsfahrt auf; einige Boote lassen sich kaum oder gar nicht gegen die Drehrichtung steuern.

DAS SCHLAUCHBOOT

Der einfachste und günstigste Weg, um auf eigenem Kiel unterwegs zu sein, ist das Schlauchboot: Modelle um die 3,50 m – wie das Zodiac 340 Cadet unten – sind zum Wasserwandern gut geeignet und immer noch kompakt genug, um sie samt Ausrüstung zerlegt im Auto zu transportieren – auch wenn der Außenborder etwas schwerer ausfällt. Wer es gleich größer möchte, kann sich für ein RIB entscheiden, das ohnehin den Vorteil hat, wesentlich seetüchtiger zu sein. Die Abkürzung steht für das englische *Rigid Hull Inflatable Boat*, also für ein Festrumpfschlauchboot mit V-Boden aus GFK oder Aluminium. Wer jetzt an robuste Rettungs- oder Arbeitsboote denkt, liegt nur zur Hälfte richtig. Längst gibt es RIBs auch speziell für den Freizeitbereich – mit Badeplattform, Liegeflächen und Schlupfkoje. ■

Schlauchboote: Gewöhnliche Schlauchboote mit flexiblem Rumpfboden gibt es von etwa 2 bis 5 m Länge. Der Schlauch besteht dabei aus mindestens zwei Kammern, dazu kommt häufig ein Luftkiel. Beim Einlegeboden, der dem Boot Stabilität gibt, sind robustes Holz oder Aluminium beste Wahl.

Zodiac 340 Cadet: 3,40 m lang, hat das Boot eine maximale Zuladung von 750 kg oder 6 Personen. Außenborder bis maximal 20 PS sind zugelassen. Das Gesamtgewicht aller Bestandteile beträgt 52 kg.

Luftkammern: Die meisten Schlauchboote sind so konstruiert, dass sie auch dann noch schwimmen, wenn mindestens eine Luftkammer beschädigt ist.

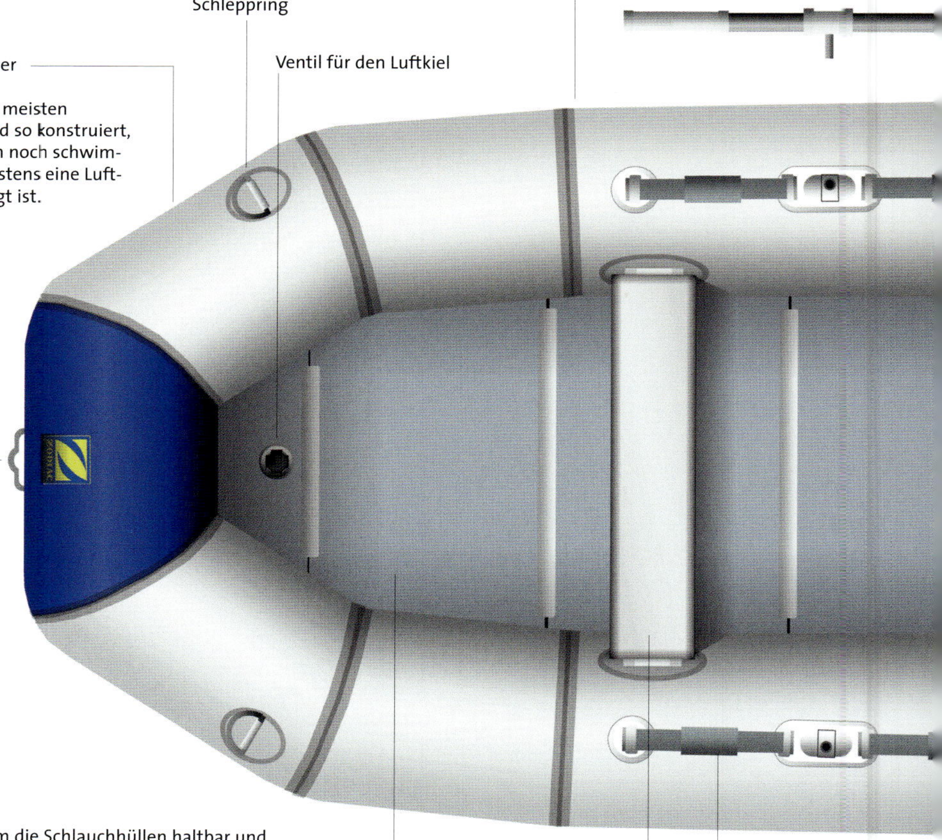

Rumpfmaterial: Um die Schlauchhüllen haltbar und widerstandsfähig zu machen, bestehen sie aus mehreren Schichten verschiedener Materialien, beispielsweise flexibles Neopren, schnittfeste Textilien oder Spezialkunststoffe wie das Elastomer »Hypalon«. Kleinere Löcher können mit Bordmitteln geflickt werden, größere Reparaturen sollte jedoch eine Fachwerkstatt vornehmen.

Festrumpfschlauchboot: Auch RIBs werden für den Freizeit- und Sportbereich angeboten. Die italienische Werft Formenti bietet Boote von rund 5 m bis knapp 10 m Länge – darunter das Zar 97, das mit Kabine und Nasszelle komplett als Weekender ausgestattet ist.

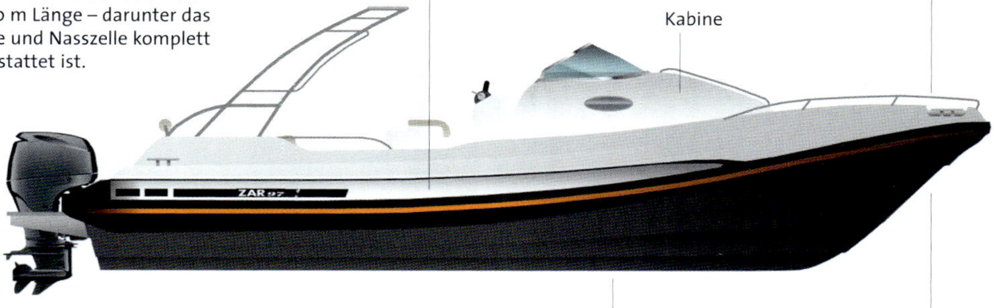

Aufpumpen: Die Luftkammern sollten nie in einem Zug prall aufgepumpt werden, sondern in mindestens zwei Durchgängen reihum, um die Nähte zu schonen.

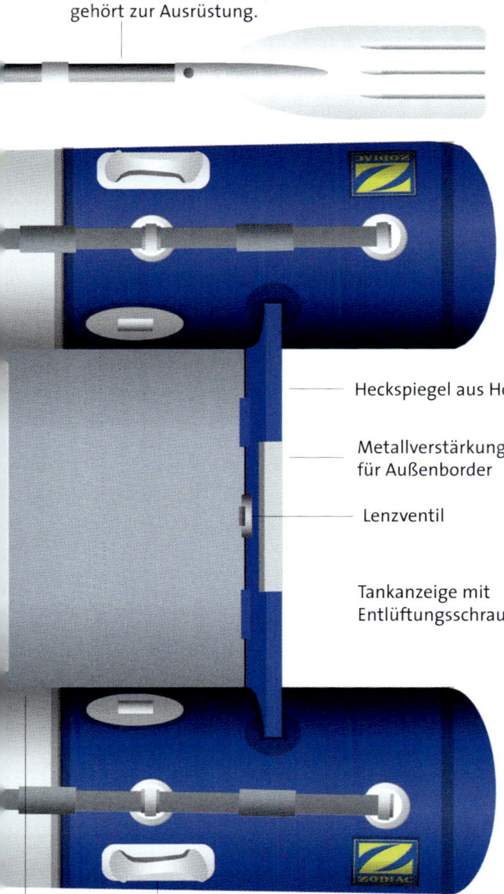

Außenborder: Moderne Viertakt-Außenborder wiegen im 10-PS-Bereich runde 40 kg, bei 15 PS sind es 50 kg. Wem das zu schwer ist, kann sich auf dem Bootsmarkt nach einem gebrauchten Zweitakter umsehen; neue dürfen zwar nicht mehr verkauft werden, für die alten gibt es jedoch Bestandsschutz. Ein 15-PS-Modell, wie der abgebildete Yamaha F15F wiegt etwa 37 kg.

Kraftstofftank: Außenborder ab etwa 9 PS verfügen über einen externen Kraftstofftank. Dieser fasst 25 l und wird mit dem Motor über einen Schlauch mit Pumpballen verbunden. Läuft der Motor, muss die Entlüftungsschraube am Tank geöffnet werden, da er sich sonst zusammenzieht, wenn Kraftstoff verbraucht wird. Außerdem darf er nie zu voll sein, da sich sein Inhalt bei Wärme ausdehnt.

3

THEORIE

Behörden
Vorschriften
Führerscheine
Verkehrskunde

DIE BEHÖRDEN

Polizei und Schifffahrtsverwaltung

Rheinstreifenboot WSP 12: Zwölf Boote dieses Serien-Typs gehören zur WSP Nordrhein-Westfalen. Sie sind 17,75 m lang, der Rumpf ist aus Stahl.

Ordnung muss sein, auch auf dem Wasser: In Deutschland gibt es deshalb gleich eine ganze Reihe von Behörden, die dafür sorgen, dass die Schifffahrtsstraßen in gutem Zustand sind und der Verkehr reibungslos fließen kann. Die beiden wichtigsten sind die Wasserschutzpolizei (WSP) und die Wasser- und Schifffahrtsverwaltung des Bundes (WSV).

Die Aufgaben der »Wasserschutz« unterscheiden sich kaum von denen der Polizei an Land: Zu den Routinearbeiten gehören Revierfahrten, die Überprüfung von Ladung oder Schiffspapieren und die Einhaltung von Umwelt- und Verkehrsvorschriften, wie etwa die Einhaltung der zulässigen Höchstgeschwindigkeit. Auch bei Notrufen sind die Beamten schnell vor Ort. Bis auf Thüringen unterhält jedes Bundesland eine eigene Wasserschutzpolizei, rund 150 Dienststellen sind es bundesweit, wobei sich die Einsatzboote je nach Revier und

WER WO FÜR ORDNUNG SORGT

Bundespolizei See: (BPOL) Maritime Komponente der Bundespolizei und Teil der Küstenwache, früher Bundesgrenzschutz See. Einsatzgebiet: See. Rumpffarbe: himmelblau.
Fischereischutz: Gehört zum Ministerium für Landwirtschaft und Ernährung; Küstenwache. Einsatzgebiet: See. Rumpffarbe: schwarz.
Gewässeraufsicht: Untergeordnete Landesbehörden; Aufgabenbereich: Gewässerkontrolle.
Schifffahrtspolizei: Aufgabenbereich der Wasser- und Schifffahrtsverwaltung zur Gewährleistung sicheren Verkehrs auf den Seeschifffahrtsstraßen, Unterstützung durch WSP.
Strompolizei: Wie Schifffahrtspolizei, nur auf den Binnenwasserstraßen.
Wasser- und Schifffahrtsämter: (WSA) Der Wasser- und Schifffahrtsverwaltung untergeordnet, Einsatzgebiet: Binnen und See (Küstenwache). Rumpffarbe: meistens schwarz.
Wasser- und Schifffahrtsverwaltung: (WSV) Bundesbehörde, zuständig für alle Bundeswasserstraßen im Binnen- und Seebereich.
Wasserschutzpolizei: (WSP) Länderhoheit. Einsatzgebiet: Binnen, See. Rumpffarbe: blau.
Zoll: Genau: »Kontrolleinheiten See«, Küstenwache. Einsatzgebiet: See. Rumpffarbe: grün.

Hoheitszeichen: Die Bundesdienstflagge mit dem Wappenschild darf nur von Fahrzeugen der Bundesbehörden geführt werden.

Küstenwache: Sie koordiniert Dienststellen und Einheiten verschiedener Bundesbehörden. Zu den Aufgaben gehören Grenzsicherung, Umweltschutz, Zoll- und Fischereiaufsicht. Einheitliches Kennzeichen der Boote sind das abgebildete Wappen, die Bundesfarben und der weiße Schriftzug »Küstenwache« am Rumpf.

Aufgaben stark unterscheiden. Vom modernen 30-m-Kreuzer für den Dienst an der Küste reichen sie bis zum offenen, schnellen Aluminiumboot für flache Binnengewässer. Oft sind sie durch ihren blauen Rumpf schon von Weitem zu erkennen. Im Einsatz kommt noch das Blaulicht (und meist eine hohe Bugwelle) hinzu. Es gibt auch Boote, die unauffälliger unterwegs sind und fast wie Sportboote wirken. Alle Einsatzfahrzeuge tragen die Amtsbezeichnung »Polizei« und eine Nummer. Außerdem führen sie die Bundesdienstflagge mit dem Adlerwappen.

Das gilt auch für die Fahrzeuge der Wasser- und Schifffahrtsverwaltung des Bundes: Die WSV ist zuständig für Betrieb und Erhalt der Bundeswasserstraßen und ihrer Infrastruktur. Dieser Aufgabenbereich umfasst nicht nur die 7350 Stromkilometer selbst, sondern zusätzlich rund 450 Schleusenkammern, 1600 Leuchttürme und Baken, 4000 Tonnen aller Art und 10 000 sonstige Schifffahrtszeichen, wie Tafelzeichen, Kilometrierung und Pricken. Dafür gliedert sich die WSV in sieben regionale Wasser- und Schifffahrtsdirektionen (WSD) mit insgesamt 39 Wasser- und Schifffahrtsämtern (WSA), die entlang von Küsten, Flüssen und Kanälen über ganz Deutschland verteilt sind. Dazu kommen noch einmal sieben Wasserstraßenneubauämter (WNA), die neue Schleusen, Wehre oder Brücken planen und umsetzen. So vielseitig wie das Aufgabenspektrum ist auch die WSA-Flotte; Mess- und Peilboote gehören dazu, Arbeitsprähme, Schubboote und Leichter, Bagger, Eisbrecher, Schlepper und sogar Hochleistungs-Mehrzweckschiffe, wie die knapp 80 m lange und 3500 Tonnen große NEUWERK des Wasser- und Schifffahrtsamtes Cuxhaven.

Eine Reihe von Landesbehörden kümmert sich um die weiteren schiffbaren (und nicht schiffbaren) Gewässer. So beispielsweise der Niedersächsische Landesbetrieb für Wasserwirtschaft, Küsten- und Naturschutz, oder – am anderen Ende der Republik – die Landratsämter Bodenseekreis, Konstanz und Lindau, die sich gemeinsam mit Österreich und der Schweiz um den Bodensee kümmern. ■

Wasser- und Schifffahrtsämter: Für verschiedenste Aufgaben halten die WSAs Spezialschiffe in Fahrt, vom Eisbrecher bis zum abgebildeten Peilschiff für Unterwasser-Vermessungen.

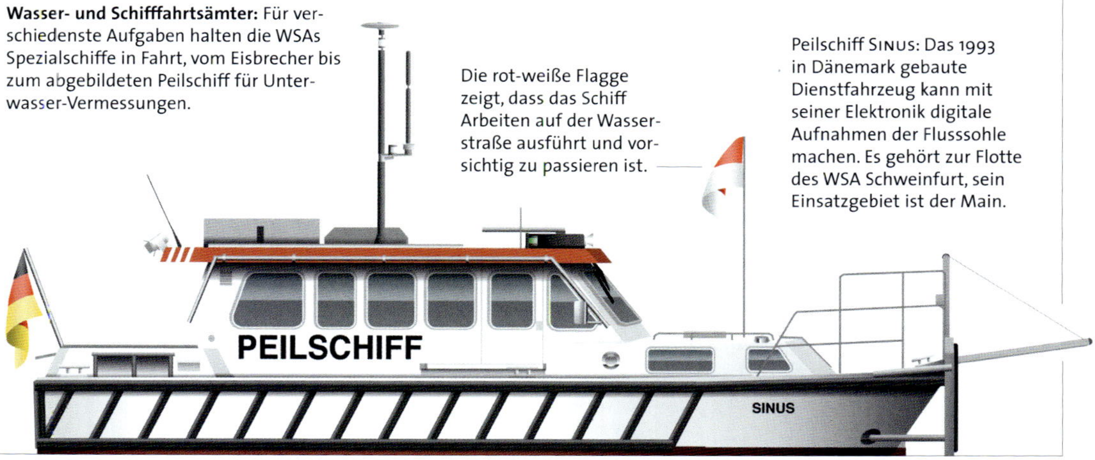

Die rot-weiße Flagge zeigt, dass das Schiff Arbeiten auf der Wasserstraße ausführt und vorsichtig zu passieren ist.

Peilschiff SINUS: Das 1993 in Dänemark gebaute Dienstfahrzeug kann mit seiner Elektronik digitale Aufnahmen der Flusssohle machen. Es gehört zur Flotte des WSA Schweinfurt, sein Einsatzgebiet ist der Main.

DIE VORSCHRIFTEN

Auf den Bundeswasserstraßen gibt es keine einheitliche Verkehrsordnung. Stattdessen nehmen unterschiedliche Vorschriften Rücksicht auf Besonderheiten des jeweiligen Reviers: Die grobe Trennung erfolgt dabei nach Binnen- und Seeschifffahrtsstraßen. Für den Gütertransport wichtige Ströme wie Rhein und Donau haben allerdings ihre eigenen, angepassten Vorschriften, und auf den deutschen Küstengewässern spielen internationale Regeln ebenfalls eine wichtige Rolle. Was gilt wo? ■

BINNEN

Die **Binnenschifffahrtsstraßen-Ordnung** regelt die Kennzeichnung von Fahrzeugen und Wasserstraßen, enthält revierspezifische Informationen und gilt generell auf allen Bundeswasserstraßen, mit folgenden Ausnahmen: Für die großen, internationalen Ströme **Rhein, Mosel und Donau** gibt es **Schifffahrtspolizeiverordnungen**, die in Bezug auf die Sportschifffahrt aber nur in wenigen Details von der BinSchStrO abweichen. Das trifft auch für den **Hamburger Hafen** zu. Der Bodensee mit seinen drei Anrainerstaaten hat ebenfalls einen Sonderstatus. Dort ist die **Bodensee-Schifffahrts-Ordnung** gültig. Kleinere, schiffbare Landesgewässer haben eigene, an die BinSchStrO angelehnte, Vorschriften.

SEE

Die deutschen Seeschifffahrtsstraßen umfassen nicht nur die Küstengewässer innerhalb der 3-Meilen-Zone, sondern auch Abschnitte einiger Binnenwasserstraßen wie Elbe und Weser. Auf ihnen gelten die nationale **Seeschifffahrtsstraßen-Ordnung** und die internationalen **Kollisionsverhütungsregeln** (KVR) nebeneinander; einzige Ausnahme bildet die Ems, zwischen Deutschland und den Niederlanden, mit der **Schifffahrtsordnung Emsmündung**. Im Bereich zwischen 3-Meilen- und 12-Meilen-Grenze sind dagegen hauptsächlich die KVR bestimmend, die nur noch durch einige Regeln der SeeSchStrO ergänzt werden. Außerhalb des »Küstenmeeres« gelten dann ausschließlich die KVR.

Der Rhein: Als stark befahrene Verkehrsader ist der Rhein als Sportbootrevier so abwechslungsreich wie anspruchsvoll. Die Rheinschifffahrtspolizeiverordnung berücksichtigt die Besonderheiten des großen Stromes, in dessen Verlauf auch der bekannteste deutsche Stromkilometer liegt: Über Rhein-km 554 thront die Loreley. Für Talfahrer erhebt sich der sagenumwobene Fels – wie hier – auf der rechten Seite.

Kilometer: Alle Bundeswasserstraßen sind durchgehend kilometriert und meist mit entsprechenden Schildern versehen. Deren Größe richtet sich nach der Uferweite: An Rhein und Donau können sie knapp zwei Meter lang ausfallen.

Halbkilometer: Die 500-m-Marke zwischen zwei Stromkilometern wird durch ein schwarzes Kreuz angezeigt.

Düker: An dieser Stelle unterquert ein anderer Wasserlauf die Wasserstraße mithilfe einer Rohrleitung.

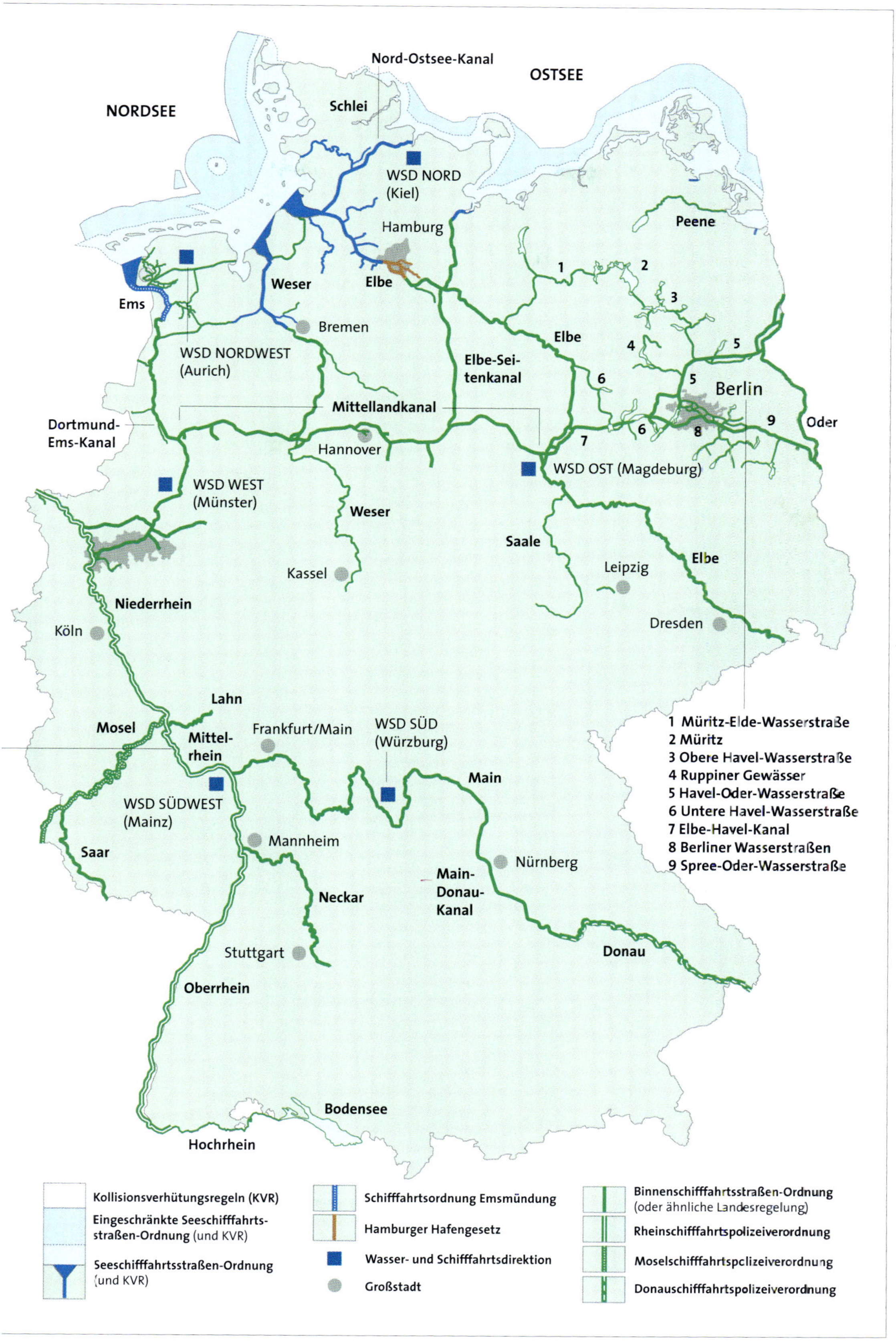
NORDSEE
OSTSEE
Nord-Ostsee-Kanal
Schlei
WSD NORD
(Kiel)
Hamburg
Peene
Ems
Weser
Elbe
Bremen
WSD NORDWEST
(Aurich)
Elbe
Elbe-Sei-
tenkanal
Berlin
Oder
Dortmund-
Ems-Kanal
Mittellandkanal
Hannover
WSD OST (Magdeburg)
WSD WEST
(Münster)
Weser
Saale
Elbe
Leipzig
Kassel
Niederrhein
Köln
Dresden
Lahn
Mosel
Mittel-
rhein
Frankfurt/Main
WSD SÜD
(Würzburg)
Main
WSD SÜDWEST
(Mainz)
Mannheim
Saar
Nürnberg
Main-
Donau-
Kanal
Neckar
Stuttgart
Donau
Oberrhein
Bodensee
Hochrhein
1 Müritz-Elde-Wasserstraße
2 Müritz
3 Obere Havel-Wasserstraße
4 Ruppiner Gewässer
5 Havel-Oder-Wasserstraße
6 Untere Havel-Wasserstraße
7 Elbe-Havel-Kanal
8 Berliner Wasserstraßen
9 Spree-Oder-Wasserstraße
Kollisionsverhütungsregeln (KVR)
Eingeschränkte Seeschifffahrtsstraßen-Ordnung (und KVR)
Seeschifffahrtsstraßen-Ordnung (und KVR)
Schifffahrtsordnung Emsmündung
Hamburger Hafengesetz
Wasser- und Schifffahrtsdirektion
Großstadt
Binnenschifffahrtsstraßen-Ordnung (oder ähnliche Landesregelung)
Rheinschifffahrtspolizeiverordnung
Moselschifffahrtspolizeiverordnung
Donauschifffahrtspolizeiverordnung

DIE AUSBILDUNG

Führerscheine, Funkzeugnisse und Verbände

Wer in Deutschland mit dem Motorboot auf Törn gehen will, benötigt dafür in der Regel einen amtlichen Sportbootführerschein. Das macht Sinn, denn es gibt unzählige Situationen, in denen theoretische und praktische Grundkenntnisse unverzichtbar sind. Führerscheinpflicht besteht für Boote mit einer Maschinenleistung von mehr als 3,68 kW (5 PS) generell auf allen Bundeswasserstraßen. Unterschieden wird dennoch: So gilt im Bereich der Seeschifffahrtsstraßen-Ordnung und der Schifffahrtsordnung Emsmündung der Sportbootführerschein See, kurz »SBF See« oder »Seeschein« genannt, im Bereich der Binnenschifffahrtsstraßen-Ordnung und angelehnter Verordnungen (siehe S. 48/49) für Sportboote von weniger als 15 m Länge der entsprechende Sportbootführerschein Binnen, beziehungsweise »SBF Binnen« oder »Binnenschein«. In beiden Fällen beträgt das Mindestalter 16 Jahre.

Sportbootschulen bieten Kurse zur Prüfungsvorbereitung an, in denen die geforderten Theorie- und Praxiskenntnisse in Seminarform und im Verlauf von Fahrstunden vermittelt wer-

Bundeswasserstraßen: Viele Sportbootschulen bieten inzwischen die umfassende Ausbildung zum »SBF See« (rechts) mit dem »SBF Binnen« (links) als Zusatz an. Der Vorteil: Die Praxisprüfung muss dann nur einmal abgelegt werden. Die Fragenkataloge für die Theorie ändern sich bei beiden Scheinen von Zeit zu Zeit, die Vorbereitung mit aktueller Literatur wird daher dringend empfohlen.

PRÜFUNGSANFORDERUNGEN

Sportbootführerschein Binnen: Theorie (Recht, Seemannschaft, Wetterkunde, Antriebsmaschine; derzeit rund 400 Fragen, davon 32 schriftlich zu beantworten), Praxis (Knoten, Fahrmanöver wie An- und Ablegen, Aufstoppen, Mensch-über-Bord-Manöver).

Sportbootführerschein See: Theorie (u. a. Recht, Navigation, Notsignale; derzeit 342 Fragen und 20 Kartenaufgaben, davon 33 bzw. 1 schriftlich zu beanworten), Praxis (Knoten, Fahrmanöver wie An- und Ablegen, Peilen, Kompassfahrt, Mensch-über-Bord-Manöver).

UKW-Sprechfunkzeugnis Binnen (UBI): Theorie (u. a. Grundkenntnisse, Not- und Dringlichkeit, Technik; derzeit 198 Fragen, davon 34 schriftlich zu beantworten), Praxis (u. a. Aufnahme und Abgabe von Not- und Dringlichkeitsmeldungen in deutscher Sprache).

Funkzeugnisse: Wer mit entsprechend zugelassenem UKW-Funkgerät als Sportskipper binnen und buten unterwegs sein möchte, kommt mit dem »UBI« für den Binnenschifffahrtsfunk (rechts) und dem »SRC« für den Seefunk (ganz rechts) aus. Für Kurz- und Grenzwellen-Geräte mit größerer Reichweite und den Einsatz auf hoher See muss dagegen zusätzlich das Allgemeine Funkbetriebszeugnis »LRC« (für »Long Range Certificate«) erworben werden.

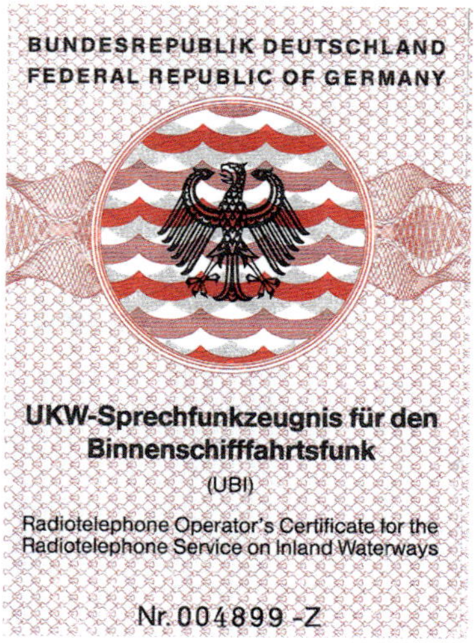

den. Mit der Durchführung der Prüfung hat das zuständige Bundesministerium für Verkehr, Bauwesen und Städtebau (BMVBS) die beiden großen Sportboot-Dachverbände beauftragt, den Deutschen Segler-Verband (DSV) in Hamburg und den Deutschen Motoryachtverband (DMYV) in Duisburg. Prüfungsausschüsse gibt es in fast allen größeren Städten.

Eine Sonderstellung nimmt der Bodensee ein: Dort gilt in Abstimmung mit den Anrainerstaaten Österreich und Schweiz ab 4,4 kW (6 PS) Motorleistung das sogenannte Bodensee-Schifferpatent A (Mindestalter: 18 Jahre). Während das Bodensee-Patent in den Sportbootführerschein Binnen umgeschrieben werden kann, können dessen Inhaber auf dem Bodensee einmal pro Jahr ein befristetes »Urlaubspatent« beantragen, das einen Monat gültig ist.

Eine weitere, wichtige Ausnahme stellen die Wassersstraßen im Geltungsbereich der Charterbescheinigung: Dort darf ein bis zu 15 m langes und bis 12 km/h schnelles Boot nach gründlicher Einweisung für die Dauer des Charterurlaubes auch ohne Führerschein geführt werden (s. Seite 120).

Die amtlichen deutschen Führerscheine werden im Ausland anerkannt; dort von deutschen Staatsbürgern erworbene Führerscheine gelten hierzulande allerdings nicht!

Ausnahmslos »scheinpflichtig« sind sowohl das Führen eines Bootes mit Funkanlage wie auch die Teilnahme am Funkverkehr. Ähnlich wie bei den Führerscheinen wird dabei nach binnen und buten unterschieden – allerdings in erster Linie aus technischen Gründen. Auch für das UKW-Sprechfunkzeugnis für den Binnenschifffahrtsfunk (»UBI«) und das Beschränkt gültige Funkbetriebszeugnis (»SRC« für Short Range Certificate) bieten die Sportbootschulen entsprechende Vorbereitungskurse an. ■

BESCHRÄNKT GÜLTIGES FUNKBETRIEBSZEUGNIS (SRC):
Theorie (u. a. Seefunk, Digitaler Selektivruf, Warnnachrichten; derzeit 180 Fragen, davon 30 im Multiple-Choice-Verfahren zu beantworten), Praxis (u. a. Auf- und Abgabe von Notmeldungen in englischer Sprache).

Bodensee: Bayern und Baden-Württemberg stellen das für Motorboote auf dem Bodensee gültige Schifferpatent A aus. Die Prüfung besteht aus einem theoretischen Teil (im Multiple-Choice-Verfahren) und einem praktischen Teil. Sie wird von einem Prüfungsausschuss des zuständigen Landratsamtes durchgeführt.

DIE BOOTSPAPIERE

Dokumente und Kennzeichen

Wie Straßenfahrzeuge müssen auch motorisierte Sportboote über ein gültiges Kennzeichen verfügen – zumindest, wenn sie im Anwendungsbereich der Binnenschifffahrtsstraßen-Ordnung eingesetzt werden sollen. Wie dieses Kennzeichen aussieht, hängt von der Art des amtlichen (oder amtlich anerkannten) Bootsdokuments ab, für das sich der Eigner entscheidet. Fünf verschiedene stehen dabei zur Auswahl:

Der »Ausweis über das Kleinfahrzeugkennzeichen« (siehe unten) kommt dabei einem gewöhnlichen Nummernschild für Autos noch am nächsten: Es wird auf Antrag durch die Wasser- und Schifffahrtsämter (WSA, s. Seite 47) vergeben und setzt sich aus einem Ortskürzel, einem weiteren Buchstaben und einer Zahl zusammen. Es ist unbefristet gültig, Änderungen an den eingetragenen Daten müssen dem Amt jedoch umgehend mitgeteilt werden.

Die zweite Möglichkeit ist der »Internationale Bootsschein für Wassersportfahrzeuge« – kurz »IBS« (siehe rechts) –, der wie die Sportbootführerscheine von den beiden großen Wassersportverbänden DSV und DMYV (siehe S. 51) und zusätzlich von der Wassersportabteilung des Allgemeinen Deutschen Automobil-Clubs (ADAC) ausgestellt wird. Er ist amtlich anerkannt und so lange gültig, bis sich die in ihm erfassten Angaben ändern. Für Törns ins Ausland darf der IBS allerdings nicht älter als zwei Jahre sein; die Gültigkeitsdauer kann jedoch verlängert werden. An die mehrstellige Nummer des Scheines wird für das Kennzeichen der Buchstabe »M« als Kürzel für den DMYV und »A« für den ADAC angehängt. »S« steht für den Segler-Verband DSV.

Eine weitere Alternative stellt das »Flaggenzertifikat« dar: Es ist eigentlich für Seeschiffe bis zu einer Länge von maximal 15 m gedacht, das Kennzeichen wird jedoch auch binnen anerkannt. Ausstellende Behörde ist das Bundesamt für Seeschifffahrt und Hydrographie (BSH), das auf seiner Internetseite (www.bsh.de) auch über die umfangreichen benötigten Unterlagen für den Antrag informiert. Die Gültigkeitsdauer beträgt acht Jahre, sie kann jedoch wie beim »IBS« verlängert werden. Das Kennzeichen

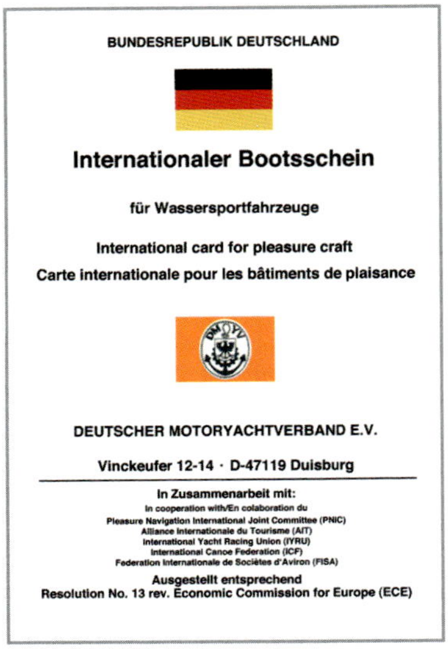

Internationaler Bootsschein: Der »IBS« wird von den großen Wassersportverbänden und dem ADAC ausgestellt, hier beispielsweise vom Deutschen Motoryachtverband (DMYV).

Kleinfahrzeugkennzeichen: Bei den Wasser- und Schifffahrtsämtern (WSA) gibt es auf Antrag den entsprechenden Ausweis dafür. Er ist unbefristet gültig.

Flaggenzertifikat: Dieses Kennzeichen ist für Seeschiffe bis maximal 15 m Länge gedacht, wird aber auch binnen anerkannt. An seine Nummer ist der Kennbuchstabe »F« angehängt. Zusätzlich müssen Schiffsname und Heimathafen gut erkennbar angebracht werden.

besteht aus einer mehrstelligen Nummer, die mit dem angehängten Buchstaben »F« ergänzt wird. Zusätzlich müssen der Name des Heimathafens am Heck und der Schiffsname an gut erkennbarer Stelle angebracht sein, etwa beiderseits des Bugs oder des Decksaufbaus.

Generell gilt, dass die Kennzeichen aus mindenstens 10 cm hohen lateinischen Buchstaben und arabischen Ziffern bestehen müssen, bei hellem Rumpf in dunkler Farbe und umgekehrt.

Neben den genannten drei Dokumenten gibt es noch den »Schiffsbrief« und das »Schiffszertifikat« als weitere Optionen. Der »Schiffsbrief« wird bei einem Eintrag ins Binnenschiffsregister erteilt, der jedoch nur ab einer Wasserverdrängung von 10 m³ und mehr Pflicht ist. Der Schiffsregisternummer auf dem Rumpf folgt dann der Buchstabe »B«. Das »Schiffszertifikat« dagegen belegt einen Eintrag im Seeschiffsregister. Seeschiffe (also auch seegehende Sportboote) bis 15 m Länge können dort eingetragen werden; sind sie länger, müssen Sie es ohnehin. Die Einträge in die entsprechenden Register werden von den sogenannten »Registergerichten« bei den Amtsgerichten in vielen deutschen Städten von Berlin bis Würzburg vorgenommen. ■

FLAGGENFÜHRUNG

NATIONALFLAGGE: Die Nationalflagge – kurz »Nationale«, ist mit Abstand die wichtigste Flagge an Bord: Im Bereich der Seeschifffahrtsstraßen-Ordnung sollte sie immer wehen, beim Ein- und Auslaufen in einen Seehafen muss sie das sogar. Binnen dagegen ist sie nur auf Grenzgewässern Pflicht. Wird auf Bundesgewässern allerdings auf »Schwarz-Rot-Gold« verzichtet, darf stattdessen keine andere Flagge an gleicher Stelle gesetzt werden. Das gilt für die Europaflagge ebenso wie für die Flaggen von Bundesländern. Die »Nationale« richtet sich ausschließlich nach der Nationalität des Eigners.

GASTFLAGGE: Ist man im Ausland unterwegs, wird als Zeichen des Respekts auch die Flagge dieses Landes gesetzt, und zwar in etwas kleinerer Ausführung als die eigene »Nationale«, möglichst auf der Steuerbordseite des Mastes oder des Geräteträgers, ansonsten auch am Bug.

DIE VERKEHRSKUNDE

Fahrzeuge, Regeln, See- und Schifffahrtszeichen

Während der Führerscheinausbildung wird die Verkehrskunde besonders ausführlich behandelt. So fordert es die Prüfungsordnung. Gleiches sollte selbstverständlich auch bei der Einweisung vor einem Urlaubstörn mit Charterschein gelten. Wie bei mühsam erlerntem Wissen leider üblich, helfen nur zwei Dinge vor dem ebenso schnellen Vergessen nach der überstandenen Prüfung: die Anwendung in der Praxis oder das regelmäßige Auffrischen der Theorie. Auf den folgenden Doppelseiten bis zum Ende dieses Kapitels soll daher ein kurzer Überblick über die verschiedenen Themenfelder der Verkehrskunde gegeben werden.

Der Verkehr auf einer Wasserstraße unterscheidet sich im Grunde nur gering von dem an Land: Es gibt unterschiedliche Fahrzeugklassen (siehe Kasten), besondere Vorrechte einiger Verkehrsteilnehmer (erkennbar durch klare Kennzeichnung) und einen ganzen Katalog von Regeln, der sicherstellen soll, dass sich alles nicht nur in »geordneten Bahnen« bewegt, sondern vor allem sicher abläuft. Dazu gehören das Begegnen, Kreuzen und Überholen genauso wie das »Parken«, also das Ankern, Stillliegen und Festmachen (siehe S. 56/57). Führerscheine und Kennzeichen müssen vorhanden sein, einheitliche, der Fahrzeugklasse entsprechende Lichter für die Fahrt bei schlechten Sichtbedingungen

Kleinfahrzeug: Diese Eurosloep 660 fällt mit 6,75 m Länge binnen eindeutig in die Kategorie der »Kleinfahrzeuge« bis maximal 20 m Länge. Im Geltungsbereich der Seeschifffahrtsstraßen-Ordnung gilt sie dagegen als »Maschinenfahrzeug«.

EINTEILUNG DER FAHRZEUGE

Die verschiedenen Fahrzeuge werden nach Länge, Antriebsart, Funktion und Situation in verschiedene Klassen eingeteilt, wobei durchaus Unterschiede zwischen dem Geltungsbereich von Binnen- und Seeschifffahrtsstraßen-Ordnung bestehen (BinSchStrO bzw. SeeSchStrO). Wichtig wird die Klassenzugehörigkeit vor allem dann, wenn es um das »Wegerecht« geht, das auf der folgenden Doppelseite genauer erläutert wird. Binnen wie seewärts werden alle Unterscheidungen generell durch die Lichterführung oder Sichtzeichen kenntlich gemacht (siehe S. 66/67). Die drei wichtigsten Klassen sind das Kleinfahrzeug, das Maschinenfahrzeug und das Segelfahrzeug.

Kleinfahrzeug: Fahrzeug mit einer Höchstlänge von 20 m – also auch alle Sportboote, Jetskis und Surfbretter. Als eigenständige Klasse nur im Geltungsbereich der BinSchStrO.
Maschinenfahrzeug: Im Bereich der BinSchStrO wird unterschieden zwischen Maschinenfahrzeugen bis 110 m Länge und jenen darüber. Im Bereich der SeeSchStrO gibt es dagegen Maschinenfahrzeuge unter 7 m Länge und bis maximal 7 kn Geschwindigkeit, unter 12 m Länge, ab 12 bis unter 20 m Länge, unter 50 m Länge und über 50 m Länge.
Segelfahrzeug: Fahrzeug, das nur mit Segelantrieb fährt. Läuft jedoch der Motor mit, gilt es als Maschinenfahrzeug (siehe S. 66/67).

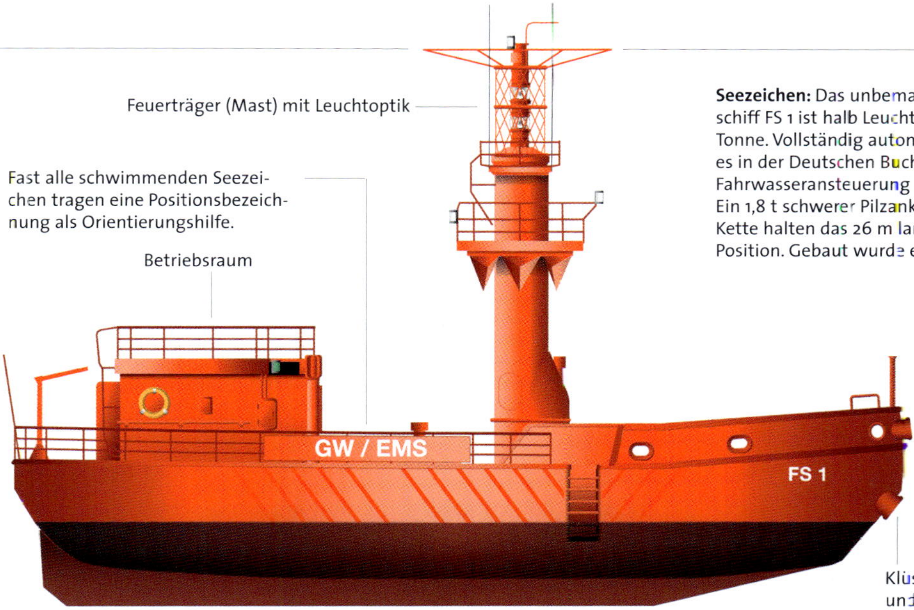

Seezeichen: Das unbemannte Feuerschiff FS 1 ist halb Leuchtturm, halb Tonne. Vollständig automatisiert liegt es in der Deutschen Bucht auf der Fahrwasseransteuerung »GW/Ems«. Ein 1,8 t schwerer Pilzanker und 220 m Kette halten das 26 m lange »UFS« auf Position. Gebaut wurde es 1983.

ebenso. Das Prinzip der Lichterführung und die wichtigsten Sichtzeichen für Fahrzeuge werden auf den Seiten 66 und 67 genauer dargestellt.

Unter den »geordneten Bahnen« kann man sich ganz bildlich die Wasserstraßen mit ihren Fahrwassern vorstellen. Mal schmal mit wenig Raum zum Manövrieren, mal großzügiger bemessen, mal bergauf gegen den Strom, mal bergab. Das Platzangebot richtet sich dabei nach den natürlichen Gegebenheiten, die an besonders ungünstigen oder kritischen Stellen durch Baumaßnahmen der zuständigen Behörden ständig verbessert werden. Doch auch weitflächige Gewässer wie das Küstenmeer oder Seen und Flussauen im Binnenland haben trügerisch flache Stellen! Da sie von der Oberfläche aus unsichtbar sind, werden sie durch gekennzeichnete Fahrwasser umschifft; Landfeste und schwimmende Seezeichen, also Leuchttürme (siehe S. 58/59), Baken und Tonnen verschiedener Farben (siehe S. 60–63), machen sie zu sicheren und klar begrenzten Verkehrswegen.

Natürlich ist eine echte Straße, egal ob zu Land oder zu Wasser, ohne zusätzliche Verkehrsschilder kaum vorstellbar. In den Schifffahrts-Ordnungen heißen sie »Schifffahrtszeichen« (siehe unten), und es gibt eine ganz ansehnliche Menge davon, binnen mehr noch als auf See, doch insgesamt bleibt ihre Zahl überschaubar. Während sich viele durch die abgebildete Symbolik weitgehend selbst erklären, bleibt der Sinn bei anderen auf den ersten Blick ein Rätsel. Viele dieser »komplizierten« Zeichen gelten zwar nur für die Groß- oder Berufsschifffahrt. Sie auch als Sportskipper zu kennen, kann jedoch nicht schaden. Die häufigsten von ihnen sind auf den Seiten 64 und 65 abgebildet. Eine vollständige Übersicht findet sich im Anhang.

Dass sich jeder Verkehrsteilnehmer an die Regeln hält, sollte selbstverständlich sein. Wer es nicht tut, gefährdet nicht nur sich und andere, sondern riskiert auch saftige Bußgelder – denn auch in diesem Fall unterscheidet sich die Wasserstraße kaum von der Landstraße ... ■

Schifffahrtszeichen: Die Verkehrsschilder der Wasserstraßen sind europaweit weitgehend einheitlich, was bei Törns im Ausland hilfreich ist. Drei Beispiele von links nach rechts: Fahrerlaubnis für Jetskis, Kreuzung einer Hochspannungsleitung, Liegestelle für Fahrzeuge, die explosive Stoffe geladen haben.

DIE FAHRREGELN

Begegnung, Ausweichen und Fahrwasser

Oft genug wird es auch auf dem Wasser eng, wenn viel Verkehr herrscht oder einfach wenig Platz zur Verfügung steht, wie etwa in einer schmalen Fahrrinne. Ohne eindeutige und verbindliche Fahrregeln für alle Verkehrsteilnehmer wäre nicht nur heillose Verwirrung vorprogrammiert, sondern auch die eine oder andere wirklich kritische Situation. Viele dieser Regeln erinnern dabei an den Straßenverkehr und sind entsprechend leicht zu behalten, das gilt für das prinzipielle Rechtsfahrgebot genauso, wie für die Rechts-vor-links-Regel bei Fahrzeugen gleicher Art. Andere Richtlinien basieren auf dem gesunden Menschenverstand: Dass vom Wind abhängige Segler ein Vorfahrtsrecht genießen macht natürlich Sinn; ebenso, dass kleine Sportfahrzeuge der großen Berufsschifffahrt fast immer den Vortritt lassen müssen oder sie zumindest nicht behindern dürfen. Und dass auf jedem Schiff oder Boot der Ausguck durchgängig besetzt sein muss.

Glücklicherweise gelten die wichtigsten Regeln auf Binnen- und Seerevieren gleichermaßen – auch, wenn sich die Formulierungen unterscheiden. Die maßgeblichen Vorschriften sind ebenfalls die Binnenschifffahrts- und Seeschifffahrtsstraßen-Ordnung, wobei letztere die Fahrregeln der international einheitlichen Kollisionsverhütungsregeln (KVR) der Internationalen Seeschifffahrtsorganisation (IMO) übernommen und nur abschnittsweise ergänzt hat.

Zu den wichtigsten Aspekten des Regelwerkes gehören »binnen und buten« natürlich die Vorfahrts- und Ausweichregeln, die Einteilung der verschiedenen Verkehrsteilnehmer in unterschiedliche Gruppen (mit möglichen Vorrechten), das Verhalten bei Engstellen, in Schleusen, bei schlechter oder verminderter Sicht, das Ankern, Stillliegen und so weiter. Sie sind fester Bestandteil der Führerscheinausbildung. Allerdings handelt es sich dabei natürlich nicht nur um bloße Rechtskunde, sondern um einen wichtigen Bestandteil »guter Seemannschaft« – also um jenes Wissen, dass jeder Skipper schon aus eigenem Interesse an einem guten Miteinander auf dem Wasser verinnerlichen sollte. ■

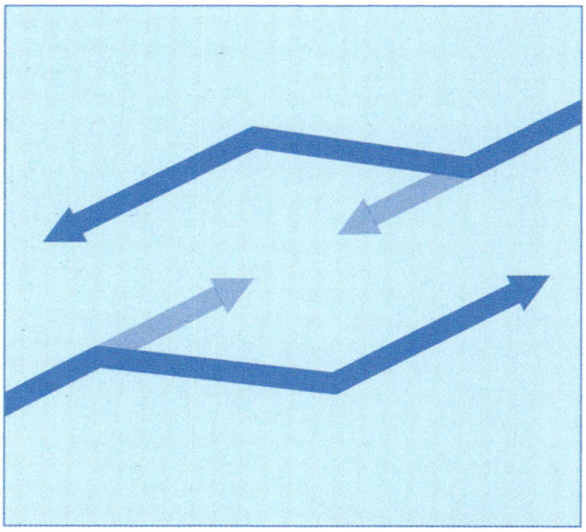

Begegnung (binnen und See): Binnen gilt, dass sich zwei Kleinfahrzeuge (mit oder ohne Maschinenantrieb, wenn sie nicht unter Segeln fahren) auf entgegengesetzten Kursen an Backbord passieren müssen. Auf See formulieren es die Kollisionsverhütungsregeln so: Befinden sich zwei Maschinenfahrzeuge auf entgegengesetzten Kursen, sodass die Gefahr einer Kollision besteht, müssen beide nach Steuerbord ausweichen und einander an Backbord passieren.

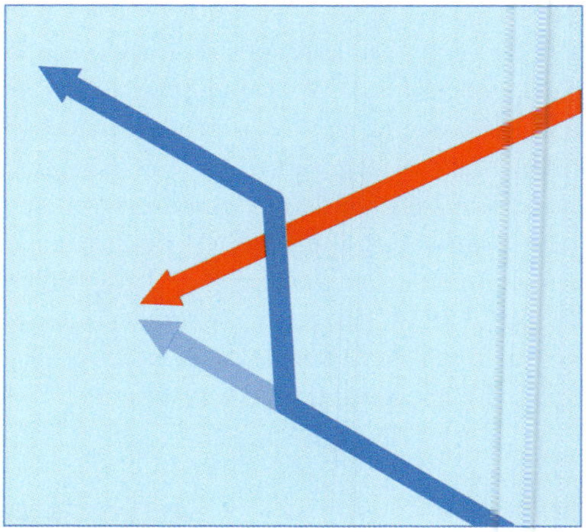

Kreuzende Kurse (binnen und See): In diesem Fall gilt binnen, dass bei kreuzenden Kursen zweier Kleinfahrzeuge (mit oder ohne Maschinenantrieb, wenn sie nicht unter Segeln fahren) jenes ausweichen muss (blau), das das andere an Steuerbord hat (rot). Im Geltungsbereich der Kollisionsverhütungsregeln gilt das gleiche Manöver, wenn sich zwei Maschinenfahrzeuge so annähern, dass ein Zusammenstoß nicht ausgeschlossen werden kann.

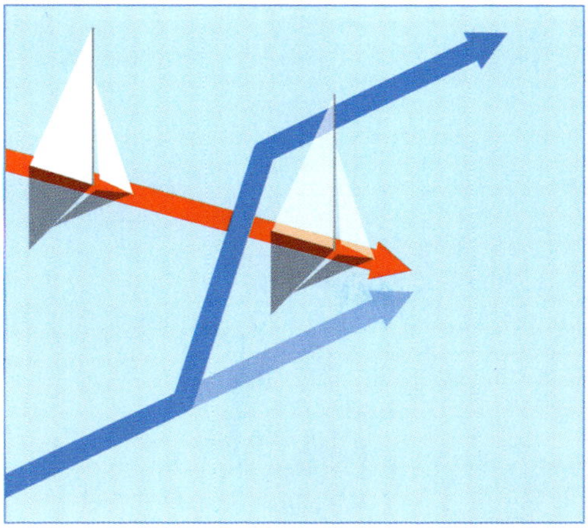

Segel und Motor (binnen und See): Binnen müssen Kleinfahrzeuge mit Maschinenantrieb (blau) jenen ohne Maschinenantrieb (rot) ausweichen – also beispielsweise Seglern. Auch auf See muss das Maschinenfahrzeug entsprechend seinen Kurs ändern. Eine Ausnahme besteht nur dann, wenn es auf das Fahrwasser angewiesen ist, und nicht beliebig manövrieren kann. Das allerdings dürfte nur bei größeren Schiffen der Fall sein.

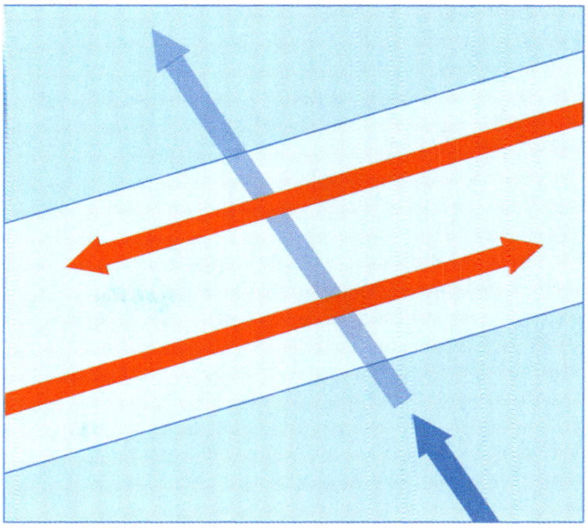

Fahrwasser (nur See): Auf Fahrwassern gilt generell ein Rechtsfahrgebot; der Schiffsverkehr (rot) muss sich jeweils so dicht wie möglich an den Rand des Fahrwassers auf seiner Steuerbordseite halten. Außerdem hat das Fahrwasser Vorfahrt: Andere Fahrzeuge, die das Fahrwasser queren wollen (blau), ins Fahrwasser einlaufen, darin drehen oder einen Ankerplatz verlassen wollen, dürfen den fließenden Verkehr nicht behindern.

KOLLISIONSVERHÜTUNG

a) Jedes Manöver zur Vermeidung eines Zusammenstoßes muss nach den Regeln dieses Teiles erfolgen und, wenn es die Umstände zulassen, entschlossen und rechtzeitig ausgeführt werden, wie gute Seemannschaft es erfordert.
b) Jede Änderung des Kurses und/oder der Geschwindigkeit zur Vermeidung eines Zusammenstoßes muss, wenn es die Umstände zulassen, so groß sein, dass ein anderes Fahrzeug optisch oder durch Radar sie schnell erkennen kann; aufeinander folgende kleine Änderungen des Kurses und/oder der Geschwindigkeit sollen vermieden werden.
c) Ist genügend Seeraum vorhanden, so kann eine Kursänderung allein die wirksamste Maßnahme zum Meiden des Nahbereichs sein, vorausgesetzt, dass sie rechtzeitig vorgenommen wird, durchgreifend ist und nicht in einen anderen Nahbereich führt.
d) Ein Manöver zur Vermeidung eines Zusammenstoßes mit einem anderen Fahrzeug muss zu einem sicheren Passierabstand führen. Die Wirksamkeit des Manövers muss sorgfältig überprüft werden, bis das andere Fahrzeug endgültig vorbei und klar ist.
e) Um einen Zusammenstoß zu vermeiden oder mehr Zeit zur Beurteilung der Lage zu gewinnen, muss ein Fahrzeug erforderlichenfalls seine Fahrt mindern oder durch Stoppen oder Rückwärtsgehen jegliche Fahrt wegnehmen.
f) (1) Ein Fahrzeug, das auf Grund einer dieser Regeln verpflichtet ist, die sichere Durchfahrt eines anderen Fahrzeugs nicht zu behindern, muss, frühzeitig Maßnahmen ergreifen, um genügend Raum zu lassen.
(2) Ein Fahrzeug, das verpflichtet ist, die sichere Durchfahrt eines anderen Fahrzeugs nicht zu behindern, ist von dieser Verpflichtung nicht befreit, wenn es sich dem anderen Fahrzeug so nähert, dass die Möglichkeit der Gefahr eines Zusammenstoßes besteht und muss, wenn es Maßnahmen ergreift, in vollem Umfang die Maßnahmen berücksichtigen, die nach den Regeln dieses Teiles vorgeschrieben sind.
(3) Ein Fahrzeug, dessen Durchfahrt nicht behindert werden darf, bleibt in vollem Umfang verpflichtet, die Regeln dieses Teiles einzuhalten, wenn die beiden Fahrzeuge sich einander so nähern, dass die Möglichkeit der Gefahr eines Zusammenstoßes besteht.

Kollisionsverhütungsregeln (KVR), Regel 8

DIE LEUCHTFEUER

Auch in Zeiten der elektronischen Navigationshilfen bleiben Leuchtfeuer eine wichtige Orientierungshilfe bei Tag und Nacht. Von Borkum bis zur Greifswalder Oie streckt sich ihre »Lichterkette«. Mehr als 300 amtliche Feuerträger gibt es entlang der deutschen Küsten. Als Beispiel für die Funktionen, Aufbau und Technik soll der Leuchtturm Schleimünde auf dieser Seite dienen. Gegenüberliegend illustriert das Revier der Außenweser das Zusammenwirken der verschiedenen Leuchtfeuertypen. ■

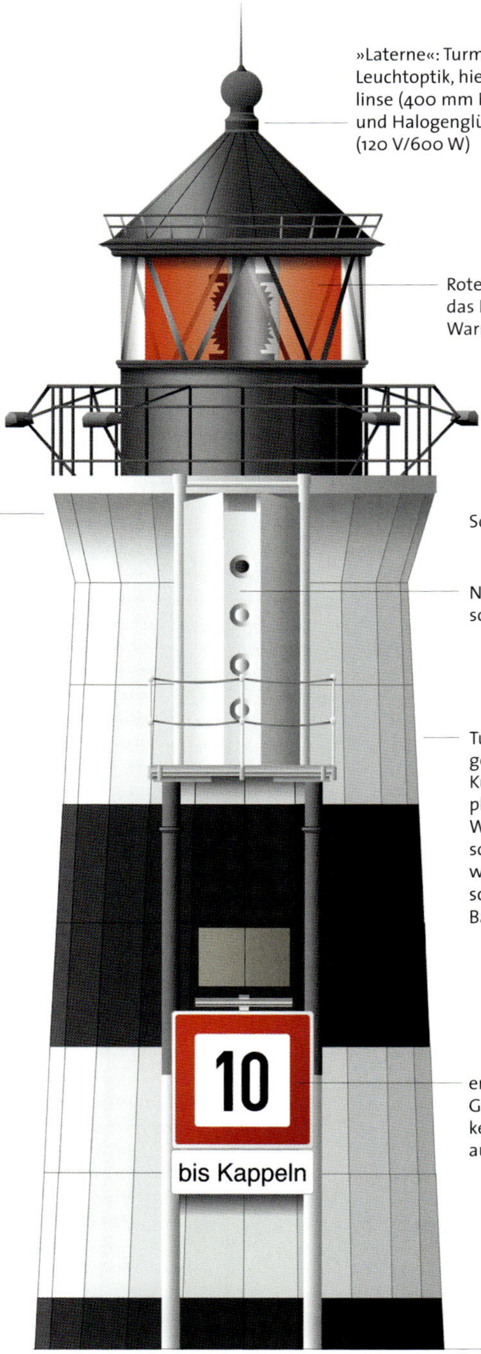

Leuchtturm Schleimünde: Der 1871 in Betrieb gegangene Leuchtturm von Schleimünde wurde bereits mehrfach umgebaut, farblich neu gekennzeichnet und modernisiert. Als Landmarke bei Tag und als Orientierungsfeuer bei Nacht markiert er die schmale Durchfahrt von der offenen Ostsee zur Schlei. Rotes Licht warnt vor den unsicheren Sektoren bei der Ansteuerung, einer Untiefe im Norden und einem Sperrgebiet im Süden.

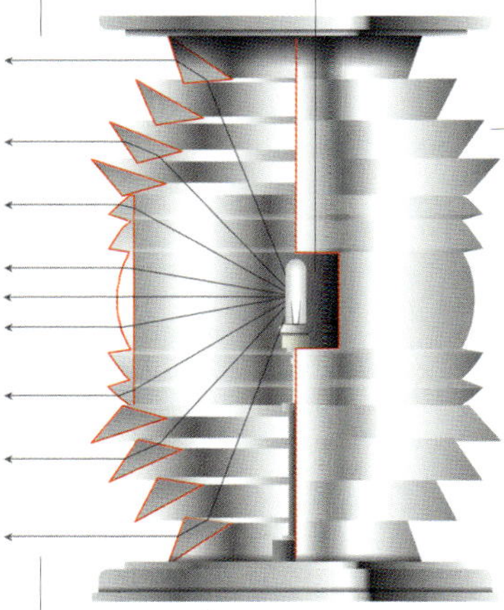

Die Gürtellinse: Viele deutsche Leuchtfeuer sind mit Gürtellinsen ausgerüstet, auch Schleimünde. Ihre stufenförmig angeordneten Linsen- und Prismenringe bündeln die einzelnen Strahlen der Lichtquelle auf horizontaler Ebene. Die Taktung erfolgt hier durch das An- und Abschalten der Lampe, kann aber auch durch bewegliche Blenden, rotierende Scheinwerfer oder Spiegel erzeugt werden.

NAUTISCHE DATEN: Leuchtfeuer Schleimünde, Baujahr: 1871, Position: 54°40'N, 010°02' E, Höhe des Feuerträgers (Turmhöhe): 14,3 m, Feuerhöhe: (Höhe der Lichtquelle): 14,8 m, Nenntragweite 14 sm (weiß).

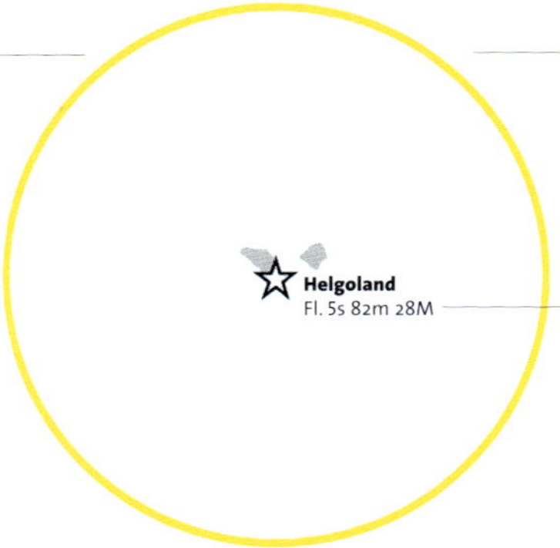

Das Seefeuer: Seefeuer sind die ersten optischen Anlaufpunkte entlang der Küste und mit entsprechend weittragenden Laternen ausgestattet. Deutschlands stärkstes Seefeuer befindet sich im Leuchtturm auf der Insel Helgoland: Seine Nenntragweite beträgt 28 sm.

Kennung: Blitz (Fl.=*flash*), Wiederkehr alle 5 Sekunden (5s); Feuerhöhe 82 m (82 m), Nenntragweite 28 sm (28 M).

Das Leitfeuer: Der Leuchtturm »Alte Weser« bezeichnet das gleichnamige Nebenfahrwasser; in den Ansteuerungssektoren zeigt er – wie bei Leitfeuern üblich – weißes Licht. Die Begrenzungs- und Warnsektoren sind dagegen entweder rot oder grün. Nicht alle Leitfeuer haben so viele Sektoren. Häufig bezeichnen sie nur eine einzelne Ansteuerung mit einem weißen Sektor in der Mitte und farbigen Warnsektoren zu beiden Seiten.

Kennung: ununterbrochenes Festfeuer (F=*fixed*) mit weißen, roter und grünen Sektoren (WRG.=*white, red, green*); Feuerhöhe 33 m (33 m), Nenntragweite je nach Lichtfarbe 23–18 sm (23–18 M).

Die Kennung: Sie besteht aus Art, Farbe und zeitlicher Wiederholung des Lichtsignals und sorgt dafür, dass jedes Leuchtfeuer identifiziert werden kann. Die Kennung kann der Seekarte entnommen werden, ebenso wie Feuerhöhe und Nenntragweite. Die Kennungsarten werden inzwischen auf Englisch abgekürzt. Die Gesamtübersicht (auch für andere befeuerte Seezeichen) findet man in der Seekarte »INT 1«, einem international einheitlichen Begleitheft.

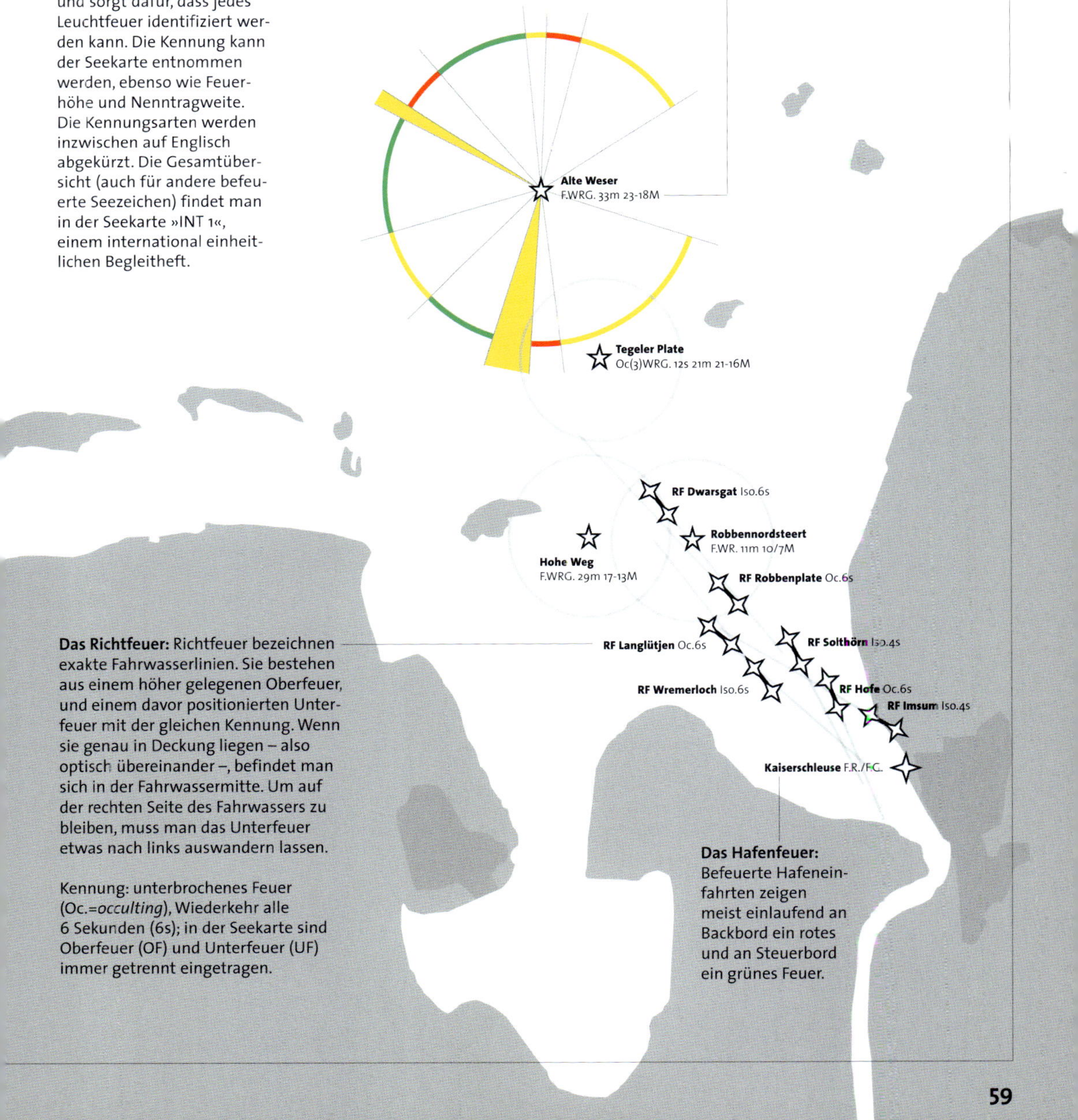

Das Richtfeuer: Richtfeuer bezeichnen exakte Fahrwasserlinien. Sie bestehen aus einem höher gelegenen Oberfeuer, und einem davor positionierten Unterfeuer mit der gleichen Kennung. Wenn sie genau in Deckung liegen – also optisch übereinander –, befindet man sich in der Fahrwassermitte. Um auf der rechten Seite des Fahrwassers zu bleiben, muss man das Unterfeuer etwas nach links auswandern lassen.

Kennung: unterbrochenes Feuer (Oc.=*occulting*), Wiederkehr alle 6 Sekunden (6s); in der Seekarte sind Oberfeuer (OF) und Unterfeuer (UF) immer getrennt eingetragen.

Das Hafenfeuer: Befeuerte Hafeneinfahrten zeigen meist einlaufend an Backbord ein rotes und an Steuerbord ein grünes Feuer.

DAS LATERALSYSTEM

Binnen oder buten: Fahrwassertonnen sind die »Leitplanken« der Schifffahrtsstraßen. Wer sicht an den »Tonnenstrich« hält, ist im wahrsten Sinne immer auf der sicheren Seite. Die Betonnung folgt dem internationalen Lateralsystem »IALA-A«; sein wichtigstes Orientierungsmerkmal sind die Hauptfarben rot und grün. ■

Fahrwasserbegrenzung: Rote Tonnen, gerade Nummern und stumpfe Toppzeichen bezeichnen auf See die Backbordseite des Fahrwassers, binnen jedoch die rechte Seite. Diese Tonne gehört zum Einheitstyp für Binnengewässer; Aufsatz (hier ein Radarreflektor) und Farbe unterscheiden sich nach Verwendung. Bei »528,0« handelt es sich in diesem Fall nicht um eine Nummer, sondern um den Rhein-Kilometer, auf dem sie liegt.

Solar-Kompaktaufsatz SKA mit LED-Seelaterne (hier grün), Sonnenkollektoren, Batterien und Steuerungselektronik und Positionsbezeichnung der Tonne. Der »Drahtigel« auf der Laterne soll Vögel fernhalten.

Radarreflektor (Typ SR 6-90) für bessere Sichtbarkeit

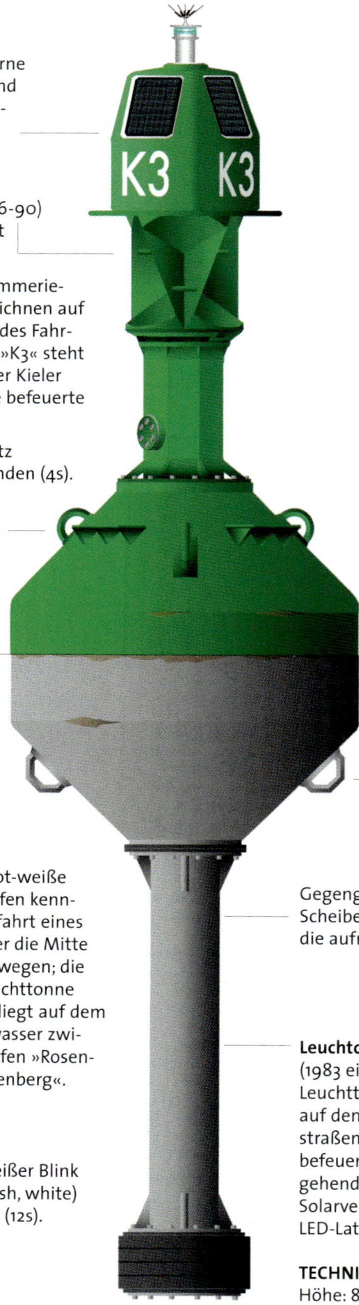

Fahrwasserbegrenzung: Grüne Farbe, ungerade Nummerierung und spitze Toppzeichen (falls vorhanden) bezeichnen auf Seerevieren von See kommend die Steuerbordseite des Fahrwassers, in Binnenrevieren jedoch seine linke Seite. »K3« steht in diesem Fall für eine Position vor dem Westufer der Kieler Innenförde bei Düsternbrook. In der Seekarte ist die befeuerte Tonne so eingezeichnet:

K3
Fl.G. 4s

Kennung bei Nacht: ein grüner Blitz (Fl.G. = flash, green) alle vier Sekunden (4s).

Heißauge für den Kran des Tonnenlegers

Wasserlinie

Schwimmkörper (erzeugt den Auftrieb)

Befestigung für die Ankerkette mit dem »Tonnenstein«

Gegengewichtsträger (angeflanscht; Scheibengewichte am Fuß sorgen für die aufrechte Lage der Tonne)

Leuchtonne Typ LT 81: Die LT 81 (1983 eingeführt) ist die Einheits-Leuchttonne der Hauptfahrwasser auf den deutschen Seeschifffahrtsstraßen. Ehemals mit Propangas befeuert, sind sie inzwischen weitgehend auf umweltfreundliche Solarversorgung mit modernen LED-Laternen umgerüstet.

TECHNISCHE DATEN:
Höhe: 8,50 m, Gewicht: 3 t.

Toppzeichen: roter Ball

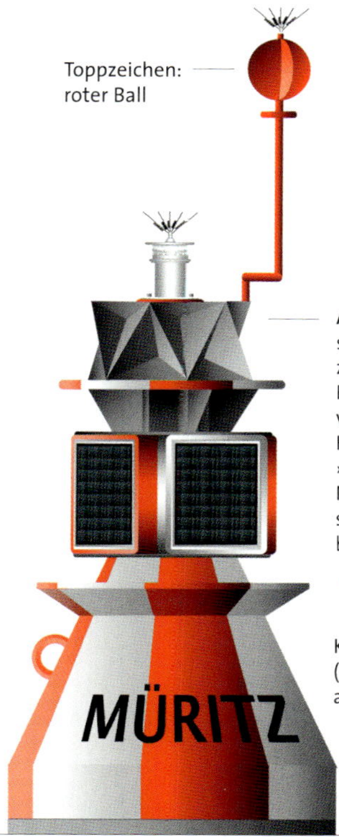

Ansteuerung: Rot-weiße senkrechte Streifen kennzeichnen die Zufahrt eines Fahrwassers oder die Mitte von Schifffahrtswegen; die Flachwasser-Leuchttonne »Müritz-Mitte« liegt auf dem Nord-Süd-Fahrwasser zwischen den Untiefen »Rosenberg« und »Rodenberg«.

Müritz-Mitte
LFl.G. 12s

Kennung: ein weißer Blink (LFl.W. = long flash, white) alle 12 Sekunden (12s).

Abzweigende Fahrwasser: Wenn vom Hauptfahrwasser ein Nebenfahrwasser abzweigt (oder darin einmündet), wird die Tonne an dieser Stelle mit einem Band in der Farbe der jeweils anderen Fahrwasserseite gekennzeichnet. Dazu zwei Beispiele aus dem ostfriesischen Wattenmeer, wo die genaue Kennzeichnung der Hauptfahrwasser und der davon abzweigenden, häufig trockenfallenden und sehr schmalen Watt- und Nebenfahrwasser besonders wichtig ist:

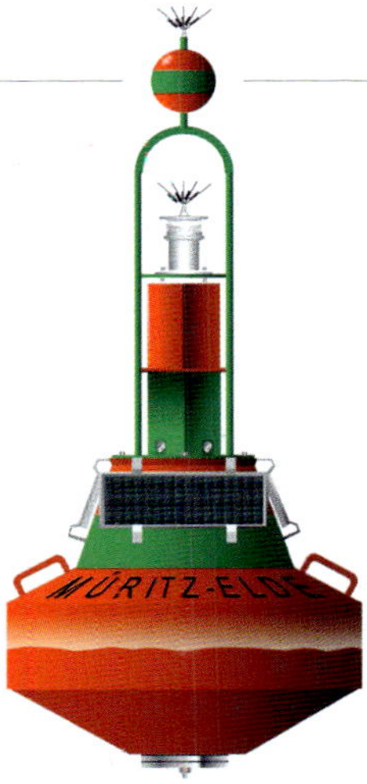

Diese Spierentonne gehört zum Hauptfahrwasser der »Osterems« zwischen Borkum und Juist. Von See kommend zweigt an dieser Stelle die »Bantsbalje« nach Backbord ab; die Tonne ist damit auch die erste des Nebenfahrwassers.

Bei dieser Spitztonne zwischen Wangerooge und Spiekeroog mündet von Steuerbord kommend die »Alte Harle« in das Hauptfahrwasser der »Harle« ein. Sie ist somit zugleich letzte Tonne des Nebenfahrwassers.

Radarreflektor als stumpfes bzw. spitzes Toppzeichen

Die Beschriftung (falls vorhanden) zeigt über dem Strich immer die fortlaufende Nummer der Tonne im Hauptfahrwasser, darunter ihre Nummer im Nebenfahrwasser.

Tonne Typ T 86: Mit der T 86 wurde 1988 auch eine unbefeuerte Einheitstonne für Seeschifffahrtsstraßen eingeführt. Es gibt zwei Typen: Die schlanke Spierentonne mit dem Radarreflektor SR 6-480 an der Spitze für die Backbordseite und die etwas kürzere Spitztonne für die Steuerbordseite mit Winkelblechen als Radarreflektor.

TECHNISCHE DATEN:
Höhe (Spierentonne): 7,47 m,
Höhe (Spitztonne): 6,15 m,
Gewicht: 2,8 t.

Ankerauge

Spaltung des Fahrwassers (nur binnen): Rot-grün waagerecht gestreifte Tonnen weisen auf eine Spaltung des Fahrwassers hin. Die Befeuerung (wenn vorhanden) erfolgt mit weißem Funkel- oder Gleichtaktfeuer. Diese Tonne vom Einheitstyp-Binnen liegt in der Kleinen Müritz bei Vipperow. An dieser Stelle spaltet sich die Müritz-Havel-Wasserstraße von der Müritz-Elde-Wasserstraße ab.

Querschotten unterteilen den Tonnenkörper in drei wasserdichte Teile.

Ballast: je Tonne 1,5 t Stahlschrott mit Beton vermischt im unteren Drittel des Schwimmkörpers

Achtung: Toppzeichen (Äste und »Reisigbesen«) können bei Sturm verloren gehen!

Uferseiten (nur binnen): Zur Bezeichnung der Ufer, von Hindernissen, Einmündungen oder Hafeneinfahrten gibt es binnen zusätzliche Zeichen: Das linke Ufer kann durch grün-weiß gestreifte Stangen oder Tonnen mit spitzen grünen Toppzeichen markiert werden, das rechte durch rot-weiß gestreifte Stangen oder Tonnen mit stumpfen roten Toppzeichen. Aufeinander weisende Kegel deuten auf eine Spaltung des Fahrwassers hin.

Wattfahrwasser: Im Wattenmeer werden die Neben- und Wattfahrwasser meist nur an Backbord markiert – mit sogenannten »Pricken«. Das sind rund 7 m lange, junge Bäume, die samt oberem Astwerk entlang der Prielkante eingespült werden. Seltener sind Stämme mit »Reisigbesen« als Toppzeichen: Backbords zeigt das gebundene Ende nach unten, an Steuerbord spitz nach oben.

DAS KARDINALSYSTEM

Taucht auf dem Wasser die Signalfarbe Gelb auf, heißt es: Vorsicht! Tonnen oder Baken mit diesem Anstrich weisen immer auf Gefahrenstellen, Warngebiete oder aus verschiedenen Gründen gesperrte oder besonders ausgewiesene Wasserflächen hin. Die richtige und schnelle Identifizierung ist also entscheidend. Zum Glück ist das international einheitliche Kardinalsystem, das vor Gefahrenstellen warnt, logisch aufgebaut und leicht zu lernen. ■

Allgemeine Gefahrenstellen: Untiefen, Buhnen und große Wracks sind auf einer oder mehreren Seiten durch schwarz-gelbe Kardinaltonnen bezeichnet. Sie zeigen jeweils an, auf welcher Seite sie (und damit die Gefahrenstelle) sicher passiert werden können. Eine West-Tonne etwa wird immer im Sektor westlich des Hindernisses liegen und muss entsprechend westlich passiert werden. Um was für eine Tonne es sich handelt – Nord, Ost, Süd oder West –, verraten Farbe, Toppzeichen und Kennung (bei Nacht). Das System gilt in Deutschland auf den Seeschifffahrtsstraßen, binnen jedoch nur auf Seen und sogenannten seenartigen Verbreiterungen.

Toppzeichen: Beide Kegel nach oben bedeutet »Norden«, beide nach unten »Süden«. Bei einer »Ost«-Tonne wie hier formen die Kegel immer ein »O« – wie »Osten«.

Beispiel: In der Elbmündung warnt eine Kette aus Kardinalzeichen vor dem lang gestreckten »Neuen Luechtergrund«, der nördlich des Hauptfahrwassers »Mittelrinne« liegt. Diese Tiefwasser-Leuchttonne vom Typ LT 81 ist vor der östlichen Spitze des Sandes ausgelegt.

Kennung bei Nacht: Drei weiße Funkel (Q. = quick, white) alle zehn Sekunden (10s).

Köcher für das austauschbare Toppzeichen

Die Farbgebung der Tonne entspricht dem Schema der Toppzeichen: Die Spitzen der Kegel weisen immer auf die schwarzen Bänder. Liegen sie etwa oberhalb und unterhalb des gelben Bandes (wie hier), weisen auch beide Kegel voneinander weg – es handelt sich also um eine Ost-Tonne.

Wasserlinie

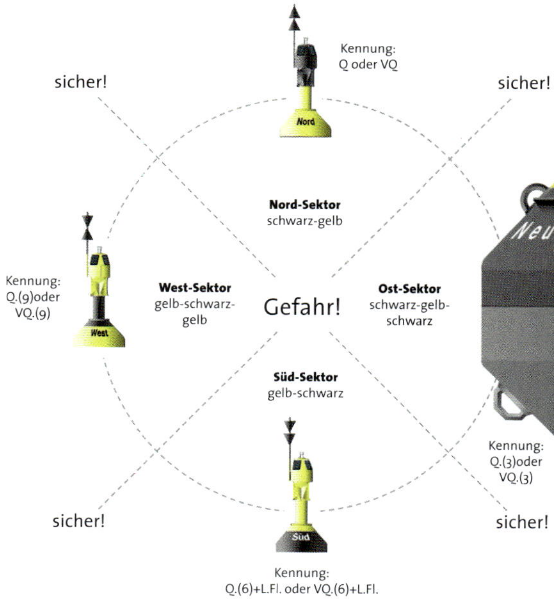

Einzelgefahrenstellen können an allen Seiten passiert werden. Sie werden durch schwarze Tonnen und Stangen mit rotem Band markiert. Toppzeichen sind zwei schwarze Bälle.

Die Kennung von Kardinalzeichen besteht aus Gruppen von weißen Funkeln (Q. = quick) oder schnellen Funkeln (VQ. = very quick). Ihre Anzahl orientiert sich am Zifferblatt einer Uhr: 3 im Osten, 6 im Süden, 9 im Westen. Der zusätzliche weiße Blink (L.Fl. = long flash) im Südsektor dient der besseren optischen Unterscheidbarkeit.

In Gebieten mit starker Strömung besteht der Gegengewichtsträger aus drei dünnen Rohren mit geringerem Wasserwiderstand.

Besondere Gebiete und Gefahrenstellen: Eine ganze Reihe besonderer Stellen sind durch gelbe Tonnen oder Stangen gekennzeichnet: Dazu gehören etwa Reeden, Warngebiete – in denen beispielsweise militärische Übungen abgehalten werden –, Kabelverläufe oder Messstationen. In der Regel weist die Beschriftung auf den genauen Zweck des Gebietes hin. Wenn vorhanden, dient ein gelbes liegendes Kreuz als Toppzeichen. Das Feuer ist ebenfalls gelb.

elektrische Standard-Seelaterne mit Kunststoffoptik, hier mit gelbem Licht

Beispiel: Auch wenn sie weder Beschriftung noch Toppzeichen trägt, gehört diese stark verschmutzte Leuchttonne (vom Typ her eine Nebenfahrwassertonne Emder Bauart) zur Begrenzung von Dukegat-Reede vor der Zufahrt von Eemshaven im Bereich der äußeren Ems.

Dukegat-Reede 4
Oc.(2)Y.9s

Kennung bei Nacht: gelbes unterbrochenes Feuer mit Gruppen aus zwei verschiedenen Lichtsignalen (Oc.(2)Y = group occulting, yellow) alle neun Sekunden (9s).

Gelbe Farbe und gelbes Kreuz bedeuten immer Vorsicht! Das Gleiche gilt für gelbes Feuer. Ist der Tonnenkörper gelb-rot (Sperrgebiet!) dürfen Sie den Tonnenstrich auf keinen Fall überqueren – außer in Notsituationen, natürlich.

gelbes, liegendes Kreuz als Toppzeichen

Sperrgebiete: Gesperrte Wasserflächen sind für Sportboote tabu. Ihre Bezeichnung erfolgt auf Seerevieren durch gelbe Tonnen, die zusätzlich mit roten Streifen und der Aufschrift »Sperr-G.« versehen sind.

Beispiel: Diese Nebenfahrwasser-Leuchttonne älterer Bauart (umgerüstet auf Solarbetrieb und LED-Laterne) liegt in der Kieler Förde vor Friedrichsort und markiert ebenfalls eine Reede – allerdings der Marine.

Sperr-G.
Fl.Y.4s

Kennung bei Nacht: ein gelber Blitz (Fl.Y. = flash, yellow) alle vier Sekunden (4s).

Badegebiete: Motorisierte Wasserfahrzeuge und Surfer dürfen Gebiete, in denen gebadet wird (meist vor Stränden) nicht befahren, wenn der Bereich durch weiße Tonnen mit gelbem Kreuz (wie diese Fasstonne) oder weiße Stangen mit gelbem Band abgegrenzt ist.

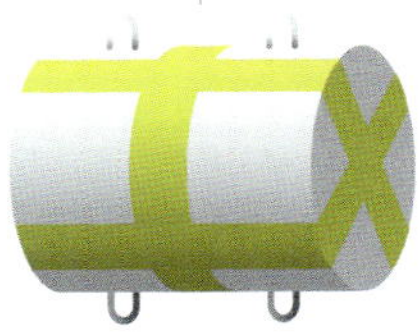

Gesperrte Wasserflächen: Binnen bezeichnen gelbe Tonnen gesperrte Durchfahrten und Wasserflächen. Sie können durch ein Toppzeichen in den Farben des Tafelzeichens A1 (s. folgende Seite) – oft wie hier ein nach allen Seiten sichtbarer Zylinder – ergänzt sein.

Auf der gesperrten Seite des Floßes sind eine rote Tafel und zwei rote Lichter übereinander ausgebracht, auf der freien Seite eine rot-weiße Tafel, bzw. ein rotes und ein weißes Licht. Andere Signale sind möglich.

»Wahrschaufloß«: Vorübergehende Hindernisse im Fahrwasser von Binnenschifffahrtsstraßen können durch verankerte »Wahrschauflöße« gekennzeichnet werden. Farbige Tafeln und Lichter bei Nacht weisen auf die sichere, freie Seite und die gesperrte Seite hin. SS 388 (Signalschiff) des Wasser- und Schifffahrtsamtes Bingen wird auf dem Rhein eingesetzt. Beim Passieren müssen Sog- und Wellenschlag vermieden werden!

DIE SCHIFFFAHRTSZEICHEN

Natürlich gibt es auf den Wasserstraßen Verkehrsschilder – auch wenn es glücklicherweise nicht so viel wie an Land sind. In der Amtssprache der Schifffahrtsstraßenordnungen heißen sie Schifffahrtszeichen und verraten (mit mehr oder weniger eindeutiger Symbolik), was wo erlaubt, geboten oder verboten ist. Zusätzlich gibt es individuelle Hinweise in Schildform, die natürlich ebenso beachtet werden sollten. Die wichtigsten und häufigsten Zeichen sind auf dieser Doppelseite abgebildet, eine komplette Übersicht liefert der Anhang. Nicht alle von ihnen gelten übrigens auch für Kleinfahrzeuge, kennen sollte man sie dennoch, um zu wissen, wie sich die »Großen« verhalten müssen.

Wasserskistrecke: Auf Binnengewässern sind Strecken oder Flächen für das Wasserskilaufen, Jetskifahren und Kitesurfen besonders ausgewiesen. Ein Befahrensverbot für den »Durchgangsverkehr« besteht zwar nicht, aber auf die Sportler muss natürlich Rücksicht genommen werden.

Wird eine Strecke durch Tonnen markiert, befindet sich meistens jeweils eine an jeder Ecke des Gebietes.

Geschwindigkeitsbegrenzung: Die Ziffer auf dem Schild gibt vor, wie schnell man dem Ufer gegenüber in km/h maximal unterwegs sein darf. Fährt man auf Flüssen mit dem Strom, muss man die Fließgeschwindigkeit also miteinkalkulieren! Die Begrenzung kann auch lokal von der bestehenden Höchstgeschwindigkeit auf einer Wasserstraße abweichen.

Tafelzeichen müssen nicht immer am Ufer stehen; sie können sich auch auf der Wasserfläche selbst befinden – entweder auf Tonnen montiert, wie bei dem Beispiel oben rechts, oder auf einem festen Pfahl oder Dalben, wie in diesem Fall. Es muss sich nicht unbedingt um ein Metallschild handeln. Das Zeichen kann auch aufgemalt sein, etwa an einer Kaimauer.

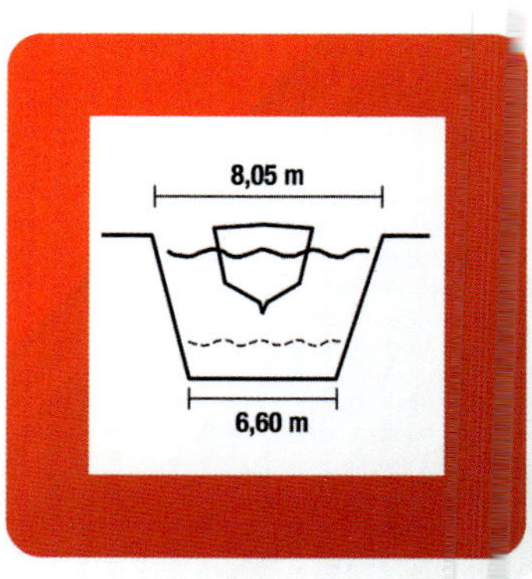

Individuelle Zeichen: Eine weiße Tafel mit rotem Rand weist immer auf individuelle Schifffahrtsbeschränkungen hin. Worum es sich handelt, kann entweder in Textform auf einem zweiten Schild oder grafisch auf der Tafel selbst dargestellt sein. In diesem Fall wird auf die schrägen Kammerwände der Schleuse Garwitz im Verlauf der Müritz-Elde-Wasserstraße hingewiesen.

Schallzeichen geben! Meist vor schlecht einsehbaren Stellen.

Anhalten! Vor Schleusen und Brücken; halt, wenn Durchfahrt nicht frei ist.

Vorsicht! Besondere Vorsicht walten lassen; eventuell folgt Sperrung.

Fahrtrichtung! Gebot, in die angezeigte Richtung zu fahren.

UKW-Kanal! Ab hier muss der genannte Kanal benutzt werden.

Durchfahrtshöhe! Lichte Höhe begrenzt (auch mit Meterangabe).

Wassertiefe! Begrenzte Fahrwassertiefe (auch mit Meterangabe).

Abstand halten! Mindestabstand zum Schild (Angabe in Metern).

Kein Maschinenantrieb! Gewässer für Boote mit Motoren gesperrt.

Keine Wellen! Geschwindigkeit verringern, kein Sog- und Wellenschlag.

Keine Sportfahrzeuge! Weiterfahrt nur für die Berufsschifffahrt.

Keine Durchfahrt! Befahrensverbot oder Einbahnverkehr von anderer Seite.

Überholverbot! Gilt nicht für Kleinfahrzeuge, trotzdem wichtig.

Begegnungsverbot! Gilt ebenfalls nicht für Kleinfahrzeuge.

Aufhebung! Ende einer Strecke mit Gebot, Verbot oder Einschränkung.

Weiße Dreiecke kennzeichnen, in welche Richtung das Zeichen gilt; auch wie hier mit Meterangabe.

Stillliegen erlaubt! Anlegen an Ufer oder festen Anlagen gestattet.

Frei fahrende Fähre! Achtung, eine Fährverbindung kreuzt das Fahrwasser.

Soll ein Zeichen nur für eine bestimmte Fahrzeuggruppe gelten, wird es mit einem entsprechenden Zusatz versehen.

Festmachen erlaubt! An dieser Anlage darf man festmachen.

Einmündung! Je nach Art der Kreuzung oder Einmündung gestaltet.

Nicht frei fahrende Fähre! Vorsicht vor unter Wasser gespannter Kette oder Seil.

LICHTER UND SIGNALE

Während der Dunkelheit und bei unsichtigem Wetter, etwa bei dichtem Regen oder Nebel, müssen Wasserfahrzeuge bestimmte Lichter führen, um besser erkennbar zu sein. Welche das sind, hängt nicht nur von Art und Größe eines Fahrzeuges ab, sondern auch von Fracht, Aufgabe und vielen weiteren Faktoren. Außerdem gelten binnen und buten unterschiedliche Regeln. Bei Tag werden diese Lichter zur besonderen Bezeichnung der Fahrzeuge durch Signalkörper oder andere Zeichen ersetzt. Auf dieser Doppelseite sind nur die wichtigsten und häufigsten Lichter und Signale abgebildet. Eine vollständige alphabetische Auflistung finden Sie im Anhang auf den Seiten 136 bis 139.

Hecklicht: Auf einem sich entfernenden oder vorausfahrenden Fahrzeug ist dagegen nur das weiße Hecklicht zu erkennen.

Seitenlichter und Topplicht: Anhand der erkennbaren Lichter eines fahrenden Fahrzeuges lässt sich sein Kurs abschätzen. Sind so wie hier nur grünes Seitenlicht und weißes Topplicht zu sehen, blickt man auf dessen Steuerbordseite.

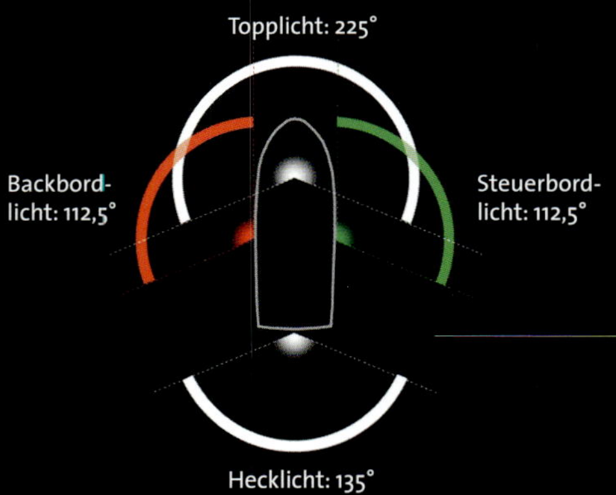

Sichtbarkeit: Topplicht, Seitenlichter und Hecklicht haben genau festgelegte Winkel, in denen ihr Schein zu sehen ist. Der übrige Bereich ist jeweils abgeblendet. Die Anordnung der Seitenlichter führt dazu, dass Rot und Grün nur in einer bestimmten Situation gemeinsam sichtbar sind – wenn das andere Fahrzeug genau auf die Position des Betrachters zuhält. Liegen die beiden Fahrzeuge auf Gegenkurs bedeutet das Kollisionsgefahr!

Ankerlieger: Binnen zeigen stillliegende Fahrzeuge ein weißes, rund um sichtbares Licht auf der Fahrwasserseite. Auf See ist es bei Fahrzeuges unter 50 m Länge ebenfalls ein weißes Rundumlicht, allerdings dort, wo es am besten zu sehen ist.

Schiffsgröße: Ab einer bestimmten Länge, binnen über 110 m und auf See ab 50 m, müssen Maschinenfahrzeuge ein zweites Topplich führen. Es befindet sich höher und weiter achtern als das erste.

Schleppendes Fahrzeug: Ein gelbes Licht am Heck weist immer auf ein schleppendes Fahrzeug hin. Vorsicht vor Schleppleine und Anhang! Binnen ist ein Schlepper tagsüber an einen gelben Zylinder zu erkennen.

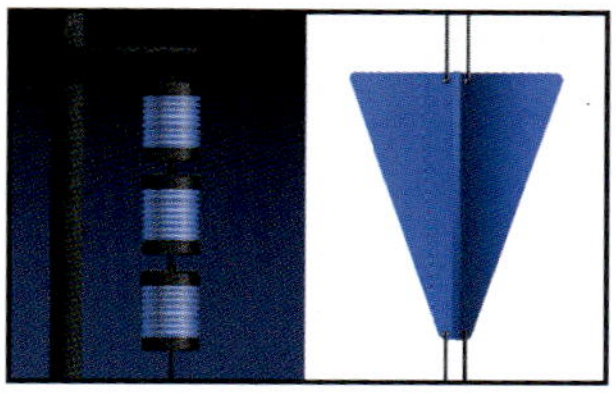

Gefährliche Güter: Blaue Rundumlichter bei Nacht und blaue Kegel bei Tag bedeuten binnen gefährliche Fracht: Ein Licht oder Kegel zeigen entzündbare Stoffe an, zwei gesundheitsschädliche und drei explosive.

Schubverband: Die »Triangel« aus drei weißen Rundumlichtern befindet sich binnen auf dem Vorschiff eines Schubverbandes. Vorsicht, mehrere Fahrzeuge des Verbandes können nebeneinander gekoppelt sein!

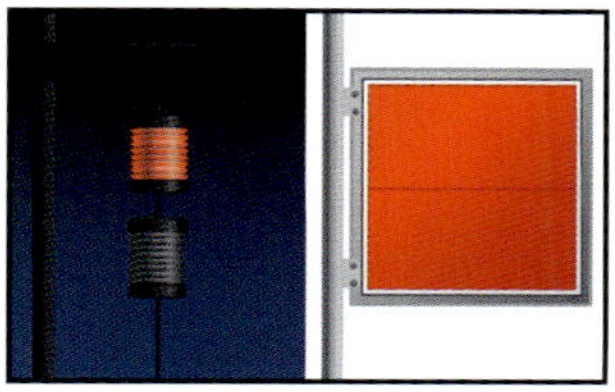

Gesperrte Seite: Schwimmendes Gerät, wie ein Bagger beispielsweise, zeigt binnen mit einem roten Rundumlicht oder einer roten Tafel an, welche seiner beiden Seiten für die Durchfahrt gesperrt ist

Freie Seite: Die für die Durchfahrt freie Seite wird bei schwimmendem Gerät binnen dagegen durch ein rotes und weißes Rundlicht übereinander oder eine Tafel in der gleichen Farbkombination kenntlich gemacht.

Freie Seite: Auch zwei grüne Lichter bedeuten freie Durchfahrt, binnen wie buten. Das Tafelzeichen gilt nur binnen, zwei übereinander gesetzte Doppelkegel an gleicher Stelle dagegen gelten auch auf See.

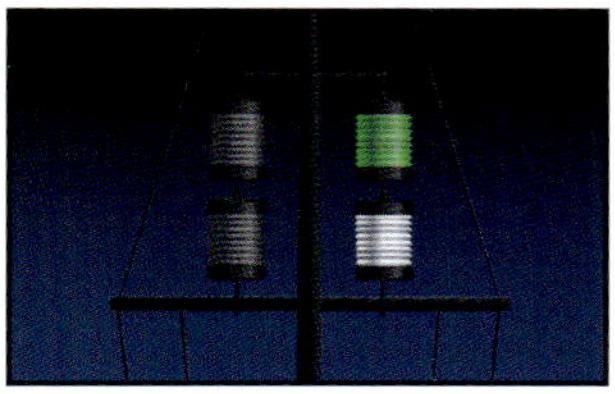

Fähre: Ein grünes Rundumlicht über einem weißen bezeichnet auf Binnen- und Seeschifffahrtsstraßen nicht frei fahrende Fähren (Vorsicht vor Kette oder Seil), binnen zusätzlich auch die frei fahrenden.

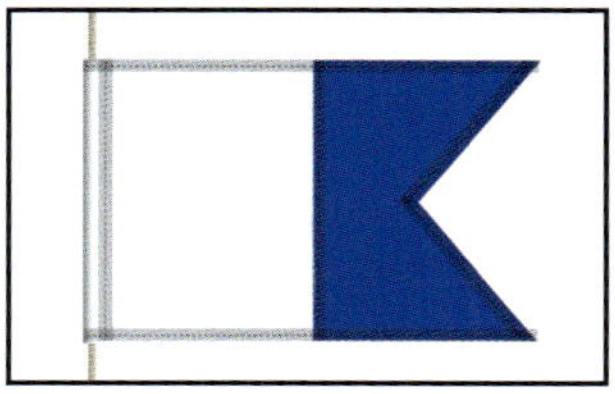

Taucher: Hat ein Fahrzeug oder eine Anlage die Flagge A des internationalen Signalbuches gesetzt, befinden sich dort Taucher im Wasser. Die Situation erfordert Sicherheitsabstand und besondere Vorsicht.

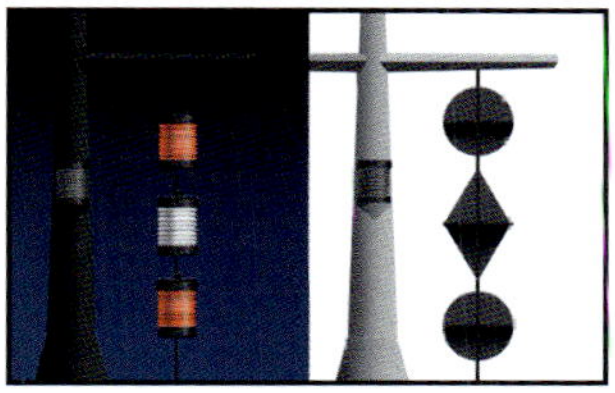

Manövrierbehindert: Seefahrzeuge, die aufgrund besonderer Umstände in ihrer Manövrierfähigkeit eingeschränkt sind, führen die Lichterfolge rot-weiß-rot oder zwei Bälle mit einem Rhombus dazwischen.

Manövrierunfähig: Ist ein Seefahrzeug manövrierunfähig, macht es durch zwei rote Rundumlicher oder zwei Bälle (oder ähnliche Signalkörper) auf seine Situation aufmerksam.

Fischendes Fahrzeug: Auf See zeigt jedes fischende Fahrzeug, das nicht trawlt, ein rotes über einem weißen Rundumlicht oder ein »Stundenglas«. Vorsicht vor dem Fanggerät.

Fischende Trawler: Bei einem Fischereifahrzeug auf See, das ein Netz oder Fanggerät schleppt, ist die Lichtkombination dagegen grün-weiß. Das »Stundenglas« bleibt jedoch.

4

REVIERPRAXIS

Wasserstraßen
Berufsschifffahrt
Schleusen und Brücken
Pegel und Wassertiefen

DIE TÖRNPLANUNG

Wichtige Aspekte und Informationsquellen

Törnführer für Binnengewässer bieten – meist in Buchform – eine praktische Mischung aus Gewässerkarten (s. abgebildete Doppelseite) mit allen wichtigen nautischen Service-Informationen und einem begleitenden Textteil mit Fotos, touristischen Tipps und wichtigen Vorschriften.

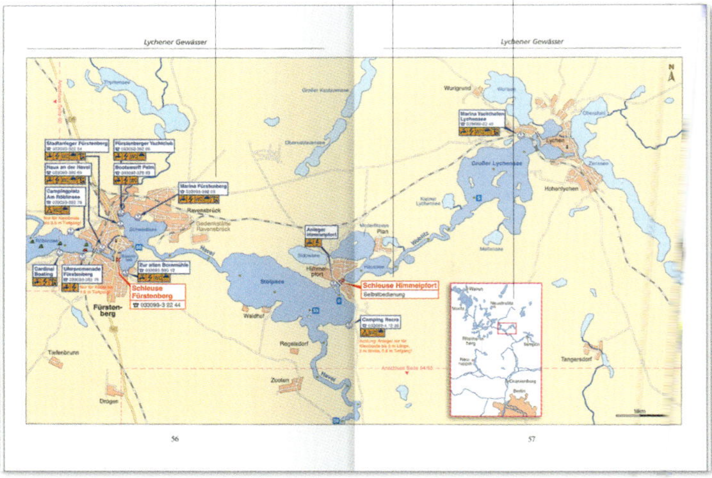

Ein neuer Törn sollte sorgfältig geplant werden, besonders dann, wenn man ein Revier zum ersten Mal befahren möchte und dort noch keine praktischen Erfahrungen gesammelt hat. Zunächst sollte man klären, ob die Wasserstraßen für das eigene Boot geeignet sind; Wassertiefe und Durchfahrtshöhe sind hier die entscheidenden Faktoren (s. Seite 73). Für den Fall, dass man es mit veränderlichen Pegelständen zu tun hat, kann es nicht schaden, im Internet aktuelle Werte und Vorhersagen abzufragen. Und wenn man schon einmal online ist, kann man sich auch gleich nach angekündigten und kurzfristigen Schleusensperrungen im Wunschrevier informieren. Es gibt nichts Ärgerlicheres, als unverhofft vor verschlossenen Toren zu stehen! Das umfangreiche elektronische Internetportal der Wasser- und Schifffahrtsverwaltung des Bundes (www.elwis.de) gibt darüber Auskunft; ein Telefonanruf beim zuständigen Wasser- und

Fachzeitschriften wie Deutschlands führendes Motorbootmagazin »Boote«, veröffentlichen regelmäßig aktuelle Törnberichte und Reisereportagen über deutsche und europäische Reviere. Die Palette reicht dabei von bekannten und beliebten Zielen bis zu echten Geheimtipps – wie etwa der Telemarkkanal in Südnorwegen (s. Abbildung). Nautische Besonderheiten werden ebenso berücksichtigt wie Highlights an Land.

NAUTISCHE LITERATUR

FACHPRESSE: Aktuelle Reise- und Revierberichte im Reportagestil; gute Anregung!
GEWÄSSERATLAS: Kartenwerk für Binnenreviere mit allen nautischen Informationen; Format meist A4 oder ähnlich mit Ringbindung.
GEWÄSSERKARTE: Einzelnes, gefaltetes Kartenblatt; bildet großformatig ein gesamtes Binnenrevier oder sogar ganze Länder ab.
HAFENHANDBUCH: Hafenübersicht für ein bestimmtes Seerevier; Ergänzung zur Seekarte.
REVIERFÜHRER: Wie Hafenhandbuch, aber mit mehr Zusatzinformationen ausgestattet.
SEEKARTE: Großformatiges, nautisches Kartenblatt eines Seereviers oder Revierteils; in handlicher Größe auch als Kartensatz mit mehreren Einzelblättern für Sportboote.
TÖRNFÜHRER BINNEN: Buch mit nautischen und touristischen Informationen, Karten und Plänen für ein bestimmtes Binnenrevier.
TÖRNFÜHRER SEE: Wie Revierführer.

Schifffahrtsamt vor Ort ist auch eine verlässliche Option.

Die Streckenplanung selbst hängt natürlich in erster Linie davon ab, wieviel Zeit zur Verfügung steht. Nehmen Sie sich keinesfalls zuviel vor, wenn Sie wirklich Urlaub machen wollen! »Kilometerfressen« sollte nicht das Ziel sein. Kommt man (besonders in der Hauptsaison) zu spät an, sind die besten Liegeplätze schon vergeben und die Geschäfte zu (von Sehenswürdigkeiten ganz zu schweigen). Befinden sich Schleusen im Routenverlauf, sollten die Tagesetappen nicht länger als 40 km sein. Eine Schleusung dauert etwa 30 Minuten. Hat man Glück, geht es aber schneller. Bei viel Verkehr können es allerdings auch zwei Stunden werden ...

Alle für die Törnplanung wichtigen Angaben finden Sie in der zahlreich erhältlichen nautischen Literatur – vom Revierführer bis zum Törnatlas (s. Kasten oben). Es lohnt sich immer, nicht erst dann in Bücher und auf Karten zu schauen, wenn man unterwegs ist, sondern sich schon vorher mit den Besonderheiten eines Reviers, sowie seinen Liege- und Versorgungsmöglichkeiten vertraut zu machen – schließlich weckt die Vorbereitung auch die Vorfreude! ■

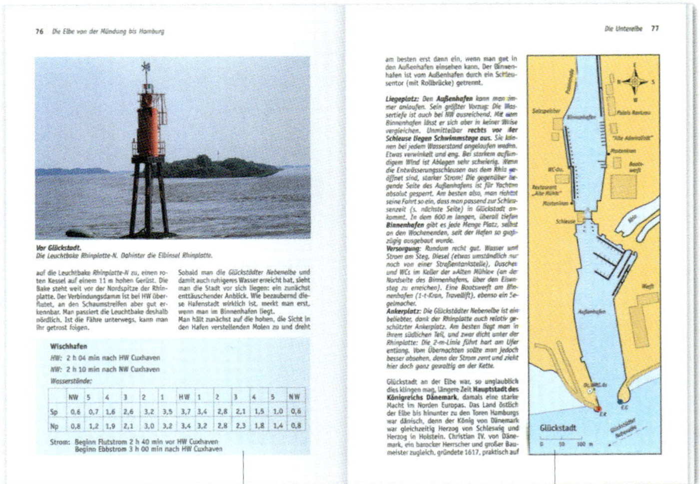

Törnführer für Seereviere legen den Schwerpunkt auf die unterschiedlichen navigatorischen Aspekte eines Reviers, wie beispielsweise Gezeiten oder Wetter. Dazu kommen in der Regel ausführliche Angaben zu Häfen und Ansteuerungen, was sie zu einer unverzichtbaren Ergänzung zur entsprechenden Seekarte macht.

Gezeitentabelle für einen bestimmten Ort

detaillierter Hafenplan mit Serviceeinrichtungen

DIE WASSERSTRASSEN

Wie ein blaues Netz spannen sich die Wasserstraßen über ganz Europa; allein in Deutschland sind es mehr als 130 schiffbare Wasserwege, die Nord und Süd, Ost und West miteinander verbinden. Einige sind viel befahren, andere weniger. Manchmal sind Sportbootskipper unter sich, ein andermal dominiert die Berufsschifffahrt. Die lange Liste reicht von ganz kurzen Wasserstraßen und Stichkanälen bis zu den großen Strömen, Kanalachsen und den Seeschifffahrtswegen (s. Karte auf Seite 130). Jede Menge Auswahl also für den nächsten Törn! Die hier abgebildete Müritz-Elde-Wasserstraße stellt die Verbindung zwischen Elbe, Schweriner See und Müritz dar – mit weiterem Anschluss nach Berlin und zur Oder. Die Zeiten ihrer wirtschaftlichen Bedeutung sind – zumindest was den Frachttransport angeht – längst vorüber. Heute ist die »MEW« fest in der Hand der Sportschifffahrt. ■

Bezeichnungen: Die Namen von künstlichen Wasserstraßen beinhalten meist die Orte oder Gewässer, die sie verbinden (Rhein-Herne-Kanal) oder deren natürlichem Verlauf sie folgen (Müritz-Havel-Wasserstraße). Die entsprechenden amtlichen Kürzel (hier »RHK« bzw. »MHW«) werden auch umgangssprachlich benutzt.

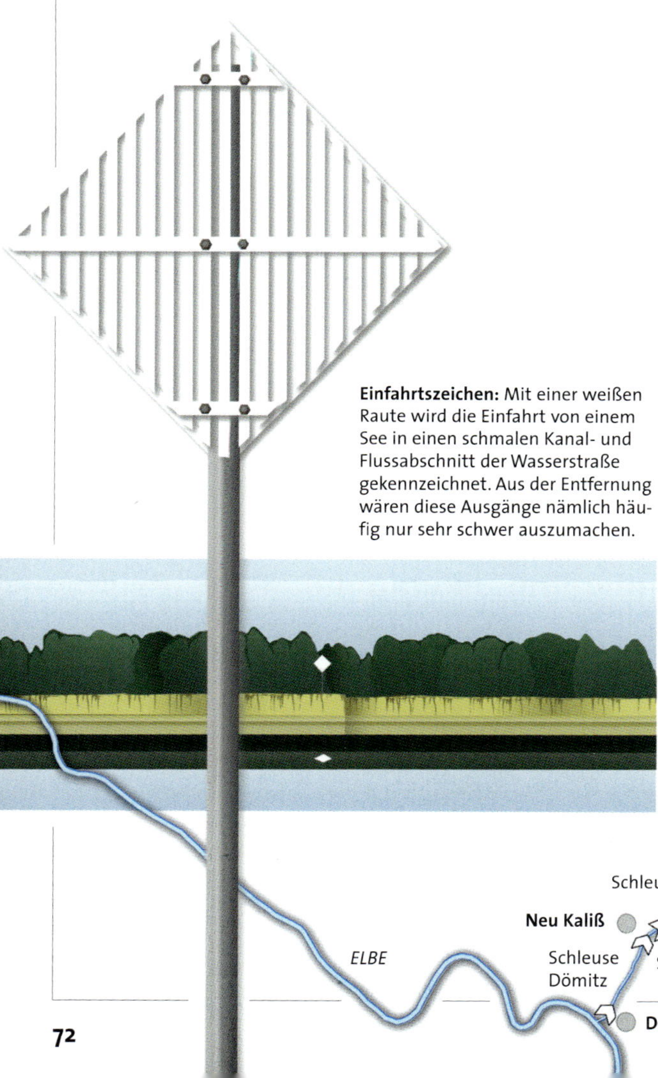

Einfahrtszeichen: Mit einer weißen Raute wird die Einfahrt von einem See in einen schmalen Kanal- und Flussabschnitt der Wasserstraße gekennzeichnet. Aus der Entfernung wären diese Ausgänge nämlich häufig nur sehr schwer auszumachen.

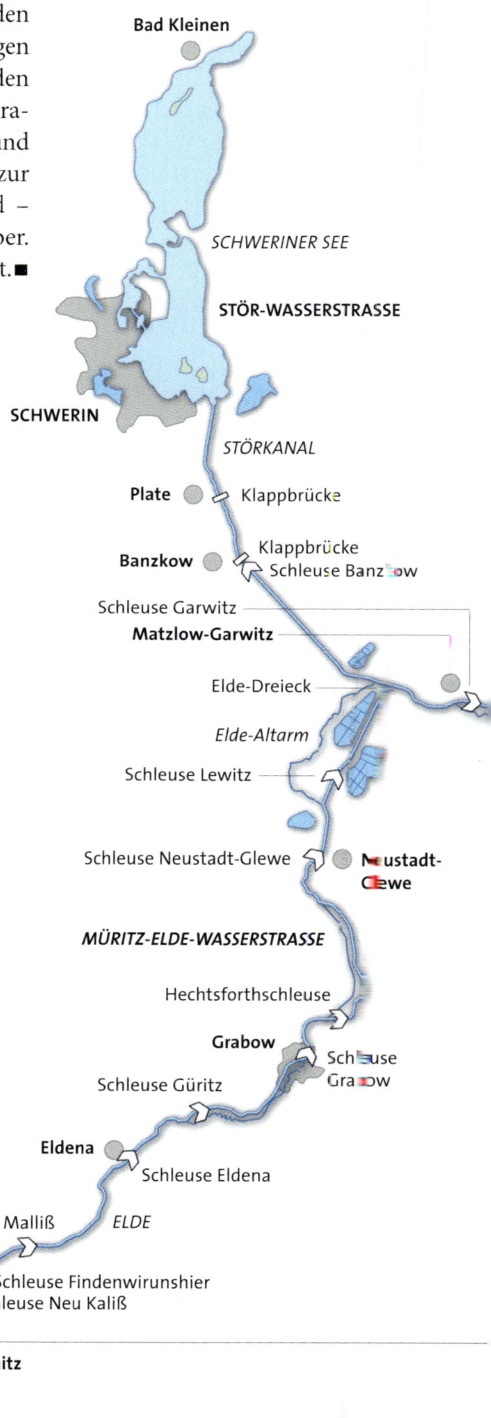

Schleuse Neuburg 11,24 km | **Schleuse Parchim km 72,09** | Schleuse Garwitz 11,34 km

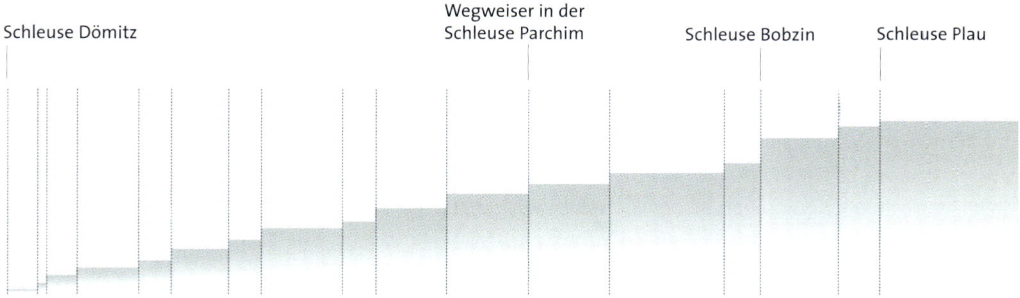

Staustufen: So sieht ein schematisches Höhenprofil der Müritz-Elde-Wasserstraße aus. Von der Elbe (links) bis zur Müritz (rechts) überwinden 17 Schleusen einen Höhenunterschied von immerhin 49 m. Den mit Abstand größten Hub hat die Staustufe Bobzin. 6,9 m liegen dort zwischen Unter- und Oberwasser. (Mehr zum Thema Schleusen ab Seite 82).

Parameter: Jede Wasserstraße verfügt über nautische Parameter; diese »technischen Daten« umfassen unter anderem Länge, Wassertiefen, Durchfahrtshöhen und viele andere Details, die auch für die eigene Törnplanung wichtig sind – schließlich will man nicht vor einer zu niedrigen Brücke oder einem zu flachen Abschnitt überrascht werden. Zu finden sind diese Angaben in der nautischen Literatur (s. Seite 70) oder in amtlichen Veröffentlichungen oder Vorschriften. Die Parameter der »MEW« stehen im Kasten unten auf dieser Seite.

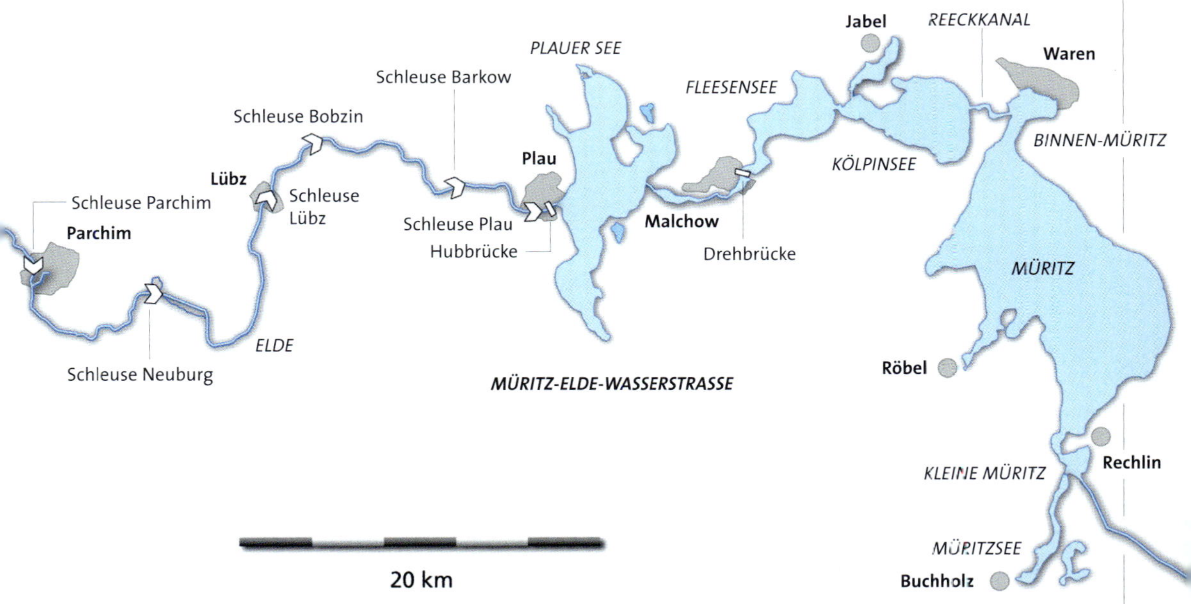

MÜRITZ-ELDE-WASSERSTRASSE

Länge: 180 km von Buchholz am südlichen Ende des Müritzsees bis zur Einmündung in die Elbe bei Dömitz, **Schleusen:** 17, **bewegliche Brücken:** 2 (Malchow, Plau), **geringste Durchfahrtshöhe:** 3,90 m (Hubtor der Schleuse Eldena bei normalem Wasserstand), **Tiefgang:** 1,20 m, **Höchstgeschwindigkeit:** 9 km/h von Buchholz bis Plau, 6 km/h von Plau bis Dömitz, 25 km/h auf Seen und seeartigen Erweiterungen mit mehr als 250 m Breite und einem Uferabstand von mindestens 100 m; im gesamten Verlauf der Wasserstraße gilt die Charterbescheinigung.

DIE SPORTBOOTHÄFEN

Jeder Törntag geht einmal dem Ende entgegen, und wer nicht ankern will oder die Nacht »wild« an unerlaubter Stelle verbringen möchte, braucht einen Liegeplatz – sei es an Spundwand, Steganlage oder im Hafenbecken. Zum Glück ist die Infrastruktur entlang unserer Wasserstraßen inzwischen so gut, dass man fast überall unterkommen kann – auch wenn es gerade in der Hauptsaison schon mal eng werden kann. Die Größe der Häfen ist ebenso unterschiedlich wie ihre Ausstattung. Was man wo erwarten darf, vom einfachen Stromanschluss bis zu Kinderspielplatz und Flüssiggas-Tankstelle, verraten Törnliteratur (s. Seite 70) und immer öfter auch das Internet. Die Faustregel »großer Hafen – viel Service« stimmt längst nicht immer! Unterwegs hilft auch das inzwischen bundesweite Leitsystem der »Gelben Welle« bei der Liegeplatzsuche: Wo dieses Schild am Ufer steht, sind Gastlieger willkommen (s. rechte Seite). Das gilt für öffentliche Stadtanleger, Wasserwanderrastplätze und Vereinshäfen ebenso wie für große, kommerzielle Marinas mit teilweise bis zu mehreren hundert Liegeplätzen. Ein gutes Beispiel, wie weit das Serviceangebot gehen kann und wie eine solche Anlage aufgebaut ist, bietet die ancora Marina in Neustadt/Holstein an der Ostsee.

Großmarina: Die ancora Marina bietet 1400 Liegeplätze für Boote bis zu 35 m Länge. Die Hafenanlage ist in die eigentlichen Hafenbecken »Nord« und »Süd« und den von einer langen Mole umschlossenen »Osthafen« unterteilt. Die langen Schwimmstege sind zum Teil mit zusätzlichen Fingerstegen ausgestattet, zum Teil bestehen sie aus »Boxen« mit Dalben. Das Serviceangebot an Land, das Dauer- und Gastliegern zur Verfügung steht, ist sehr umfangreich. Zusätzlich sind Bootsausrüster und Reparaturbetriebe auf dem Gelände ansässig.

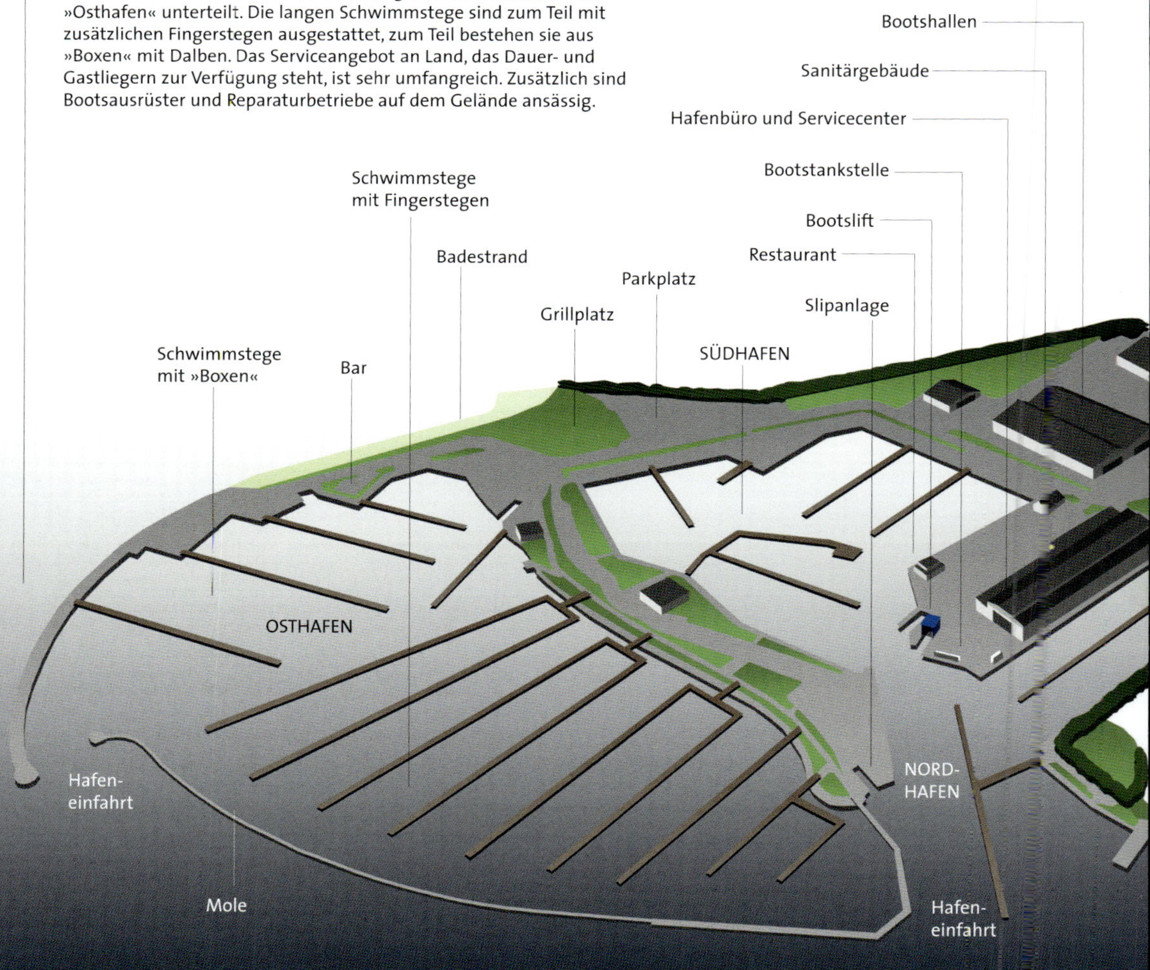

Anzahl und Abmessungen der Liegeplätze

Symbole weisen auf das Service-Angebot hin.

»Gelbe Welle«: Knapp 500 Anleger und Häfen sind bundesweit bereits an dieses praktische Informationssystem angeschlossen, gut die Hälfte davon im Bereich der Mecklenburgischen und Märkischen Gewässer. Kein Wunder – in Köpenick nahm die »Gelbe Welle« im Jahre 2000 ihren Anfang. Wie bei den beiden abgebildeten Beispielen gut erkennbar, sind die verschiedenen Service-Symbole nicht immer hundertprozentig einheitlich; leicht verständlich sind sie meistens trotzdem. Zusätzlich zur »Welle« gibt es weitere, ergänzende Klassifizierungssyteme, wie die 5-Sterne-Skala des Deutschen Tourismusverbandes oder das Gütesiegel des »Maritimen Qualitätsmanagements« (MQM) des Landes Mecklenburg-Vorpommern (s. oben rechts). Die mindestens 80 cm breiten Schilder sind meist so aufgestellt, dass sie auch vom Wasser aus gut zu erkennen sind.

Hafen des Fürstenberger Yachtclubs in Fürstenberg an der Oberen Havel-Wasserstraße.

Vereinshäfen: Viele Sportboothäfen in Deutschland werden von Sportbootclubs betrieben und fast immer sind dort auch Gastlieger willkommen. Sollte (während der Woche) mal niemand vor Ort sein, findet sich meist ein Infokasten mit einer Telefonnummer, die man anrufen kann, falls etwa das Gelände abgeschlossen ist.

Freie Liegeplätze: Nicht jeder leere Liegeplatz ist auch frei! Vielleicht befindet sich der eigentliche Inhaber gerade auf einem Tagesausflug? Schilder am Steg zeigen meist an, wo man festmachen darf: Ist das Schild grün oder mit »frei« oder »Gast« beschriftet, ist der Fall klar. Manchmal ist zusätzlich ein Datum angegeben, bis wann der Platz belegt werden darf. Auch ein rotes Schild bedarf keiner weiteren Erklärung. Ist keinerlei Hinweis vorhanden, kann man ruhig zunächst anlegen und durch Nachfrage klären, ob man dort bleiben darf. Der erste Weg sollte ohnehin zum Hafenmeister führen, um die Liegegebühr zu bezahlen. Wer damit bummelt, macht sich nicht unbedingt beliebt! Außerdem kann man so gleich nach Schlüsseln oder Zahlencodes für Tore und Sanitärräume fragen.

DIE BERUFSSCHIFFFAHRT

Verkehrswege, Fracht und Schiffsklassen

Motorschiffe: Auf dem Rhein begegnen sich zwei niederländische Tankmotorschiffe (TMS). Youri gehört mit 110 m Länge zum Typ der Großen Rheinschiffe, die nur 86 m lange Dolfijn dagegen zum kleineren Typ Johann Welker.

Die Binnenschifffahrt spielt eine tragende Rolle im europäischen Güterverkehr. Allein auf Deutschlands Wasserwegen werden jährlich rund 200 Millionen Tonnen Fracht bewegt. Dabei ist das Binnenschiff nicht nur das wirtschaftlichste Transportmittel, sondern auch das umweltfreundlichste. Voraussetzung ist allerdings eine entsprechende Infrastruktur mit Häfen, Schleusen und Schifffahrtsstraßen, die so ausgebaut sind, dass sie die modernen Schiffsklassen aufnehmen können und reibungslosen Verkehr gewährleisten. Um einheitliche Standards zu garantieren, sind die Wasserstraßen nach Größen klassifiziert: Klasse I umfasst jene Flüsse und Kanäle, die heute im Grunde nur noch von Sportbooten und Ausflugsdampfern befahren werden; ihre Strecken sind für den Güterverkehr schon lange nicht

VOM BILGENENTÖLER ZUR »WEISSEN FLOTTE«

Bilgenentöler: Kleines Tankschiff, das bei größeren Schiffen ölhaltiges Bilgenwasser abpumpt und an Bord Öl und Wasser trennt.
Bunkerschiff: Tankschiff, das größere Schiffe mit Brennstoff und Schmieröl versorgt, sogar während der Fahrt; auch Bunkerboot genannt.
Container: Kurzbezeichnung für ein Güterschiff auf Binnen- und Seeschifffahrtsstraßen, das Container transportiert.
Europaschiff: Älterer Binnenschiffstyp mit 85 m Länge und maximal 2,5 m Tiefgang; auch Euroschiff genannt (Klasse IV).
Fähre: Befördert Personen und Fahrzeuge auf fester Strecke im Pendelverkehr über eine Wasserstraße. Frei fahrend mit eigenem Antrieb, oder als Seil- oder Kettenfähre.
Fahrgastkabinenschiff: Großes Schiff für längere Flusskreuzfahrten. Ausgestattet mit individuellen Kabinen für die Passagiere.
Feeder(schiff): Liefert Container für große, seegehende Containerfrachter an.
Gastankschiff: Spezialschiff mit gesicherten Drucktanks für den Transport von Flüssiggasen wie Butan oder Propan.

mehr reizvoll, ihre Höchstabmessungen gering – wie beispielsweise die Müritz-Elde-Wasserstraße auf Seite 72.

Die oberste Ausbaustufe dagegen ist zurzeit die Klasse VI b, die für gewaltige Schubverbände bis 280 m Länge und 34 m Breite ausgelegt ist. In diese »Superkategorie« fällt auch Europas wichtigste Verkehrsachse: der Rhein. Über 1000 km ist der Strom zwischen Basel und seiner Nordseemündung selbst für die Größten der Großen schiffbar, zahlreiche Wasserstraßen zweigen in seinem langen Verlauf von ihm ab und führen im Norden zu Weser, Elbe und Oder und im Süden zur Rhône und zur Donau. Für den Güterumschlag und die Weiterverteilung der Fracht sorgen Europas größter Tiefwasserhafen in Rotterdam und der weltweit größte Binnenhafen in Duisburg-Ruhrort. Die Schiffe auf dem Rhein zeigen, wie international er ist – neben Schwarz-Rot-Gold und der niederländischen Trikolore sieht man die Farben der Schweiz, Frankreichs, Luxemburgs, Tschechiens und vieler weiterer Länder an den Flaggenstöcken flattern.

Die deutsche Binnenflotte umfasst derzeit mehr als 2200 Fahrzeuge für den Frachttransport, vom »Großen Rheinschiff« bis zum Schubleichter ohne eigenen Antrieb. Je nach Ladung wird unterschieden zwischen »Tankfahrt« und »Trockenfahrt« – also allen nicht flüssigen Gütern von geschüttetem Kies bis zum Kühlschrank. Dabei gehört der Container längst zum gewohnten Bild: Knapp zwei Millionen Boxen wurden allein im Jahre 2009 verschifft. Zur Frachtflotte kommen noch einmal etwa 1500 Bunkerboote, Schlepper, Ausflugs- und Fahrgastschiffe aller Größen. Die lang gestreckten, weißen »Flusskreuzfahrer« sind inzwischen auf fast allen Binnenwasserstraßen anzutreffen. ■

Schubschiff: Die VEERHAVEN X der Reederei ThyssenKrupp Veerhaven gehört zu den leistungsstärksten Schubschiffen Europas. Das 2007 gebaute, 40 m lange Fahrzeug kann bis zu sechs Leichter gleichzeitig schieben.

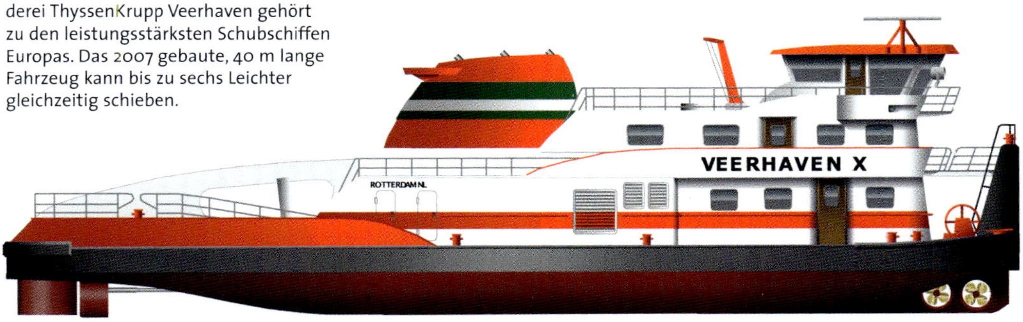

GROSSES RHEINSCHIFF: Schiffstyp von 95 bis 110 m Länge und bis zu 3,5 m Tiefgang (Kl. V).
GROSSMOTORSCHIFF: Schiffstyp mit 110 m Länge und maximal 2,8 m Tiefgang (Klasse V).
GUSTAV KOENIGS: Älterer Schiffstyp bis 80 m Länge und max. 2,5 m Tiefgang (Klasse III).
GÜTERMOTORSCHIFF: Generelle Bezeichnung Binnenschiffe mit Maschinenantrieb, die für den Transport fester Fracht vorgesehen sind.
JOHANN WELKER: Älterer Schiffstyp mit 80 m Länge und bis zu 2,5 m Tiefgang (Klasse IV).
JOWI: Schiffstyp neuer Generation mit bis zu 140 m Länge und 3,9 m Tiefgang (Klasse VIb).
KOPPELVERBAND: Besteht aus Motorschiff und angekoppeltem Schubleichter.
KÜSTENMOTORSCHIFF: Kleines Frachtschiff für Küstengewässer; kann den Rhein befahren.
LEICHTER: Transportfahrzeug ohne eigenen Antrieb, Teil eines Verbandes.
RHEIN-SEE-SCHIFF: Seetüchtiges Binnenschiff, ähnlich dem Küstenmotorschiff.
SCHLEPPVERBAND: Besteht aus Schleppboot und mindestens einem Schleppanhang.
SCHUBVERBAND: Besteht aus Schubschiff und mindestens einem Schubleichter.
TANKMOTORSCHIFF: Generelle Bezeichnung für Binnenschiffe mit Maschinenantrieb, die für den Transport flüssiger Fracht vorgesehen sind.
»WEISSE FLOTTE«: Umgangssprachliche Bezeichnung für Ausflugs- und Fahrgastschiffe.

DER KOPPELVERBAND

Es gibt inzwischen eine ganze Reihe verschiedener Typen von Binnenschiffen; wie bereits erwähnt, unterscheiden sie sich durch Fracht, Größe und Fahrzeugart. Die »Größten« sind dabei die Koppel- und Schubverbände – mit Längen von annähernd zweihundert Metern und mehr sind sie wirklich ernst zu nehmende Verkehrsteilnehmer. Natürlich beherrschen die Binnenschiffer ihren Job: Die routinierte Schleuseneinfahrt, wenn auf beiden Seiten kaum noch ein Blatt Papier zwischen Bord- und Kammerwand passt, dürfte dafür der passende Beweis sein. Dennoch sollten Sportbootskipper den Giganten mit Umsicht begegnen; ein Motorboot ist im direkten Vergleich nun mal sehr klein! Am Beispiel eines Koppelverbandes soll deshalb nicht nur dessen Technik erläutert werden, sondern auch, worauf man bei der Begegnung mit der Berufsschifffahrt generell achten sollte. ■

ENTGEGENGESETZTE KURSE:
Kommt Ihnen ein Berufsschiff von vorn entgegen, sollten Sie Folgendes bedenken:

Toter Winkel: Bei langen, voll beladenen Verbänden kann der »tote Winkel« voraus bis zu 300 m betragen!

Hohe Geschwindigkeit: Unterschätzen Sie nicht, wie schnell Sie sich einander nähern. Binnenschiffer bummeln selten!

Sog und Schwell: Lassen Sie beim Passieren einen ausreichenden Abstand, große Binnenschiffe entwickeln einen beachtlichen Sog. Achten Sie auch auf Bug- und Heckwelle.

ÜBERHOLEN:
Hier ein paar Ratschläge, wenn ein Berufsschiff überholt werden soll:

Gegenverkehr: Ist der Weg vor Ihnen wirklich frei? Binnenschiffe sind lang, das Überholmanöver kann eine Weile dauern, wenn Ihr Boot kaum Geschwindigkeitsüberschuss hat.

Anmeldung und Absprache: Wenn Sie Funk haben, teilen Sie dem Schiffer Ihre Absicht mit. Auch Handzeichen können helfen.

Überholt werden: Werden Sie selbst überholt, machen Sie Platz und reduzieren zusätzlich die Fahrt. Achtung bei Bug- und Heckwelle!

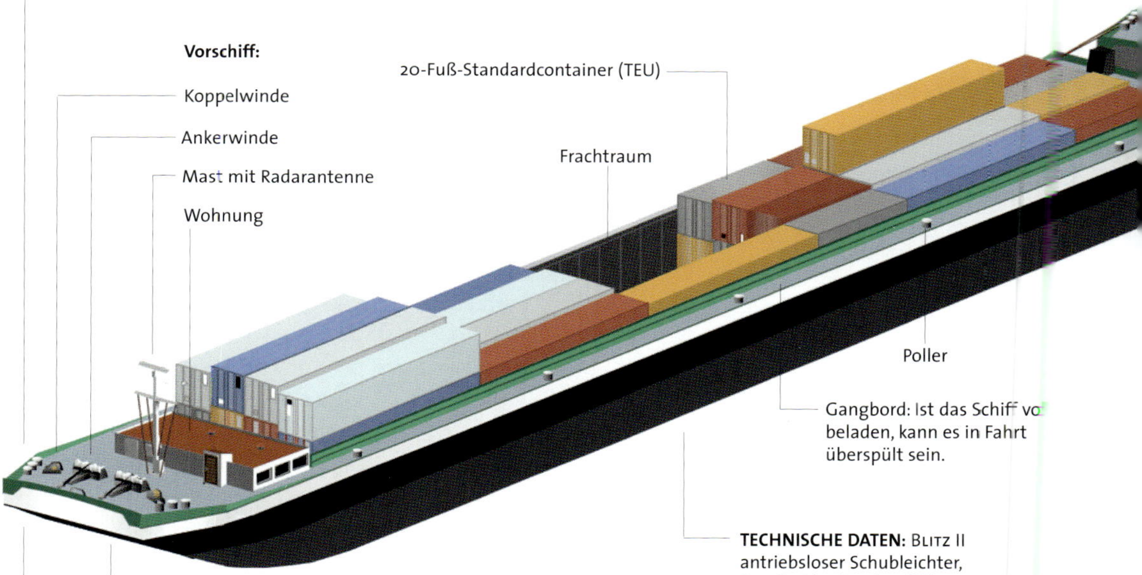

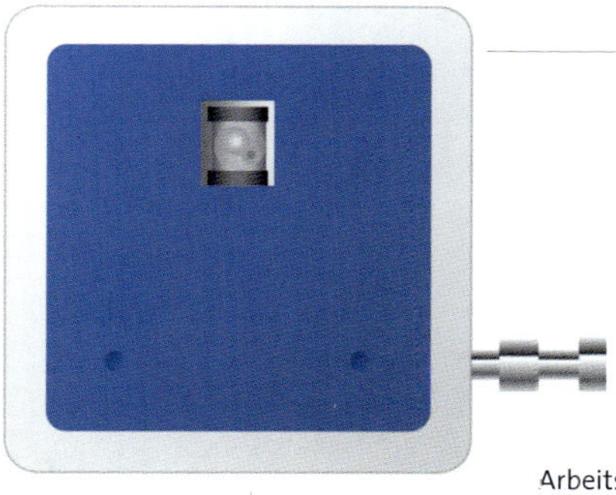

Blaue Tafel: Meistens passieren sich zwei entgegenkommende Schiffe »Backbord an Backbord«, also an ihrer jeweils linken Seite. »Bergfahrer«, die stromaufwärts unterwegs sind, müssen den wesentlich schnelleren »Talfahrern« jedoch ausweichen, falls es die Umstände erfordern. Wenn der »Bergfahrer« den »Talfahrer« dafür an seiner Steuerbordseite passieren lassen will, klappt er am Steuerhaus eine hellblaue Tafel hoch und ändert den Kurs entsprechend. Der entgegenkommende »Talfahrer« bestätigt das Signal auf gleiche Weise (s. Abbildung auf Seite 76).

Seitenwechsel: Auch Sportboote sollten nach links wechseln, wenn sie die »Blaue Tafel« an einem Talfahrer entdecken – so entgeht man der Gefahr, auf das rechte Ufer »gedrückt« zu werden.

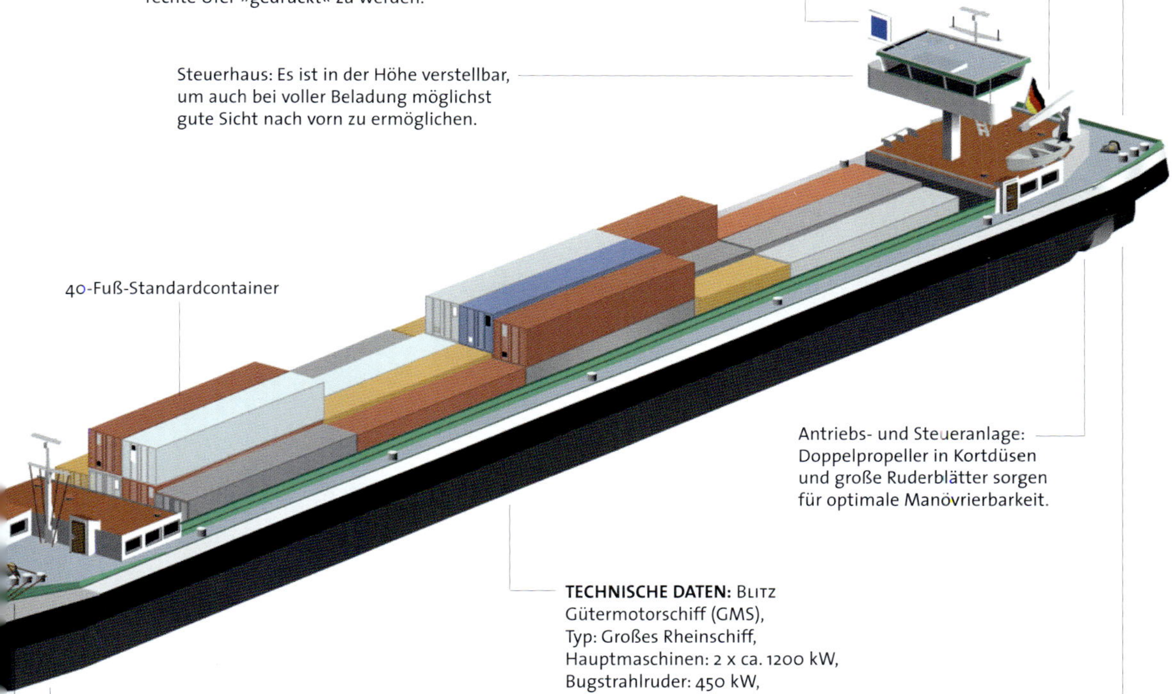

Arbeitskran für Beiboot und Pkw

Steuerhaus: Es ist in der Höhe verstellbar, um auch bei voller Beladung möglichst gute Sicht nach vorn zu ermöglichen.

40-Fuß-Standardcontainer

Antriebs- und Steueranlage: Doppelpropeller in Kortdüsen und große Ruderblätter sorgen für optimale Manövrierbarkeit.

TECHNISCHE DATEN: Blitz
Gütermotorschiff (GMS),
Typ: Großes Rheinschiff,
Hauptmaschinen: 2 x ca. 1200 kW,
Bugstrahlruder: 450 kW,
Länge: 96 m,
Breite: 14,20 m,
Tiefgang: 4,20 m,
Ladekapazität: 270 TEU.

Kastenbug des Motorschiffes

Die Koppelwinden halten die Verbindung von Schubleichter und Motorschiff auf Streckung.

Schubverband: 260 m

Koppelverband: 185 m

übergroßes Motorschiff (Jowi-Typ): 135 m

Großes Rheinschiff: 110 m

DIE SEGLER

Seglern und Motorbootfahrern werden traditionell gewisse »Meinungunterschiede« nachgesagt. Sollte dem so sein, liegt eine Ursache sicher in der mangelnden Kenntnis übereinander – wie so häufig in zwischenmenschlichen Beziehungen ... Aber Spaß beiseite: Motorbootfahrer müssen wissen, dass Segler (besonders kleine Rennjollen, wie der »470er« auf dieser Seite) zwar sehr schnell sein können, aber auch von Flauten geplagt werden. Zu viel Wind, kein Wind, oder aus der falschen Richtung – generell können sie nicht immer so, wie sie gerne wollen. Deshalb macht es Sinn, dass sie binnen und buten meistens »Vorfahrt« haben. Rücksicht sollte man ohnehin nehmen!

Jolle: Klein sind sie alle, viele Jollen sind als echte Sportgeräte aber ganz besonders auf Leistung getrimmt: Geringes Gewicht und große Segelfläche helfen dabei – wie beim »470er«, einer der zahlreichen, internationalen Klassen.

TECHNISCHE DATEN: Zweimann-Rennjolle, »470er«-Klasse, Länge: 4,70 m, Gewicht: 115 kg, Segelfläche: 12,70 m².

Regatta: Sieht man auf einem Gewässer viele Jollen der gleichen Klasse, deutet alles auf eine Wettfahrt hin. Kreuzen Sie den mit Bojen (Wendemarken) gekennzeichneten Kurs nur dann, wenn der Weg wirklich frei ist, keinesfalls unmittelbar vor dem Starterfeld oder mitten hindurch. Relativ sicher ist es, wenn am Ufer der unten abgebildete Antwortwimpel »AP« weht – der Start ist dann verschoben.

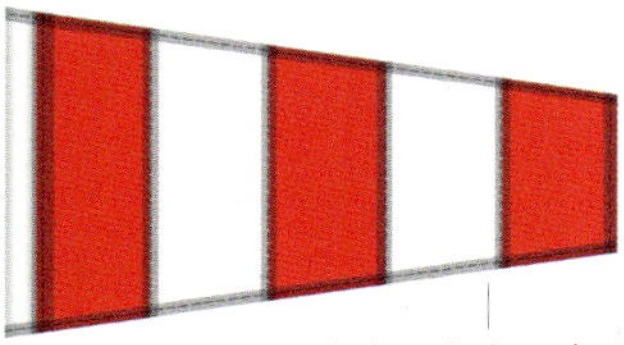

Antwortwimpel »AP«

Bootsklassen gibt es in großer Vielfalt. Eine ganze Reihe von ihnen sind international vertreten, acht auch olympisch. Die hier dargestellten Klassen gehören in Deutschland zu den häufigsten.

470er: Seit 1976 gehören die genormten Zweimannboote auch zum olympischen Segelprogramm. Die vielleicht am weitesten verbreitete Rennjollen-Klasse.

Optimist: Mit dem internationalen Jüngstenboot gehen schon die Kleinsten auf Wettfahrt. Die nur 2,30 m langen »Optis« gelten als sehr gutmütig.

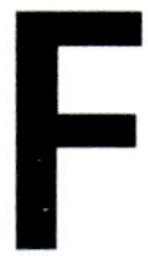

Folkeboot: Das nordische Folkeboot (»Volksboot«) ist längst ein Klassiker. Für die Ostsee gebaut, eignet es sich dank kleiner Kajüte auch für richtige Segeltörns.

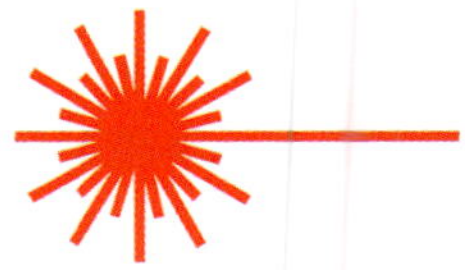

Laser: Auch diese Klasse ist olympisch. Die sehr sportliche, fast schon brettflache Jolle mit einzelnem Segel wird von nur einer Person gesegelt. Länge: 4,23 m.

Motorkegel: Sobald der Motor bei einem Segelboot mitläuft, gilt es als Maschinenfahrzeug und muss tagsüber als Zeichen einen nach unten weisenden schwarzen Kegel setzen.

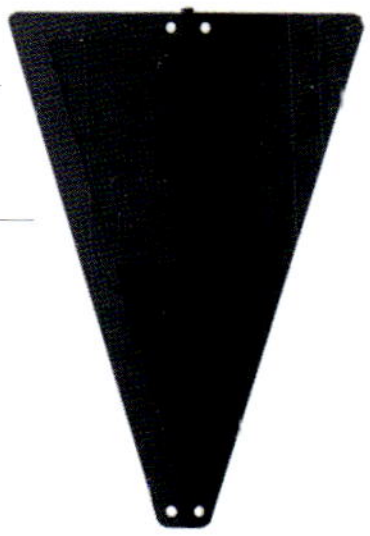

Fahrtenyacht: Die in Deutschland gebaute, 12,10 m lange Hanse 400 ist ein gutes Beispiel für eine komfortable, moderne Fahrtenyacht. Modelle dieser Größenordnung (zwischen 10 und 15 m) werden entlang der Küsten auch von vielen Charterfirmen angeboten.

TECHNISCHE DATEN: Hanse Yachts HANSE 400 (Segelyacht), Modelljahr: 2010–2011, Material: Kunststoff (Rumpf), Aluminium (Rigg), Länge: 12,10 m, Tiefgang: 1,65 m, Höhe: 19,52 m, Kojen: 4–6 (je nach Ausstattung), Maschine: 38 PS Diesel.

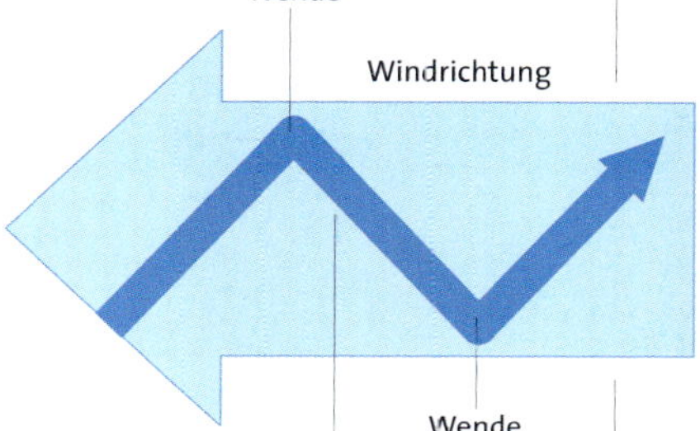

Gegen den Wind: Ein Segler kann nicht genau in den Wind steuern, er muss »am Wind« kreuzen, um nach Luv zu gelangen. Auf die dafür notwendigen Wendemanöver (s. oben) sollten Motorbootfahrer bei der eigenen Kurswahl vorbereitet sein.

Rigg: Der Begriff fasst Masten, Segel und Takelage zusammen – also all das, was ein Segelfahrzeug ausmacht.

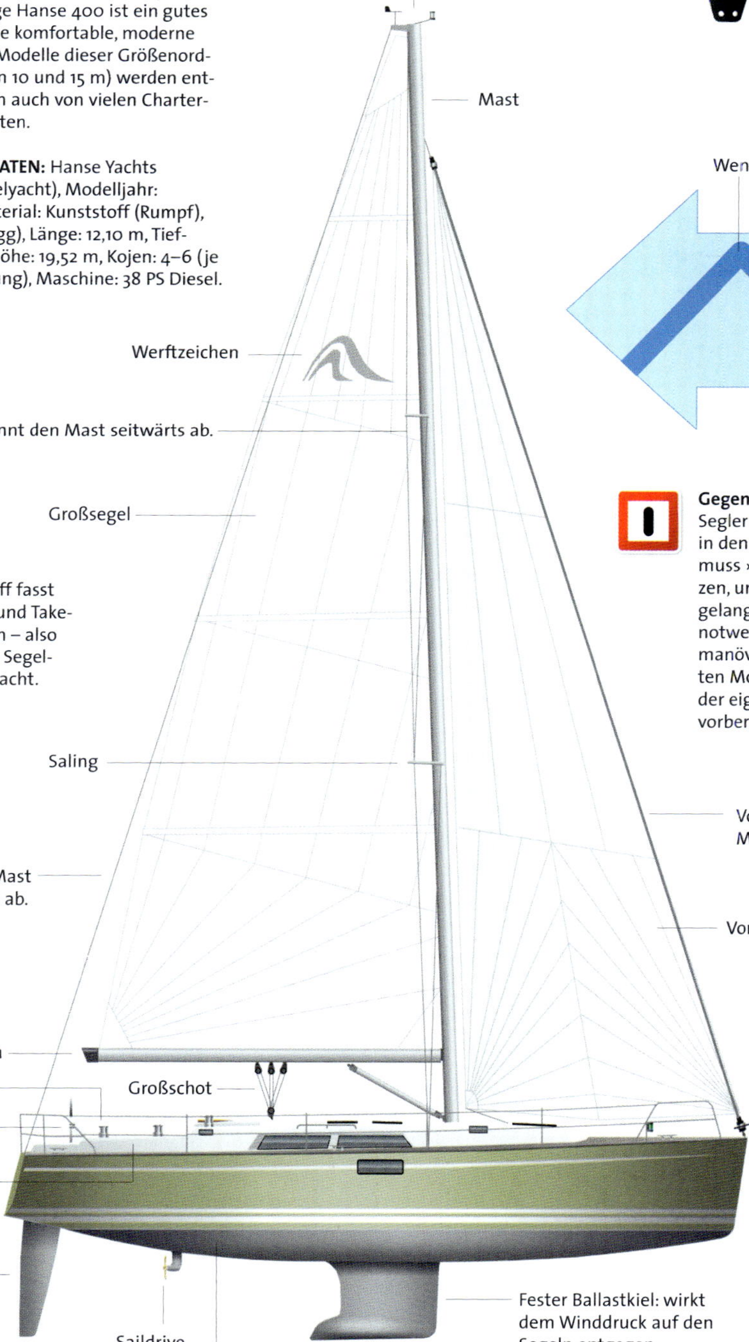

SCHLEUSEN

Geschichte, Prinzip und Varianten

Einfaches Prinzip: Bei einem Stemmtor bilden die geschlossenen Flügel einen Winkel, dessen Spitze gegen die Druckrichtung des Wassers zeigt – also stromaufwärts. Es lässt sich erst öffnen, wenn der Wasserstand auf beiden Seiten ausgeglichen ist. Dafür müssen die eisernen Schütze am Boden angehoben werden. Die Abbildung zeigt ein altes Holztor der Schleuse Garwitz an der Müritz-Elde-Wasserstraße.

Flüsse sind ihrer Natur nach in den meisten Fällen alles andere als bequeme und sichere Verkehrswege: Stromschnellen, Wasserfälle, Untiefen, enge Schleifen mit hoher Strömungsgeschwindigkeit – die Liste der Gefahren und Hindernisse, die den Bootsleuten in früheren Zeiten schwer zu schaffen machten, war lang. Dazu kamen veränderliche und unverlässliche Wasserstände mit Hochwasser und Dürreperioden. Man begann deshalb damit, die Flüsse mit Wehren zu »zähmen«. Ihr Bett führte nun nicht mehr zu Tal wie eine wellige Rutsche, durch die das Wasser schoss, sondern glich einer gleichmäßigen Treppe. Zwischen den einzelnen Stufen, in den sogenannten Stauhaltungen, waren Gefälle und Strömungsgeschwindigkeit weitaus geringer als vorher. Schiffe und Flöße in Talfahrt konnten nun leichter unter Kontrolle gehalten werden, und das Treideln bergauf, wenn mit Muskelkraft vom Ufer aus gezogen werden musste, war zumindest etwas weniger mühsam.

Ab dem späten Mittelalter machten Kammerschleusen die Staustufen für die Schifffahrt passierbar. An ihrer Entwicklung war auch Leonardo da Vinci beteiligt. Das einfache Funktionsprinzip hat sich dabei bis heute kaum verändert: In der Kammer, die von beiden Seiten mit Toren verschlossen ist, kann der Wasserstand durch Zulauf und Ablassen beliebig verändert werden. Ein Fahrzeug darin hebt oder senkt sich entspre-

Fest verschlossen: Neben dem oben dargestellten, klassischen Stemmtor gibt es eine ganze Reihe weiterer Torarten. Das Unterhaupt – also das talseitige Ende – der Schleuse Rothenburg an der Saale ist zum Beispiel als Hubtor ausgeführt. Größere Schleusen im Binnenbereich können auch mit Senk-, Klapp- und Schiebetoren (die zur Seite öffnen) ausgerüstet sein, Seeschleusen mit Sektortoren.

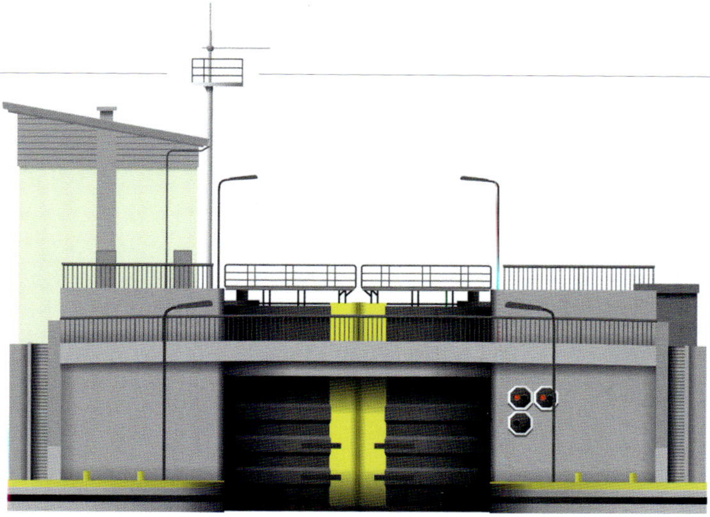

Steigende Anforderungen: Weil die beiden 225 m langen Kammern der Schleuse Sülfeld am Mittellandkanal nur über eine nutzbare Tiefe von 3 m verfügten und der Tiefgang moderner Güterschiffe diesen Wert fast erreicht, wurde eine neue Kammer mit 4 m Tiefe gebaut – die Sparschleuse Sülfeld Süd. 2008 wurde das 70 Millionen Euro teure Bauwerk dem Verkehr übergeben.

chend mit dem Wasserspiegel. Aufbau und Funktionsweise moderner Schleusen werden auf den folgenden Doppelseiten im Detail erklärt.

Mit der Erfindung der Schleuse war auch der Bau von Kanälen möglich, die andere Wasserwege miteinander verbanden – selbst wenn dazu ein Gefälle oder gar eine höher gelegene Wasserscheide überwunden werden musste. Das gelang erstmals im Jahre 1398 mit der Eröffnung der »Stecknitzfahrt«; sie verband die Elbe mit der damals mächtigen Hansestadt Lübeck, um das Lüneburger Salz besser zur Ostsee transportieren zu können. 17 Schleusen wurden gebaut, eine ist noch heute erhalten: die Palmschleuse bei Lauenburg. Moderner Nachfolger der Stecknitzfahrt ist übrigens der Elbe-Lübeck-Kanal.

Mit dem Ausbau des Kanal- und Flussnetzes stiegen auch die Anforderungen an die Schleusen: Anfangs noch aus Holz, wurden bald Ziegel, Stein und schließlich Beton verbaut. Auf Wasserstraßen mit großem Verkehrsaufkommen wachsen die Fahrzeuge bis heute weiter und machen immer größere Wasserbauwerke nötig. Die Unterschiede können gewaltig sein, von kleinen, handbetriebenen Kahnschleusen bis zu den Großschifffahrtsschleusen, die mit weit über 200 m nutzbarer Kammerlänge längst komplette Koppelverbände aufnehmen können.

Inzwischen gibt es eine ganze Reihe von spezialisierten Schleusentypen: Seeschleusen etwa riegeln in Tidengewässern Hafenbecken ab. Sparschleusen kommen dagegen auf Kanälen zum Einsatz. Durch ein ausgefeiltes System von Rückhaltebecken »verbrauchen« sie weniger Wasser. Schachtschleusen, Schleusentreppen und Schiffshebewerke wiederum überwinden besonders große Fallhöhen. Verfügt eine Staustufe über zwei parallele Kammern, die im Wechsel betrieben werden können, spricht man von einer Doppelkammerschleuse. Manchmal ist zusätzlich sogar eine spezielle, kleinere Schleuse für Sportboote vorhanden. In Revieren mit geringer Berufsschifffahrt und steigendem Bootstourismus geht der Trend seit einigen Jahren übrigens klar zur halbautomatischen Selbstbedienungsschleuse, die bequem von Bord aus in Gang gesetzt werden kann. ■

Verkehrstrennung: An der Mosel sind die Staustufen mit eigenen kleineren Sportbootschleusen ausgestattet. Diese nicht ganz einfach zu deutenden Tafelzeichen im Unterwasser der Schleuse Koblenz weisen den Weg zu den jeweiligen Kammern – Berufsschifffahrt rechts, Sportboote links!

DIE SPORTBOOTSCHLEUSE

Der technische Aufbau einer Schleuse wird von ihrem Funktionsprinzip bestimmt und hat sich über die Jahrhunderte kaum verändert – auch wenn Baumaterialien und Betriebstechnik natürlich weiterentwickelt wurden. Die Boote in der Kammer werden automatisch mit dem Wasserstand angehoben oder angesenkt; er wird über verschließbare Zu- und Abläufe reguliert. Die Abbildung auf dieser Seite zeigt eine moderne Sportbootschleuse, die für den halb automatischen Selbstbedienungsbetrieb ausgelegt ist. »Halb automatisch« bedeutet, dass die Crew keine Muskelarbeit beim Öffnen und Schließen der Tore und Schütze mehr leisten muss, sondern die Schleusung von Bord einleiten kann – wenn am sogenannten »Anforderungsschalter« gedreht wird. Ein Schleusenwärter ist nicht mehr vor Ort, bei Problemen gibt es jedoch in der Regel eine Rufanlage und das Gelände wird per Videokamera überwacht. Schleusen dieser Art findet man auf den weitverzweigten Mecklenburgischen und Brandenburgischen Gewässern immer häufiger – entweder als Ersatzneubau oder umgerüstet. ■

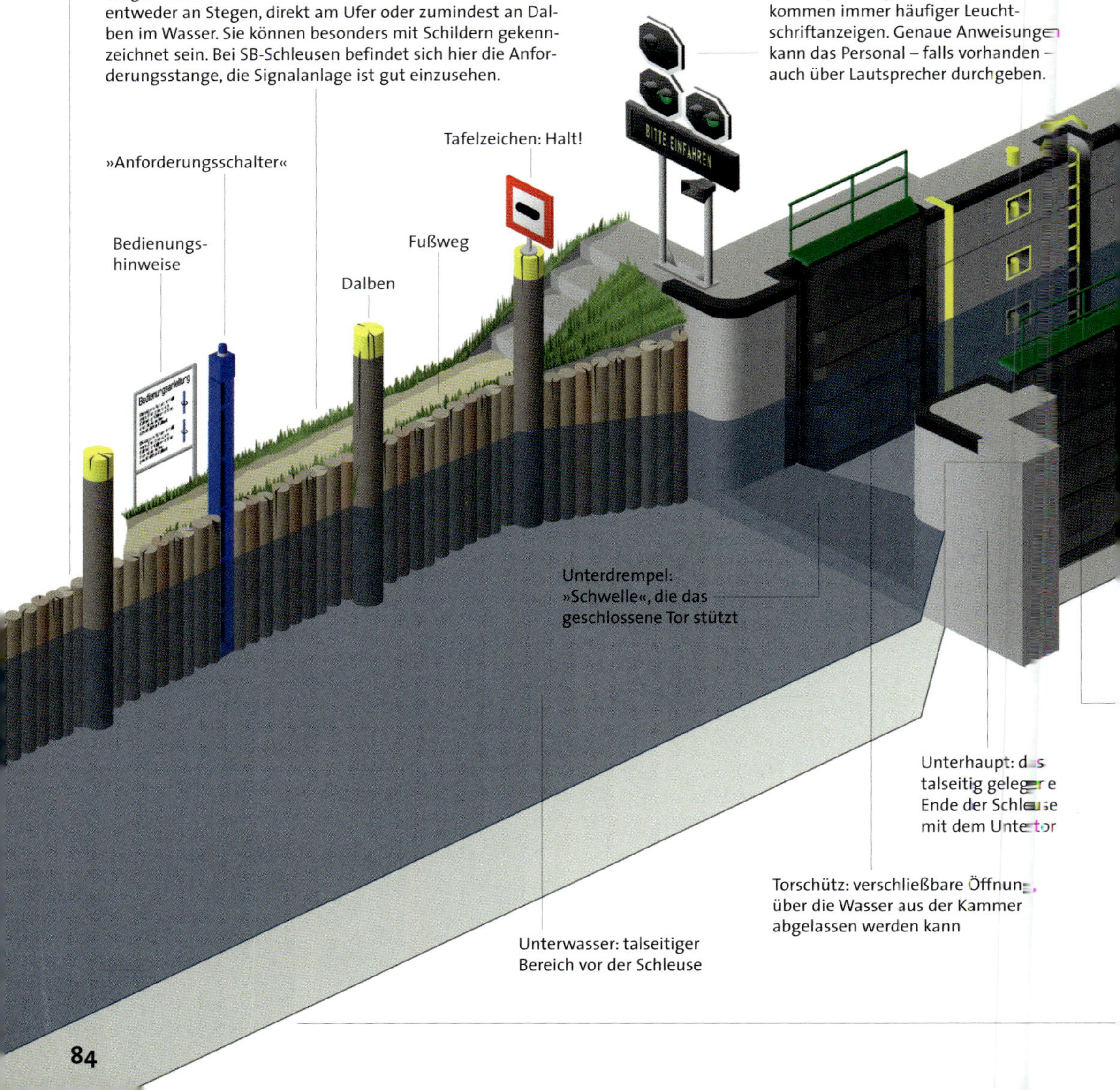

Drempelmarkierung: Boote in der Schleuse dürfen diese Markierung nicht überschreiten, da sie bei der Talschleusung sonst auf dem Oberdrempel aufsitzen können.

Festmachen: In der Kammerwand sind Poller, Leitern und Stangen eingelassen.

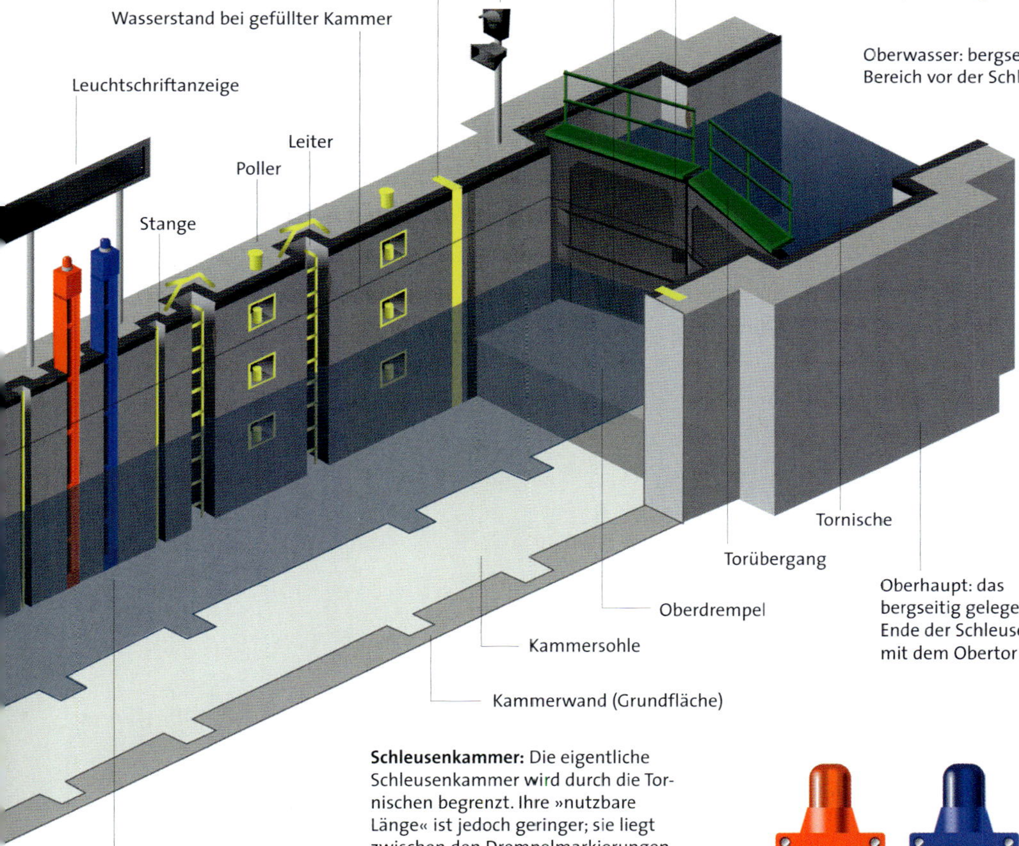

Schleusenkammer: Die eigentliche Schleusenkammer wird durch die Tornischen begrenzt. Ihre »nutzbare Länge« ist jedoch geringer; sie liegt zwischen den Drempelmarkierungen.

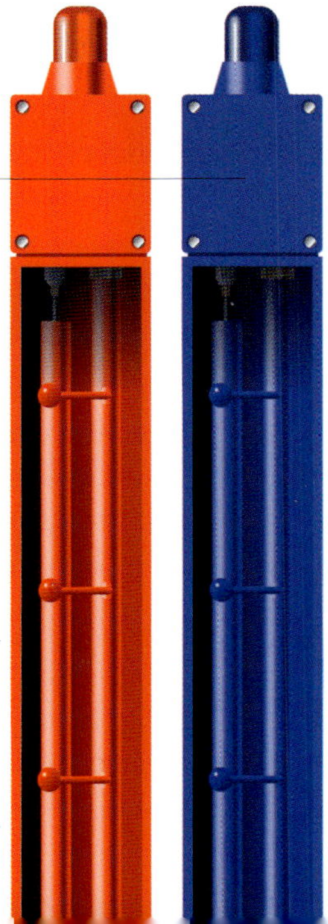

Drehschalter: Moderne Selbstbedienungsschleusen sind an den Wartestellen mit »Anforderungsschaltern« ausgerüstet; meist sind sie blau, doch auch grün kommt vor. In unmittelbarer Nähe befindet sich zusätzlich eine Tafel mit Bedienungshinweisen. Wird die Stange gedreht, beginnt ein Signallicht an ihrer Spitze zu leuchten – die Anforderung wurde von der Automatik registriert. Nun ist den Anweisungen auf der Leuchtschriftanzeige und den Ampelsignalen Folge zu leisten. Nach der Einfahrt in die Kammer wird der »Weiterschleusungsschalter« (in gleicher Farbe) erst dann gedreht, wenn alle mitschleusenden Boote Bereitschaft signalisieren.

Nothalt: Die rote Stange darf nur im Notfall gedreht werden; sie unterbricht die laufende Schleusung! Rettungsmittel befinden sich an Land.

DIE SCHLEUSUNG

Ablauf, Verhalten und Tipps

Bergschleusung: Die drei Abbildungen auf dieser Seite zeigen in schematischer Darstellung die drei Schritte einer Schleusung »zu Berg« – also stromaufwärts. Stromab ginge es dagegen »zu Tal«. Im ersten Schritt (oben) erfolgt die Einfahrt in die Kammer. Das Untertor ist geöffnet, das Obertor und seine Schütze dagegen geschlossen. Sind die eingefahreren Boote bereit ..

werden im zweiten Schritt zunächst das Untertor und seine Schütze geschlossen – das talseitige Ende der Schleuse ist damit »wasserdicht«. Nun werden die Schütze im Obertor zunächst leicht geöffnet; Wasser strömt langsam ein, die Kammer beginnt sich zu füllen. Die Schütze werden ganz geöffnet, und das Wasser steigt bis auf die Höhe des Oberwasserniveaus.

Erst wenn der völlige Ausgleich hergestellt ist, lässt sich das Obertor öffnen – vorher ist der auf ihm lastende Wasserdruck zu groß. Die Boote in der Kammer können ausfahren. »Zu Tal« läuft der Vorgang umgekehrt ab: Das Obertor und seine Schütze werden wieder geschlossen, dafür werden die Schütze des Untertores geöffnet, und das Wasser kann wieder ablaufen.

Selbst wenn der Prozess einer Schleusung, wie oben dargestellt, immer recht ähnlich abläuft, gibt es vor und nach der Einfahrt in die Kammer eine ganze Reihe von hilfreichen Punkten, die man im Hinterkopf haben sollte. Wer gut vorbereitet ist, bleibt auch dann Herr der Lage, wenn doch einmal eine unvorhergesehene Situation eintreffen sollte.

Ganz am Anfang steht die Törnplanung: Bevor die Reise beginnt, sollten die Betriebszeiten der Schleusen genauso bekannt sein, wie eventuelle Sperrungen. Letztere werden im Internet auf den Seiten der Wasser- und Schifffahrtsverwaltung des Bundes (www.elwis.de) angekündigt. Hafenmeister, Wasser- und Schifffahrtsämter oder die Wasserschutzpolizei können aber ebenfalls meistens Auskunft geben. Die Betriebszeiten findet man dagegen in der nautischen Törnliteratur. Je nach Revier kann es außerdem empfehlenswert oder sogar vorgeschrieben sein, sich schon vor dem Erreichen der Schleuse anzumelden. Besonders bei Großschleusen, die sich in erster Linie um die Berufsschifffahrt kümmern müssen, ist die Anmeldung für Sportboote Pflicht – entweder per Funk oder Handy von Bord oder spätestens über die häufig vorhandenen Gegensprechanlagen an den Sportbootwartestellen. Wenn es eine solche Wartestelle gibt, sollte dort ohnehin festgemacht werden. Erstens kann man nie genau wissen, wann es weitergeht, und zweitens kann ein Boot, das ungeduldig Kreise dreht, schnell zum Verkehrshindernis werden – und den berechtigten Unmut des Schleusenpersonals wecken, dessen Anweisungen uneingeschränkt zu befolgen sind. Das gilt auch für eine Reihe weiterer »eiserner« Regeln, völlig unabhängig davon, ob es sich um Vorschriften oder Gewohnheitsrecht handelt:

Die Berufsschifffahrt hat immer Vorfahrt, auch wenn ein oder mehrere Sportboote »zuerst« da waren. Selbst wenn das Signal nach der Einfahrt eines »Großen« noch auf Grün steht, sollte man kurz abwarten, bevor man einfährt. Wird auf Rot umgestellt, heißt es zurück zur Wartestelle. Vordrängeln vor der Schleuse ist ebenfalls ein absolutes Tabu – auch unter Sportskippern. Allerdings spricht nichts dagegen einem kleineren Boot den Vortritt zu lassen, das vielleicht noch in die Kammer hineinpasst.

Leinen und Fender sollten auf beiden Seiten vorbereitet werden, wenn man nicht als Erster einfährt und sich die Seite aussuchen kann. Liegt man dann sicher, wird der Motor abgestellt, damit die Schleusenkammer nicht zur Räucherkammer wird. Zwei Leinen auf Slip (keine Knoten!) reichen für die meisten Sportboote, um sicher zu schleusen, doch unterschätzen Sie nicht Strömung und Sog – gerade bei noch unbekannten Schleusen. Zu den Aufgaben des Skippers gehört auch, die anderen Fahrzeuge um sich herum im Auge zu behalten. Ein freier Fender, der schnell an gefährdeter Stelle eingesetzt werden kann, vermeidet Beulen. Bei der Ausfahrt lässt man – wenn möglich – Kanuten und Kajakfahrern den Vortritt. Den Motor sollte man erst starten, wenn sich das Tor öffnet, und die Leinen erst dann lösen, wenn man grünes Licht hat und der Weg wirklich frei ist – besonders Berufsschiffe können beim Anfahren mit ihrem Schraubenwasser für mächtig Unruhe sorgen. ■

Hilfsmittel: Bootshaken sind zwar hilfreich, um Leinen über Poller zu legen, aber (auch mit Stahlspitze) nur bedingt geeignet, um das Boot beim Schleusen auf Position zu halten. Ein kurzer Schleusenhaken, eventuell durch eine Leine gesichert, ist die bessere Alternative.

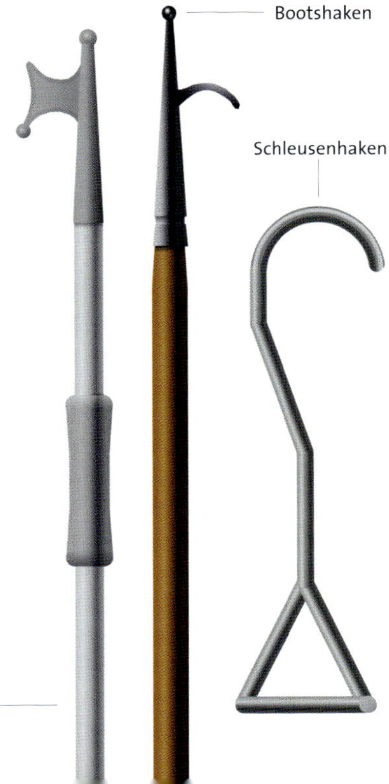

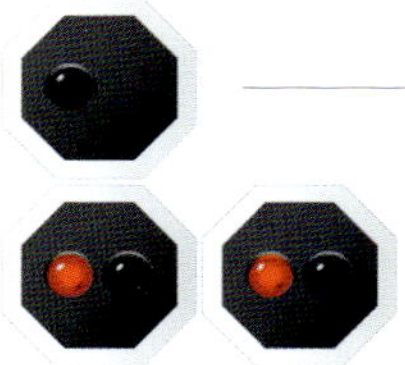

Geschlossen, Gegenschleusung läuft.

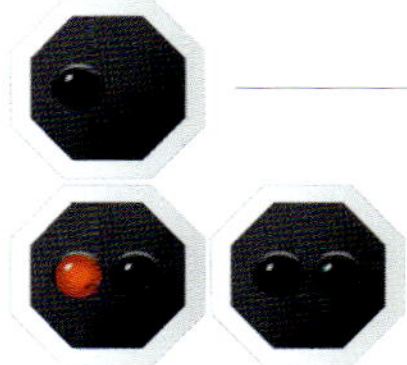

Freigabe wird vorbereitet, Einfahrt steht bevor.

Schleuse frei, Einfahrt freigegeben.

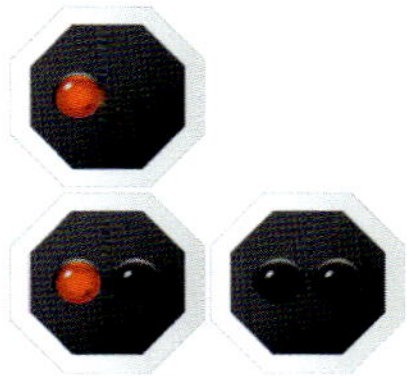

Schleuse gesperrt oder außer Betrieb.

Lichtsignale: Die Lichtsignale vor und in Schleusen gibt es in verschiedenen Kombinationen, die in Deutschland bei weitem gebräuchlichsten sind hier abgebildet. Generell gilt: Egal in welcher Paarung, bedeutet Rot immer »Halt!«. Nur Grün allein heißt »freie Fahrt«.

DIE GROSSSCHLEUSE

Frachtschiffe werden immer größer – binnen wie auf See. Das bedeutet, dass die Schleusen mitwachsen müssen, wenn der moderne Güterverkehr auf dem Wasser weiterfließen soll. Nach und nach werden ältere Bauwerke durch neue ergänzt oder ersetzt: So ist für den Nord-Ostsee-Kanal in Brunsbüttel bereits eine 350 m lange, fünfte Kammer in Planung und in Wilhelmshaven geht demnächst die 305 m lange Kaiserschleuse in Betrieb. Auch der Mittellandkanal wird weiterausgebaut; die abgebildete Doppelsparschleuse Hohenwarthe bei Magdeburg war wichtiger Teil dieses Projektes. Seit 2003 wird sie genutzt – natürlich auch von Sportbooten. Diese werden aus wirtschaftlichen Gründen mit der Berufsschifffahrt zusammen geschleust. Kein Problem – wenn man ein paar Regeln beachtet. ■

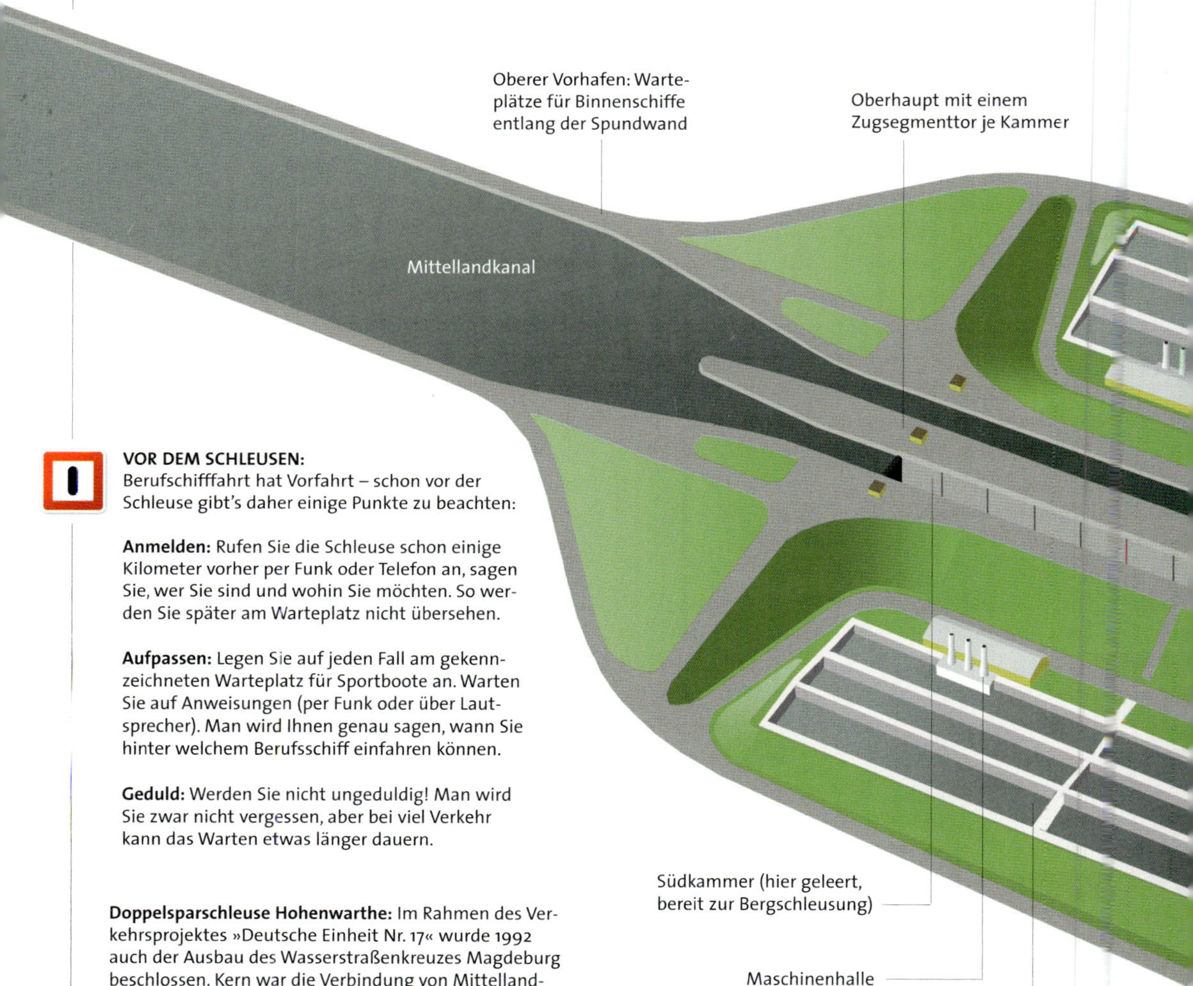

VOR DEM SCHLEUSEN:
Berufschifffahrt hat Vorfahrt – schon vor der Schleuse gibt's daher einige Punkte zu beachten:

Anmelden: Rufen Sie die Schleuse schon einige Kilometer vorher per Funk oder Telefon an, sagen Sie, wer Sie sind und wohin Sie möchten. So werden Sie später am Warteplatz nicht übersehen.

Aufpassen: Legen Sie auf jeden Fall am gekennzeichneten Warteplatz für Sportboote an. Warten Sie auf Anweisungen (per Funk oder über Lautsprecher). Man wird Ihnen genau sagen, wann Sie hinter welchem Berufsschiff einfahren können.

Geduld: Werden Sie nicht ungeduldig! Man wird Sie zwar nicht vergessen, aber bei viel Verkehr kann das Warten etwas länger dauern.

Doppelsparschleuse Hohenwarthe: Im Rahmen des Verkehrsprojektes »Deutsche Einheit Nr. 17« wurde 1992 auch der Ausbau des Wasserstraßenkreuzes Magdeburg beschlossen. Kern war die Verbindung von Mittelland- und Elbe-Havel-Kanal mittels einer Trogbrücke über die Elbe. Östlich des Stromes wurde in diesem Zusammenhang auch der Neubau eines »Abstiegsbauwerkes« vom Niveau des Mittellandkanals hinab zum Elbe-Havel-Kanal notwendig. Erste Planungen für ein Schiffshebewerk (s. auch rechte Seite) wurden jedoch verworfen, und man entschied sich stattdessen für die heutige Schleuse.

TECHNISCHE DATEN: Doppelsparschleuse Hohenwarthe (Mittellandkanal-km 325): Zwei Kammern mit 190 m Länge und 12,50 m Breite, Hubhöhe: 19 m, UKW: Kanal 26.

Sparbecken: Um mit dem Wasser des Mittellandkanals hauszuhalten, ist Hohenwarthe als Sparschleuse ausgeführt. Die insgesamt zwölf Sparbecken sind unterirdisch mit den Kammern verbunden. Werden diese geleert, fließt ein Teil des Wassers in die Becken und kann bei der nächsten Bergschleusung Verwendung finden. 60 Prozent des Wasserbedarfs werden so eingespart.

Schiffshebewerke: Wo sehr große Fallhöhen zu überwinden sind, bietet sich ein Hebewerk an. Sein mit Wasser gefüllter Trog wird an Dutzenden von Stahltrossen wie ein Fahrstuhl auf- und abbewegt. Zurzeit sind in Deutschland noch zwei Schiffshebewerke in Betrieb – in Scharnebeck und Niederfinow. Letzteres wird 2014 von einem modernen Neubau mit 115 m Troglänge abgelöst werden. Die Abbildung rechts zeigt das spätere Aussehen.

IN DER SCHLEUSENKAMMER:
Achtung, Reihenfolge! Sportboote fahren immer erst nach der Berufsschifffahrt ein:

Fester Platz: In der Regel wird man Ihnen sagen, wo Sie festmachen können. Aber egal, wieviel Platz ist: Überholen Sie auf keinen Fall ein bereits festliegendes Berufsschiff.

Schwimmpoller: So hilfreich diese Technik ist – die Poller können sich in ihrer Führung verhaken. Lassen Sie Ihre Leinen deshalb auch bei Schwimmpollern immer locker auf Slip, sodass sie schnell gelöst werden können.

Ausfahrt: Machen Sie erst los, wenn sich das Berufsschiff etwas entfernt hat. Sein Schraubenwasser kann für viel Unruhe sorgen!

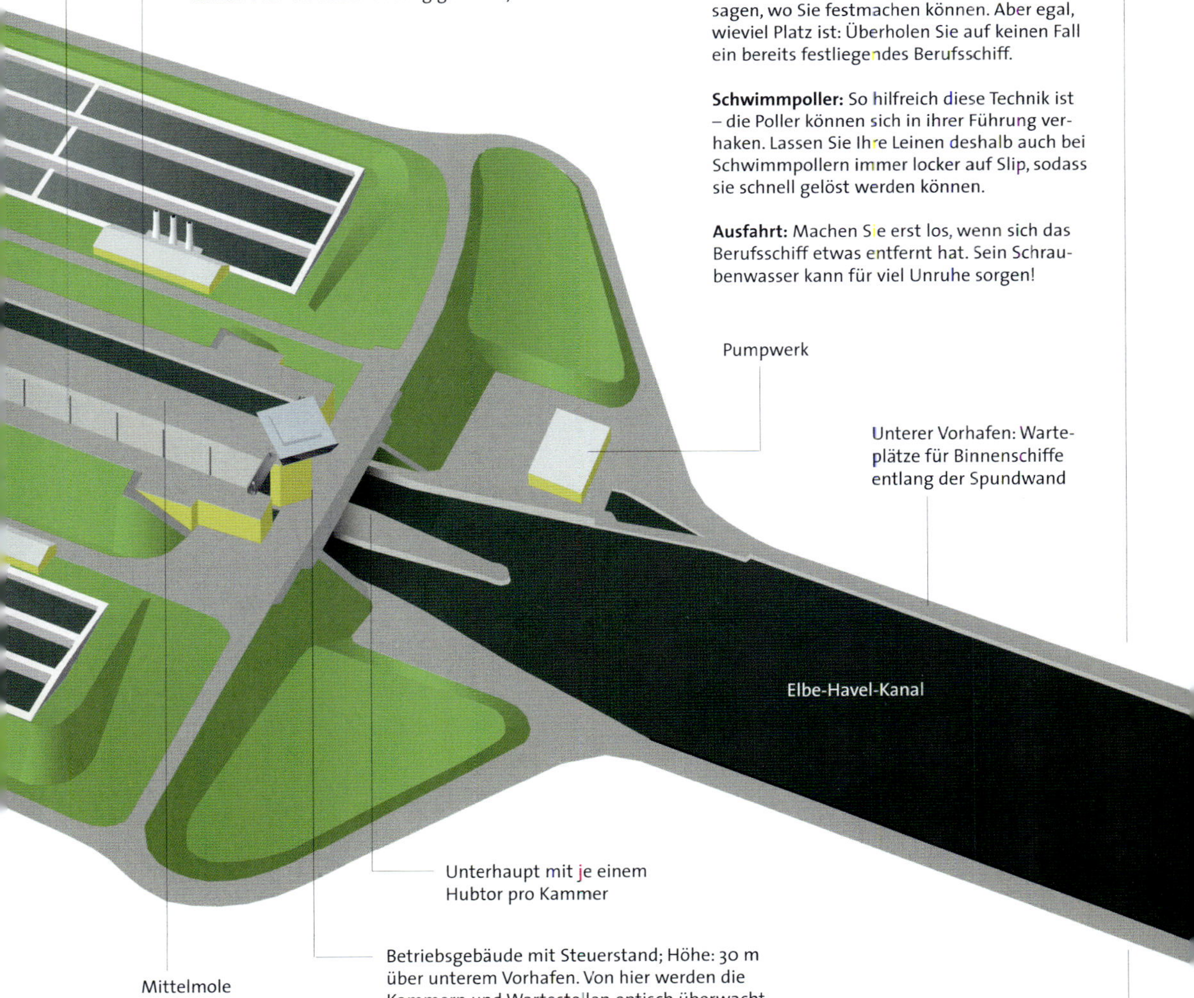

DIE BRÜCKEN

Von Sperrungen einmal abgesehen, stellen Brücken die einzigen echten Hindernisse in einem Revier dar. Ist ihre Durchfahrtshöhe zu gering, lässt sich daran nichts ändern – auch wenn das für Sportboote nur noch auf wenigen Nebengewässern der Fall sein sollte. Wie viel Platz Ihnen zur Verfügung steht, verraten Törnführer und Gewässerkarten (s. Seite 70). Bautechnisch wird zwischen zwei Typen unterschieden: der »festen« Brücke und der »beweglichen«. Dazu gehören alle Arten von Hub-, Dreh- und Klappbrücken. Sie haben entweder feste Öffnungszeiten, sind an den Schleusenbetrieb gekoppelt (wie die unten abgebildete, historische Hubbrücke von Plau am See) oder öffnen auf Anforderung. Meistens weisen an den Bögen angebrachte Schifffahrtszeichen darauf hin, wo die Durchfahrt erlaubt, empfohlen oder verboten ist – besonders, wenn es mehr als eine Öffnung gibt. ■

Hubbrücke: Die historische Hubbrücke von Plau am See wird gekoppelt mit der benachbarten Schleuse betrieben. Größere »bewegliche« Brücken, die Landes- oder Bundesstraßen tragen, haben dagegen üblicherweise einen eigenen Steuerstand.

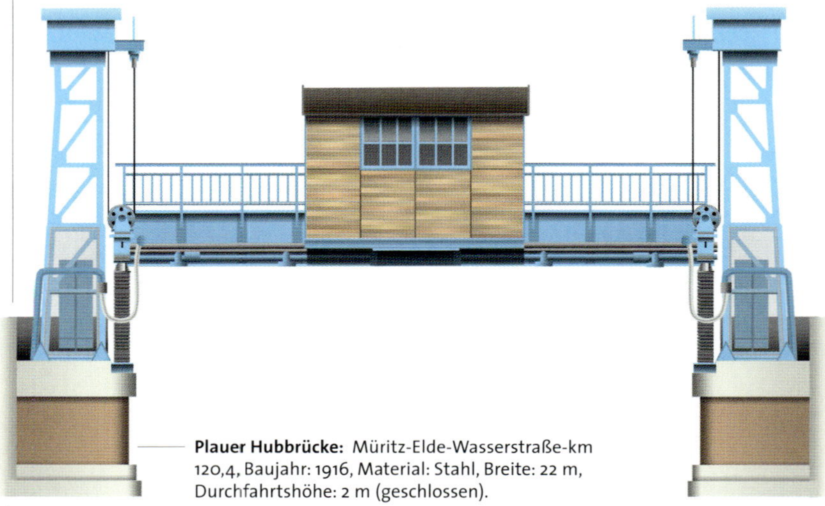

Plauer Hubbrücke: Müritz-Elde-Wasserstraße-km 120,4, Baujahr: 1916, Material: Stahl, Breite: 22 m, Durchfahrtshöhe: 2 m (geschlossen).

Ampelzeichen an der Wartestelle geben die Durchfahrt frei.

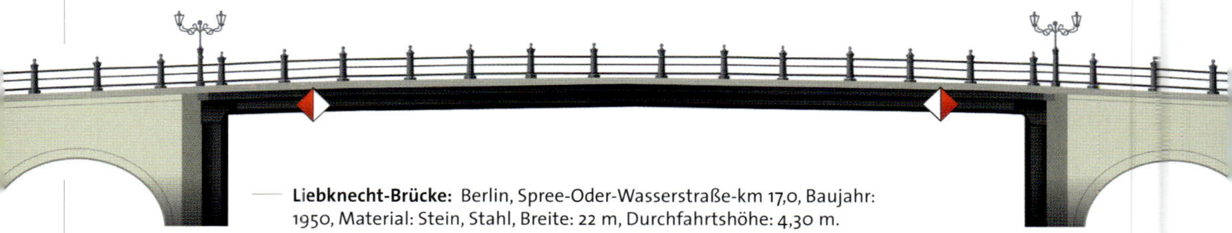

Liebknecht-Brücke: Berlin, Spree-Oder-Wasserstraße-km 17,0, Baujahr: 1950, Material: Stein, Stahl, Breite: 22 m, Durchfahrtshöhe: 4,30 m.

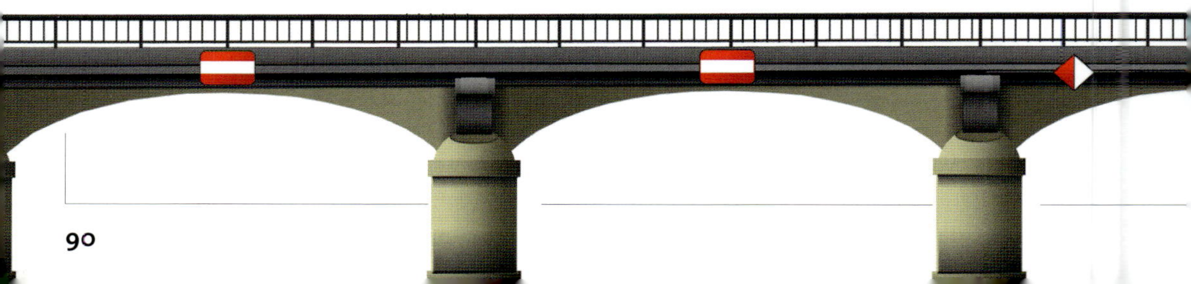

Durchfahrt erlaubt: Allerdings ist es verboten, außerhalb der angezeigten Begrenzung zu fahren. Die Zeichen müssen auf der weißen Seite passiert werden.

Durchfahrt verboten: Diese Brückenöffnung ist für die Durchfahrt gesperrt – auch wenn von der anderen Seite Boote passieren (s. Zeichen unten links).

Durchfahrt erlaubt: Hier wird empfohlen, innerhalb der angezeigten Begrenzung zu fahren. Die Zeichen sollten also auf der grünen Seite passiert werden.

Durchfahrt erlaubt: An dieser Stelle ist die Durchfahrt allgemein freigegeben. Das Zeichen kommt allerdings nur sehr selten vor und wird an Brücken kaum verwendet.

Durchfahrt erlaubt: Zwei gelbe Rauten zeigen an, dass diese Öffnung nur von dieser Seite passiert werden darf; mit Gegenverkehr ist also nicht zu rechnen.

Durchfahrt erlaubt: Eine einzelne gelbe Raute markiert eine empfohlene Durchfahrtsöffnung von beiden Seiten. Es muss also mit Gegenverkehr gerechnet werden.

Gegenverkehr: Manche Durchfahrtsöffnungen sind so schmal, dass nur jeweils ein Boot hindurchpasst. Wenn die andere Seite der Brücke darüber hinaus schlecht einzusehen ist, etwa weil die Wasserstraße an dieser Stelle eine enge Biegung macht, können Schifffahrtszeichen zu weiteren Vorsichtsmaßnahmen auffordern – wie bei dieser Straßenbrücke in den Rheinsberger Gewässern. Vor der Passage muss hier ein Schallzeichen gegeben werden. Hindernissen dieser Art sollte man sich ohnehin nur sehr langsam annähern, um jederzeit aufstoppen zu können.

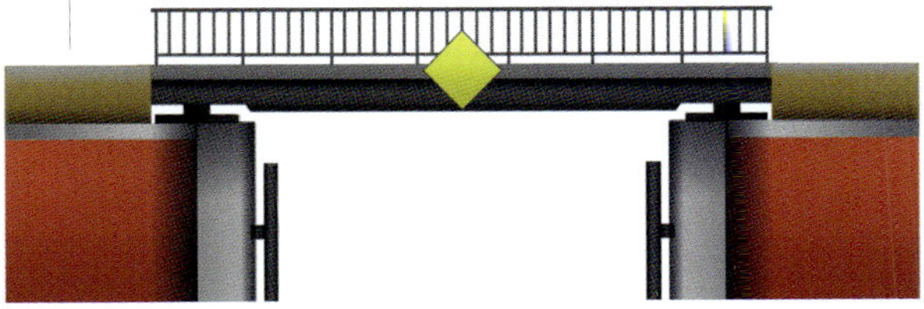

Einzelne Öffnung: Brücken, die nur eine Durchfahrt haben, verzichten oft auf gelbe Rauten, da ja ohnehin klar ist, dass der Verkehr in beide Richtungen fließt. Lediglich die Durchfahrtsbreite ist vorgegeben. Generelles Rechtsfahrgebot besteht natürlich dennoch.

Mehrere Öffnungen: Obwohl die Berliner Schillingbrücke fünf Bögen hat, ist aus westlicher Richtung nur der mittlere zur Durchfahrt freigegeben. Gegenverkehr ist jedoch nicht zu erwarten, wie das gelbe Rautenpaar verrät. Besonders bei alten Steinbrücken mit engen Bögen muss man im Bereich der Durchfahrt mit verstärkter Strömung rechnen.

Schillingbrücke: Berlin, Spree-Oder-Wasserstraße-km 19,2, Baujahr: 1874, Material: Ziegel, Breite: 23 m, Durchfahrtshöhe: 4,90 m.

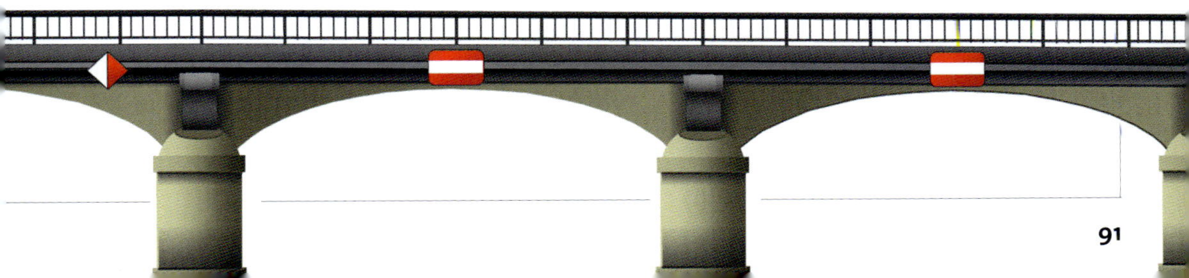

DER PEGEL

Seine Bedeutung und Funktionsweise

Eine Handbreit Wasser unter dem Kiel sollte es immer sein – mindestens! Jeder weiß, dass das nasse Element nach unten Grenzen hat. Nur: Wo liegen sie genau? Seewärts ist das Ganze einfach: Mit einem Blick auf die Seekarte ist man in der Regel auf der sicheren Seite. Und binnen? Da gibt es frei fließende Flüsse, durch Schleusen und Wehre regulierte Gewässer, Kanäle und zu allem Überfluss auch noch Mischformen. Bei Dauerregen und Schneeschmelze steigt das Wasser, bei Dürre sinkt es. Mal wird abgelassen, mal zugeführt. Einen stabilen, das ganze Jahr über gleichbleibenden Wasserstand gibt es so gut wie nirgendwo. Folglich wird mehrmals täglich gemessen – mit dem Pegel. Die meist gelb-schwarzen Messlatten (s. Abbildung) findet man an jedem schiffbaren Gewässerlauf. Ihre aktuellen Werte verbreiten die Revierzentralen über Aushänge, im Radio und über Funk, im Fernsehen und im Internet. Doch hat der Pegel einen nicht ganz unerheblichen Haken: Der an ihm abgelesene Wert sagt nämlich nichts über die tatsächliche Wassertiefe aus. Die muss erst errechnet werden – und das muss der Skipper fast immer selbst übernehmen. Zudem gibt es dafür kein bundesweit einheitliches Verfahren.

Für die Berufsschifffahrt ist eine ausreichende Wassertiefe besonders wichtig. Sie hält sich deshalb an die Fahrrinne. So wird laut DIN der Teil des Fahrwassers bezeichnet, in dem »für den durchgehenden Schiffsverkehr bestimmte Breiten und Tiefen vorhanden sind, deren Erhaltung angestrebt wird«.

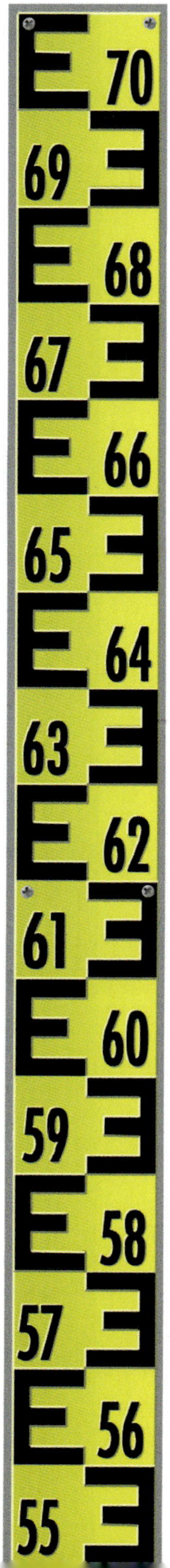

Mit anderen Worten: Die Fahrrinnentiefe ist die entscheidende Größe, nicht der Pegelstand. Deshalb versucht man sie konstant zu halten – etwa durch Ausbaggerung – und spricht demnach von der garantierten Mindestfahrrinnentiefe. Gemessen wird aus Sicherheitsgründen von der flachsten Stelle der Fahrrinne, dem sogenannten höchsten Sohlenniveau. Wie bereits erwähnt, schwankt der Wasserstand jedoch und mit ihm auch die tatsächliche Fahrrinnentiefe – jetzt kommt der Pegel ins Spiel.

Der genaue Wasserstand wird meist mit einem Schwimmpegel gemessen und im Pegelhaus automatisch aufgezeichnet. Als optische Hilfe für Schiffer dienen dann neben der Messlatte oft analoge oder digitale Zählwerke.

Angezeigt wird immer der Tagespegel, gemessen wird ab Pegelnull, dem unteren Ende der Latte. Dabei muss man wissen, dass dieser Punkt nicht auf einer Höhe mit dem Grund oder der Sollsohle der Wasserstraße liegt! Bei Flüssen etwa ändern sich Strömungsverlauf und Flussbett viel zu oft, um die Pegel selbst jedes Mal neu anzupassen.

Je nach Revier sind also zusätzliche Angaben nötig. Um welche es sich handelt und wie mit ihren schließlich die Wassertiefe errechnet wird, erklärt die nächste Doppelseite. ■

Hochwasser: Sobald der höchste schiffbare Wasserstand (HSW) erreicht wird, muss die Schifffahrt aus Sicherheitsgründen eingestellt werden. An vielen Wasserstraßen findet man spezielle Hochwassermarken an Brücken, Pegeln oder in der Nähe von besonders hochwassergefährdeten Abschnitten. Auf der Mosel gibt es drei Marken, im Bereich der Rheinschifffahrtspolizeiverordnung und der Binnenschifffahrtsstraßen-Ordnung sind es dagegen zwei: Wird die erste überschritten, wird die Schifffahrt zunächst eingeschränkt. Der HSW ist erst mit der zweiten Marke erreicht.

Fahrrinne: Bei künstlichen Wasserstraßen verläuft die Fahrrinne in der Regel in Kanalmitte. Bei Flüssen muss das nicht unbedingt so sein; aufgrund der höheren Fließgeschwindigkeit führt sie eher am äußeren Ufer einer Kurve entlang. Kritische Stellen sind aber mit Tonnen gekennzeichnet.

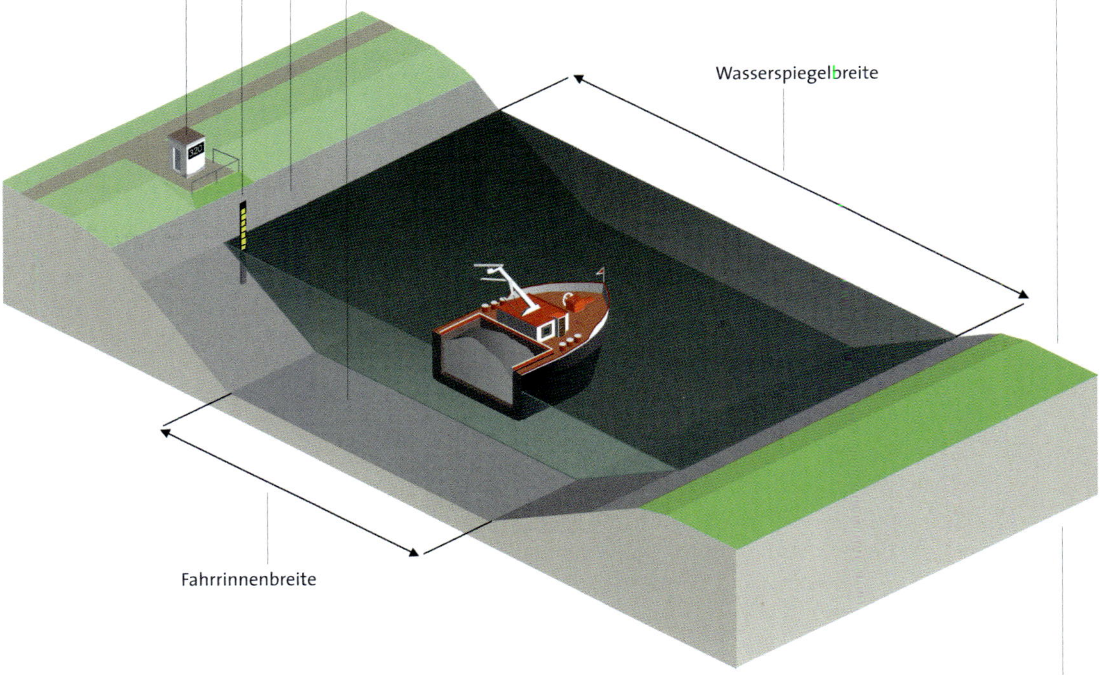

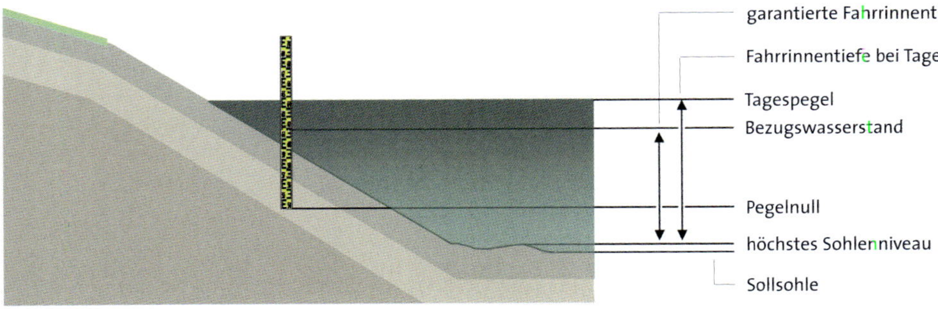

DIE WASSERTIEFE

Reviere und ihre Berechnungsformeln

Pegelhäuser: Eine Möglichkeit, den Pegelstand direkt vor Ort zu kontrollieren – vorausgesetzt, es gibt eine Anzeige zur Wasserseite. Von links nach rechts: Pegel Worms (Rhein-km 443,7), Neu Darchau (Elbe-km 536,4) und Emmerich (Rhein-km 851,9). Das Pegelhaus Neu Darchau steht direkt im Wasser; sein Schwimmpegel befindet sich in dem röhrenförmigen Turmfuß.

Am Rhein, Deutschlands längstem Strom, hilft ein statistischer Bezugswert für den Wasserstand bei der Berechnung der aktuellen Fahrrinnentiefe: der Gleichwertige Wasserstand (GlW). Er basiert auf den Wasserständen der als gleichwertig eingestuften Abflüsse im Verlauf des Stroms. Alle zehn Jahre werden sie für jeden Pegelstandort neu festgelegt (zuletzt 2002) und können deutlich voneinander abweichen, so wie in Speyer mit 2,20 m, in Mannheim mit 1,50 m und in Worms mit 0,65 m. Gleichzeitig versucht man, Mindestfahrrinnentiefen zu garantieren, die auf den GlW bezogen werden. Auch dort gibt es Unterschiede. Danach sollen es zwischen Köln und Koblenz mindestens 2,50 m sein, von Koblenz bis St. Goar aber nur noch 2,10 m. Mit diesen zwei zusätzlichen Werten kann man nun die aktuelle Fahrrinnentiefe ausrechnen (s. rechte Seite).

Auf der Donau hat man mit dem Regulierungsniedrigwasserstand (RNW) ebenfalls einen statistischen Bezugswert eingeführt. Nur der Vollständigkeit halber hier die Definition: Der RNW entspricht dem durchschnittlichen Wasserstand an mindestens 94 % aller eisfreien Tage. Dazu kommen ebenfalls Mindestfahrrinnentiefen in Bezug auf den RNW: beispielsweise 2,90 m von Kelheim bis Straubing und weiterführend 2,00 m bis Vilshofen.

Natürlich haben es Sportskipper auf beiden Flüssen leichter als Berufsschiffer. Denn anders als beim kleinen Kajütboot, ändert sich der Tiefgang bei einem Güterschiff je nach Frachtmenge beträchtlich. Liegt das Schiff ruhig, spricht man von der Abladetiefe. Nimmt es jedoch Fahrt auf, sinkt es mit dem Heck tiefer ein. Dieser Einsunk ergibt zusammen mit der Abladetiefe die Tauchtiefe. Der Schiffsführer muss also genau kalkulieren, wie viel er bei welchen Pegelständen laden darf. Wichtig ist, dass er dabei nicht die berühmte Handbreit unter dem Kiel vergisst: das sogenannte Flottwasser.

Einfacher hat er es im Bereich der Wasser- und Schifffahrtsdirektion Ost, somit vor allem auf der Elbe, die in den vergangenen Jahren mit langen Durststrecken – also extremen Niedrigwasserständen – zu kämpfen hatte. Dort werden für die Streckenabschnitte zwischen Schöna und Lauenburg nämlich nicht mehr die Pegelstände gemeldet, sondern gleich die Fahrrinnentiefen – und davon profitiert natürlich ebenso der Sportbootfahrer. Auch auf den anderen Wasserstraßen in ihrem Zuständigkeitsbereich, wie etwa auf der den Sportbooten vorbehaltenen Unteren Havel-Wasserstraße, ist die WSD-Ost pragmatisch und meldet, wenn nicht die Fahrrinnentiefen, zumindest maximale Tauch- oder Abladetiefen.

Auf den anderen Binnenwasserstraßen, besonders den regulierten, können die angegebenen Mindestfahrrinnentiefen leichter eingehalten werden. Trotzdem ist man auch als Sportskipper gut beraten, sich vorher zu informieren, wie und wo die Wasserstände eines Reviers gemessen und gemeldet werden. Wer kann schon wissen, wie trocken die Saison wird und wie wenig Wasser die Flüsse führen? Und selbst bei nur einem Meter Tiefgang – Sie werden auf jeden Fall entspannter sein. Die aktuellen Pegelstände aller deutschen Binnenwasserstraßen gibt es mit Vorhersagen im Internet auf den Seiten der Wasser- und Schifffahrtsverwaltung des Bundes (WSV) unter www.elwis.de. ■

BERECHNUNG DER FAHRRINNENTIEFE

RHEIN

Pegel Andernach
Beispiel

Garantierte Fahrrinnentiefe für die Strecke Köln-Koblenz		**250 cm**
Tagespegel Andernach	**+**	**323 cm**
Gleichwertiger Wasserstand Andernach	**–**	**95 cm**
Fahrrinnentiefe	**=**	**478 cm**

DONAU

Pegel Hofkirchen
Beispiel

Mindestfahrrinnentiefe für die Strecke Straubing-Vilshofen		**200 cm**
Tagespegel Hofkirchen	**+**	**367 cm**
Regulierungsniedrigwasserstand für Strecke Deggendorf-Vilshofen	**–**	**207 cm**
Fahrrinnentiefe	**=**	**360 cm**

OBERWESER

Pegel Karlshafen
Beispiel

Tagespegel Karlshafen		**199 cm**
Bezugswert für die Strecke Karlshafen-Bodenwerder	**–**	**5 cm**
Fahrrinnentiefe	**=**	**194 cm**

Hinweis: Auf der Oberweser muss die Fahrrinnentiefe mit Bezug auf die Pegel errechnet werden. Die Bezugswerte gibt es im Internet unter www.wsa-minden.de.

ELBE

Pegel Neu Darchau
Beispiel

Tagespegel Neu Darchau	**517 cm**
Gemeldete Fahrrinnentiefe für die Strecke Tießau-Bleckede	**420 cm**

Hinweis: Die Mindestfahrrinnentiefen der 13 Elbabschnitte werden direkt von der WSD-Ost im Internet bekannt gegeben. Die Adresse lautet: www.elwis.de

DIE KÜSTENGEWÄSSER

Keine Frage, im Vergleich zu den häufig so beschaulichen (und beliebten) Binnenwasserstraßen sind Nord- und Ostsee eine eigene Welt. Auf Sportbootskipper, die bislang auf den Flüssen und Kanälen zwischen dem Ruhrgebiet und Berlin unterwegs waren, warten dort ganz neue Erlebnisse, Eindrücke und Herausforderungen. Das Wattenmeer mit seinem Wechsel der Gezeiten etwa oder Helgoland, Deutschlands einzige »Hochseeinsel«. Aber natürlich auch die malerischen Förden Holsteins und die Boddengewässer Mecklenburgs und Vorpommerns. Wer den Sportbootführerschein See in der Tasche hat (s. Seite 50), kann auf Entdeckungstour gehen. Gerade die Ostsee bietet sich für die »ersten Schritte« an – egal ob auf eigenem Kiel oder mit dem Charterboot. Die wichtigsten Aspekte der Küstenfahrt (neben Navigation, Wetter und den übrigen Aspekten guter Seemannschaft, die ab Seite 102 behandelt werden) sollen hier zumindest kurz angesprochen werden. ■

Das Wattenmeer: Ein Törn durch Deutschlands »Weltnaturerbe« fasziniert durch die herbe Schönheit der Landschaft. Wer mit Revier und Gezeitenberechnung vertraut ist, kann selbst dann noch im Schutz der Inseln fahren, wenn es draußen »bläst«. Die Abbildung zeigt eine Seehundskolonie an der Ostspitze von Norderney, von der Baltrumer Balje aus gesehen. Diese Balje ist das »Seegatt«, also die Durchfahrt zwischen den beiden Ostfriesischen Inseln zur offenen Nordsee.

Die Wassertiefe: Seekarten der Küstenreviere beziehen sich immer auf das sogenannte »Seekartennull« (SKN). Es wird für jedes Seegebiet individuell bestimmt und liegt möglichst niedrig (wie die Abbildung unten zeigt). Bereiche, die bei Niedrigwasser »trocken fallen« sind daher auf den Karten deutlich sichtbar und hellgrün hervorgehoben.

A: Tageshochwasser (HW, nach Pegelstand)
B: Mittleres Hochwasser (MHW)
C: Normal Höhennull (NHN)
D: Höhe der Gezeit (veränderlich)
E: Mittleres Niedrigwasser (MNW)
F: Seekartennull (SKN)
G: Tiefenangabe in der Seekarte
H: Pegelnullpunkt (PNP)
J: Meeresboden

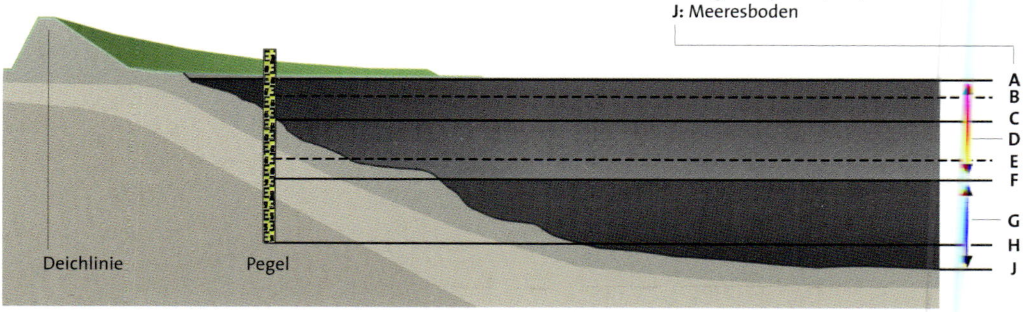

Verkehrstrennungsgebiete: Wo sich der Seeverkehr vor der Küste bündelt – also etwa im Bereich von Ansteuerungen – sind sogenannte Verkehrstrennungsgebiete (VTG) eingerichtet. Dabei handelt es sich um genau festgelegte Einbahn-Fahrwasser, die durch eine Sicherheitszone getrennt sind, also um eine echte »Schifffahrts-Autobahn«. In Deutschland gibt es VTGs im Bereich der Deutschen Bucht, wo sie den Verkehr in geordneten Bahnen zu den großen Seehäfen und von ihnen weg lenken, um die Ansteuerung der Kieler Förde herum und in der tückischen Kadetrinne zwischen dem Darß und der dänischen Insel Falster.

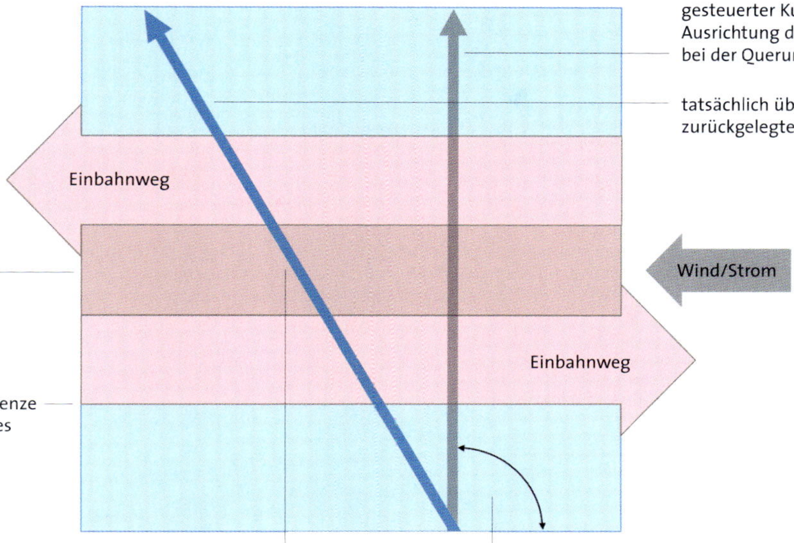

Rechter Winkel: Bei der Querung muss das eigene Boot einen Kurs im rechten Winkel zur Ausrichtung des Verkehrstrennungsgebietes steuern. »Vorhalten«, um die Strecke zu verkürzen, ist nicht erlaubt.

Querung des Verkehrstrennungsgebietes: Wie bei einer Autobahn an Land, darf man ein Verkehrstrennungsgebiet nicht beliebig überqueren. Wenn überhaupt, muss das auf einem Kurs im rechten Winkel zur Ausrichtung der Fahrbahnen passieren. So läuft man zwar Gefahr, durch Wind oder Strom versetzt zu werden, was die Überquerungsstrecke etwas länger macht. Dafür bietet das eigene, ohnehin kleine Boot ein besseres Radarprofil für die »Großen« und seine Absicht, das Gebiet zu queren, ist deutlich erkennbar. Generell gilt: Fahrzeuge von weniger als 20 m Länge dürfen die Durchfahrt eines Maschinenfahrzeuges auf dem Einbahnweg nicht behindern.

Wetter: Vor den Küsten ist das Wetter von ungleich größerer Bedeutung als auf den Binnenrevieren; nicht nur aufgrund von schwerer See bei anhaltendem Wind, sondern vor allem bei der Navigation: Bei schlechten Sichtverhältnissen wird nicht nur die Navigation nach Landmarken und Seezeichen erschwert, auch der Verkehr wird ohne Radar »unsichtbar«. In diesem Fall sollte man sich unbedingt am äußersten Rand des Fahrwassers halten.

Deutschlands höchster Leuchtturm, Campen an der Ems (Höhe: 65 m)

Campen bei »unsichtigem Wetter« an einem Nachmittag im April

DIE SEENOTRETTUNG

Das deutsche Seenotrettungsystem gehört zu den modernsten und leistungsstärksten der Welt: 61 Seenotkreuzer und -rettungsboote sind entlang von Nord- und Ostsee stationiert. Von Borkum im Westen bis Ueckermünde im Osten zieht sich das dichte Stationsnetz der DGzRS – der Deutschen Gesellschaft zur Rettung Schiffbrüchiger. Ihr Aufgabenspektrum reicht vom Krankentransport bis zum groß angelegten, koordinierten Search-and-Rescue-Einsatz. Viel zu tun gibt es allemal: Allein im Jahre 2010 wurden bei rund 2000 Einsatzfahrten über 1000 Menschen aus Notsituationen gerettet. Dabei finanziert sich die bald 150 Jahre alte Gesellschaft – 1865 wurde sie in Kiel gegründet – ausschließlich aus Spenden; ihre kleinen »Sammelschiffchen« kennt jeder. ■

SAR-Hubschrauber: Die »fliegende Komponente« bei Rettungseinsätzen wird von der Deutschen Marine gestellt. Ihre rund 20 Mehrzweckhubschrauber vom Typ Sea King Mk 41 gehören dem Marinefliegergeschwader 5 in Kiel. Von dort und weiteren Außenstellen in Warnemünde und auf Helgoland kann jeder Punkt vor den Küsten in kürzester Zeit erreicht werden. Mit ihrer Lastenwinsch können die Sea Kings Personen bergen oder absetzen.

TECHNISCHE DATEN: Sea King Mk 41 (Mehrzweckhubschrauber), Einführung: ab 1975, Länge: 22,10 m, Startgewicht: 9300 kg, Geschwindigkeit: 136 kn, Besatzung: 2–4 Personen.

Seitentür zur Aufnahme von Personen

Winsch

Bordkran

Hubschrauberarbeitsdeck

Heckwanne mit 9,5-m-Tochterboot (s. rechte Seite)

klappbare Rampe

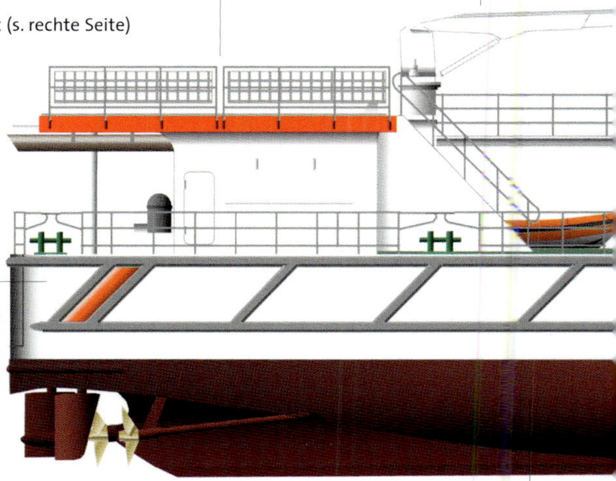

Seenotkreuzer: Die DGzRS betreibt zurzeit 20 Seenotkreuzer verschiedener Klassen zwischen 20 und 46 m Länge. »Flaggschiff« ist die 46 m lange, auf Helgoland stationierte Hermann Marwede. An Bord befindet sich Spezialausrüstung, wie beispielsweise ein voll ausgestattetes Bordhospital. Durch umfangreiche Navigations- und Kommunikationselektronik kann der Kreuzer auch als schwimmende Einsatzleitzentrale vor Ort eingesetzt werden. In der Heckwanne lagert das Tochterboot Verena (s. rechte Seite), das auf See über eine Rampe zu Wasser gelassen werden kann.

TECHNISCHE DATEN: Hermann Marwede, Bauwerft: Fassmer, Baujahr: 2003, Länge: 46 m, Verdrängung: 404 t, Geschwindigkeit: 25 kn, Besatzung: 7 Personen.

Antriebsanlage: drei Diesel mit insgesamt 9250 PS (6800), drei Propeller

Seenotrettungsboote: Neben den großen Kreuzern umfasst die DGzRS-Flotte 41 kleinere Seenotrettungsboote, vom 6,8-m-Schlauchboot bis zur 10,1-m-Klasse. Dazu kommen die Tochterboote, die auch eigenständig operieren können. Die neueste Kreuzer-Generation wird mit jetgetriebenen RIBs ausgerüstet sein. Das Tochterboot der HERMANN MARWEDE gehört noch zum bewährten, konventionellen 9,5-m-Typ.

TECHNISCHE DATEN: VERENA (Tochterboot), Baujahr: 2003, Länge: 9,41 m, Verdrängung: 7 t, Geschwindigkeit: 18 kn, Tiefgang: 0,96 m.

ALARMIERUNG!
Die Seenotleitung Bremen ist rund um die Uhr erreichbar. Die Alarmierung im Notfall erfolgt über:
UKW: Kanäle 16 und 70 (DSC)
Rufname: Bremen Rescue
Mobiltelefon-Kurzwahl: 124 124
Telefon: 04 21-53 68 70

5

BOOTSPRAXIS

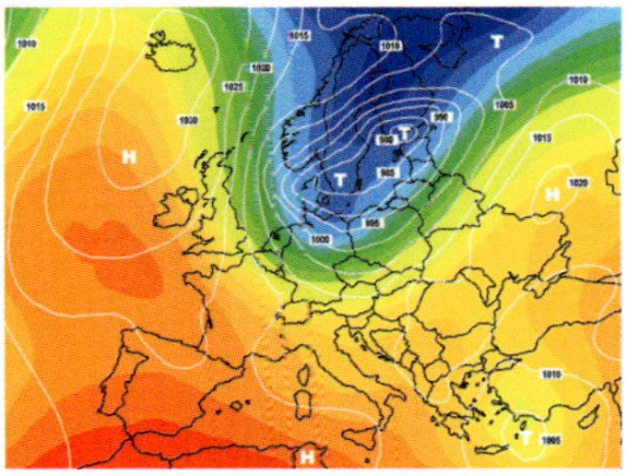

Manöver
Ankern
Navigation
Wetter

SEEMANNSCHAFT

Fahrgrundlagen und gute Vorbereitung

Bootfahren ist keine Wissenschaft; je mehr Übung man bekommt, desto sicherer wird man – auch wenn man nicht immer mit dem gleichen Boot oder im gleichen Revier unterwegs ist und sich, wie beim Chartern etwa, öfter auf neue Umstände einstellen muss. Denn viele Kenntnisse lassen sich überall anwenden oder zumindest anpassen. Diese Wissenssammlung aus Theorie und Praxis, vom Knotenbinden über die Vielzahl von Fahrmanövern bis hin zur Wetterkunde, wird unter dem Begriff der Seemannschaft zusammengefasst.

Doch erst in Verbindung mit dem richtigen Maß an Umsicht, Sorgfalt und Rücksicht auf andere Verkehrsteilnehmer wird sie auch zur sprichwörtlichen guten Seemannschaft. In diesem Kapitel können und sollen ihre wichtigsten Aspekte in knapper Weise aufgezeigt werden, nicht mehr und nicht weniger. Alles andere würde den Rahmen an dieser Stelle fraglos sprengen. Doch das ist kein Problem, denn für eine erschöpfende Darstellung gibt es ein Handbuch, dass zu Recht seit vielen Jahrzehnten als Skipperbibel bezeichnet wird: Auf vielen hundert Seiten ist die »Seemannschaft« das perfekte Nachschlagewerk, wenn man schon ein bisschen Vorkenntnis besitzt (s. rechte Seite unten).

Das Fahrverhalten eines Bootes ist grundsätzlich anders als bei einem Auto auf fester Straße. Das klingt banal, dennoch sollte man die Unterschiede gerade am Anfang, wenn man noch frisch an Bord ist, im Kopf behalten – etwa, dass ein Boot nicht einfach gebremst, sondern mit Gegenschub aufgestoppt werden muss! Insgesamt hängt viel von der Art des Antriebes und der Anzahl der Motoren ab; gerade bei Manövern auf engem Raum, wie etwa im Hafen beim An- und Ablegen. Während sich Bootstypen mit direkt steuerbaren Antrieben (Z-Antrieb, Pod und Außenborder) und Doppelmotoren relativ leicht manövrieren lassen, kann das bei Booten mit einfachem Wellenantrieb – und dazu gehören die meisten Charterboote – schon etwas schwieriger sein. Schuld daran ist vor allem der Radeffekt, der die kontrollierte und gerade Fahrt achteraus schnell unmöglich machen kann (s. oben). Aus diesem Grund sind solche Boote fast immer mit Bug- und manchmal sogar mit zusätzlichem Heckstrahlruder als Manövrierhilfe ausgerüstet.

Der Radeffekt: Jeder Propeller hat eine bestimmte Drehrichtung, rechts- oder linksherum. Sie sorgt dafür, dass das Boot nicht nur vorangetrieben wird, sondern zusätzlich mit dem Heck in diese Richtung versetzt wird; der Propeller wirkt dabei wie ein Rad. In Vorausfahrt spielt dieser Effekt keine große Rolle, dafür sorgen Rumpfform und Ruder. Bei der Fahrt achteraus ist seine Wirkung dafür umso größer, oft genug macht er gerade Rückwärtsfahrt oder das Steuern in die dem Radeffekt entgegengesetzte Richtung unmöglich. Entsprechend wichtig ist bei Booten mit nur einer Welle, die Drehrichtung des Propellers und der Radeffekt bei der Planung eines Manövers einzukalkulieren.

Ein zweiter Aspekt ist der Drehpunkt, der in Bewegungsrichtung jeweils weit vorne liegt und ein Boot bei der Kurvenfahrt mit dem hinteren Teil ausschwenken lässt (s. rechts oben). Das gilt

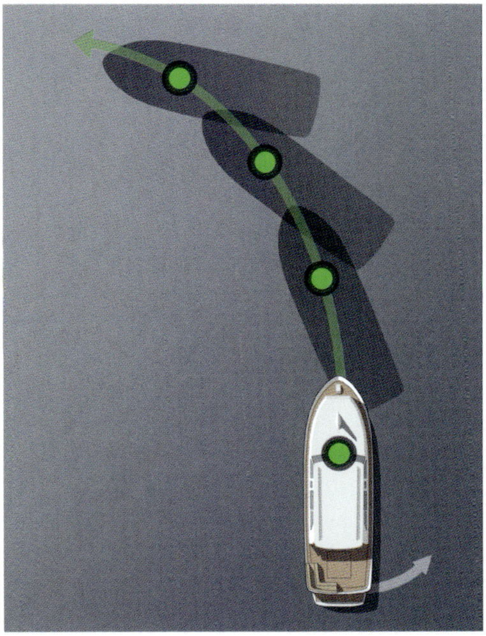

Der Drehpunkt bei Vorausfahrt: In Vorausfahrt liegt der Drehpunkt einer Bootes von der Mitte aus gesehen in Richtung Bug. Bei Kurvenfahrt schwenkt das Heck in die entgegengesetzte Richtung aus – Vorsicht also, wenn nahe dem Ufer oder anderen Fahrzeugen manövriert wird.

Der Drehpunkt bei Achterausfahrt: Fährt das Boot achteraus, kehrt sich der Effekt entsprechend um. Der Drehpunkt wandert weit in Richtung Heck, ungefähr in den Bereich des Propellers, und nun ist es der Bug, der in die Gegenrichtung ausschwenkt und beachtet werden muss.

es zu beachten, wenn man längsseits von Steg oder Schleusenwand ablegen oder einem seitlichen Hindernis ausweichen möchte.

Skippert man ein Boot zum ersten Mal, sollte man sich gleich am Anfang genügend Zeit nehmen, um seine besonderen Fahreigenschaften in Ruhe kennenzulernen. Diese Probefahrt sollte zwischen Ab- und Anlegen zumindest aus den folgenden Manövern bestehen: Aufstoppen, Rückwärtsfahrt (welche Wirkung hat der Radeffekt?) und Wenden auf engem Raum. So bekommen Sie einen ersten Eindruck davon, wie das Boot bei den verschiedenen Ruder- und Maschinenkommandos reagiert und sind später, wenn es darauf ankommt, gut vorbereitet.

Gute Seemannschaft bedeutet übrigens nicht nur, dass der Skipper weiß, was zu tun (und zu lassen ist); er trägt auch die Verantwortung dafür, dass seine Besatzung in jeder Situation ebenfalls im Bilde ist. Das gilt besonders für Crewmitglieder ohne Borderfahrung! Überlegen Sie sich deshalb vor jedem Manöver den genauen Ablauf und erklären Sie ihn verständlich und Schritt für Schritt – und haben Sie immer zusätzlich einen Ersatzplan in der Hinterhand. Der richtige Weg führt sicher nicht mit dem Kopf durch die Wand: Wenn ein Manöver beim ersten Anlauf nicht wie gewünscht klappt, brechen Sie lieber ab und bereiten sich (und die Besatzung) in Ruhe auf einen zweiten Anlauf vor. Das gilt besonders dann, wenn Wind und Strom die Situation beeinflussen. ■

Standardwerk »Seemannschaft«: Seit Jahrzehnten erklärt das regelmäßig aktualisierte Handbuch detailliert alle theoretischen und praktischen Aspekte der Seemannschaft.

AB- UND ANLEGEN

Die wichtigsten Manöver mit Wellenantrieb

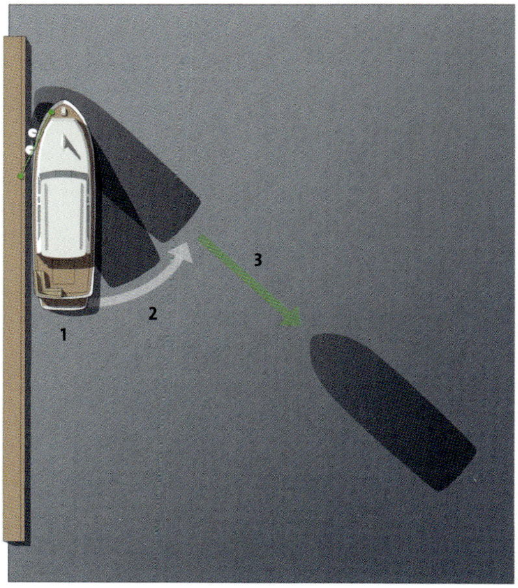

Abbildung 1: Längsseits ablegen: Der Bug wird abgefendert, das Ruder zum Steg hin gelegt, die Maschine kurz voraus eingekuppelt (1), danach dreht es sich über den Bug (und die bei auflandigem Wind ausgebrachte Vorspring) mit dem Heck vom Steg weg (2) und kann in freies Wasser zurücksetzen (3).

Abbildung 2: Längsseits anlegen: Das Boot nähert sich dem Liegeplatz langsam im spitzen Winkel (1), eine halbe Bootslänge davor wird das Ruder vom Land weg gelegt und kurz eingekuppelt (2). Der Schub drückt das Heck herum, das Boot gleitet an den Steg (3).

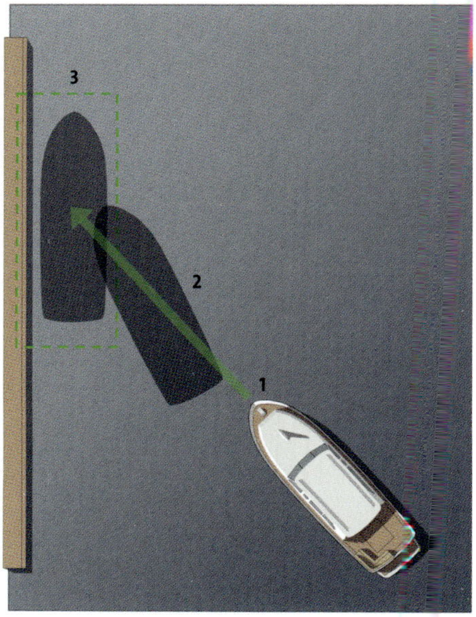

Zu den wichtigsten und häufigsten Manövern gehört sicherlich das Ab- und Anlegen an einem Liegeplatz. Auf den Binnenrevieren bedeutet das zumeist, dass entweder längsseits festgemacht wird oder mit dem Heck zwischen Fingerstegen oder Schwimmauslegern. Wie auf der vorangegangenen Doppelseite wird auch hier auf Boote mit einfacher Wellenanlage eingegangen; einerseits, weil sie im Charterbetrieb am häufigsten vorkommen, und andererseits, weil sich Boote mit anderen Antriebsarten (und Doppelmotorisierung) besonders in der Fahrt achteraus etwas leichter steuern lassen. Davon abgesehen, unterscheidet sich die jeweilige Durchführung der Manöver nicht grundlegend voneinander. Die geschilderten Abläufe lassen sich auch dann so durchführen, wenn das Boot anders angetrieben wird, als von einem einzelnen Propeller auf starrer Welle.

Wie das Ablegemanöver am besten durchgeführt wird, hängt neben dem Antrieb auch von den natürlichen Einflüssen wie Wind und Strom ab. Beim Ablegen von einem längsseitigen Liegeplatz fendert man den Bug zunächst gut ab, legt das Ruder voll in Richtung Steg und kuppelt kurz voraus ein. Das Boot wird sich nun um den Fender am Bug drehen und das Heck vom Steg weg bewegen. Ist der Platz hinter dem Heck frei, kuppelt man aus und legt das Ruder mittschiffs. Danach wird achteraus eingekuppelt, sodass sich das Boot mit Fahrt über das Heck vom Liegeplatz entfernt.

Bei auflandigem Wind muss das Manöver mit Leinenunterstützung gefahren werden (s. Abbildung 1). Dazu legt man eine Vorspring auf Slip, fendert den Bug gut ab und legt nun ebenfalls das Ruder zum Steg hin. Um den Winddruck zu überwinden, muss jetzt aber eventuell – vorsichtig – etwas mehr Gas voraus gegeben werden. Die Spring wirkt nun als Hebel und verhindert gleichzeitig, dass der Bug ausbricht. Hat sich das Heck weit genug vom Steg entfernt, kuppelt man aus und legt das Ruder mittschiffs, ehe die Leine geslippt wird. Bevor das Boot auf den Liegeplatz zurücktreibt, wird er mit Fahrt über Heck verlassen.

Auch beim Anlegemanöver (s. Abbildung 2) längsseits kommt es darauf an, über was für eine Antriebsart das Boot verfügt. Unabhängig davon sollte das Manöver (wenn möglich) jedoch immer gegen Wind und Strom, beziehungsweise die stärkere der beiden Kräfte gefahren werden. Die Landseite des Bootes muss gut abgefendert werden. Um mit einem Wellenantrieb längsseits anzulegen, nähert man sich dem Steg langsam in einem spitzen Winkel von zirka 35° bis 45°. Der Bug sollte dabei etwa auf die Mitte des ausgewählten Liegeplatzes »zielen«. Abwechselndes Ein- und Auskuppeln erlaubt möglichst geringe Fahrt und sorgt dennoch dafür, dass das Boot steuerbar bleibt. Wenn der Bug nur noch etwa eine halbe Bootslänge vom Steg entfernt ist, legt man das Ruder hart auf die vom ihm abgewandte Seite und kuppelt für einen Moment ein. Der Schub sollte genügen, das Heck so weit herumzudrücken, dass das Boot nun annähernd parallel und dicht genug

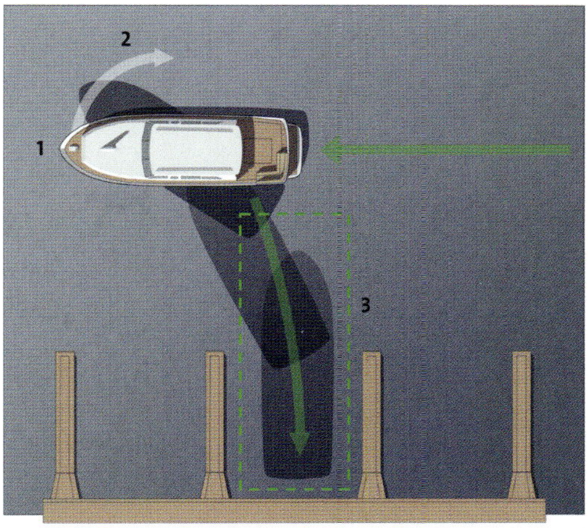

Abbildung 3: Mit dem Heck anlegen: Das Boot wird kurz hinter dem Liegeplatz aufgestoppt (1). Das Ruder wird vom Land weg gelegt, der Bug mit einem kurzen Schub voraus herumgedrückt. Danach wird ausgekuppelt und achteraus eingekuppelt, sodass das Heck zum Steg gezogen wird (2). Das Manöver wird so lange wiederholt, bis die gewünschte Position erreicht ist oder jemand mit einer Leine übersteigen kann (3).

am Steg liegt, um ein Besatzungsmitglied mit einer Leine übersteigen zu lassen. Solange noch Fahrt im Boot ist, sollte niemand übersteigen. In diesem Fall muss das Boot mit einem kurzem Schub achteraus erst aufgestoppt werden.

Boote mit einfacher Wellenanlage lassen sich, wie bereits erwähnt, aufgrund des Radeffektes bei Fahrt achteraus kaum (oder nur in eine Richtung) steuern. Beim Anlegen mit dem Heck zwischen zwei Fingerstegen (s. Abbildung 3) wird deshalb nach dem Ausbringen der Fender wie bei einem Wendemanöver nur über den Bug gedreht, bis es die korrekte Ausrichtung hat: Dazu läuft man knapp am Liegeplatz vorbei und stoppt kurz auf. Nun legt man das Ruder hart vom Steg weg, gibt einen kurzen Schub Gas voraus und koppelt wieder aus. Der Bug wird schwungvoll herumkommen. Bei wenig Platz vor dem Bug muss man darauf achten, dass das Boot nicht zu viel Fahrt aufnimmt und stoppt notfalls auf. Nun wird achteraus eingekuppelt, und das Boot wird ein Stück Richtung Liegeplatz gezogen. Sobald die Ausrichtung nicht mehr stimmt (durch Radeffekt, Wind oder Strom), folgt der nächste Korrekturschub voraus, und so geht es Schritt für Schritt, bis das Boot so weit zurückgesetzt ist, dass ein Besatzungsmitglied mit einer Leine übersteigen kann. ■

Fahrt bei Wellengang: Werden die Wellen zu hoch, kann man nicht mehr direkt in sie hineinfahren, sondern sollte es in einem Winkel zwischen 30° und 45° tun. Die gefahrene Gesamtstrecke wird so zwar größer; dafür aber auch wesentlich schonender für Mensch und Material.

FESTMACHEN

In einem Sportboothafen ist aufgrund des eingeschränkten Platzes in der Regel große Umsicht beim Manövrieren gefragt; haben Sie einen freien Liegeplatz ausgemacht, vergewissern Sie sich über Wind- und Stromrichtung und sprechen Sie das Anlegemanöver mit der Crew genau ab. Einmal am Steg, hängt es von der Ausstattung des Hafens ab, wie und wie viele Leinen gelegt werden müssen. Wichtig ist auf jeden Fall, dass sie nicht zu stramm gespannt sind, um dem Boot die nötige Bewegungsfreiheit zu geben, falls Schwell durch den Hafen laufen sollte. ■

Betonschwimmsteg

Holzschwimmsteg

Stegausleger mit Schwimmer

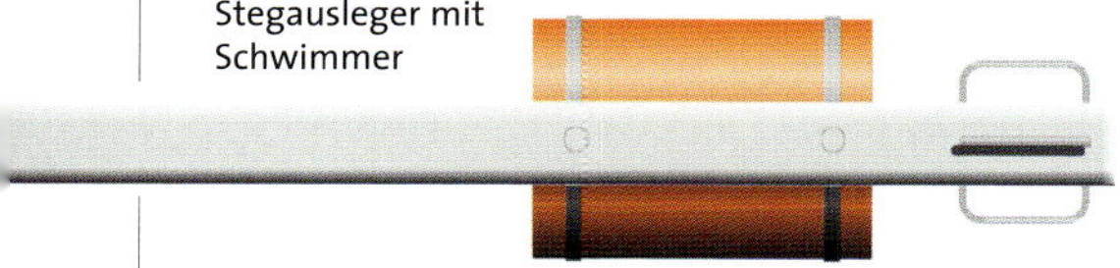

Schwimmstege: Schwimmstege bestehen aus einzelnen Elementen und können beliebig miteinander kombiniert werden. Sie haben außerdem den großen Vorteil, dass sie unabhängig vom Wasserstand sind. Die solideste Ausführung ist aus Betonkomponenten (obere Abbildung), die oft an den Kanten mit Scheuerleisten aus Holz, Gummi oder Kunststoff versehen sind. Zum Festmachen stehen Klampen, Ringe oder Poller zur Verfügung. Schwimmstege aus Holz (mittlere Abbildung) sind ebenfalls weitverbreitet. Sollte man beim Anlegemanöver vom Boot auf den Steg springen, muss man aufpassen: Das Holz kann nicht nur nass und rutschig sein, der Steg kann auch eintauchen, wobei man nicht das Gleichgewicht verlieren darf. Viele Steganlagen haben außerdem rechtwinklige Fingerstege, die Anlegeboxen für ein oder zwei Boote nebeneinander bilden (s. rechte Seite). Statt echten Stegen können auch schlanke Schwimmausleger diese Trennfunktion erfüllen (untere Abbildung); an ihnen kann man zwar Leinen befestigen, betreten darf man sie jedoch nicht.

Muringboje: Einige Anleger (besonders in Skandinavien) sind mit Muringbojen ausgestattet; das eine Bootsende wird mit einer Leine an der Boje befestigt, das andere Ende am Steg. Von der Boje führt eine Leine zum Ankerstein auf dem Grund – die Muringboje kann deshalb an dafür ausgewiesenen Stellen auch als Ankerersatz genutzt werden.

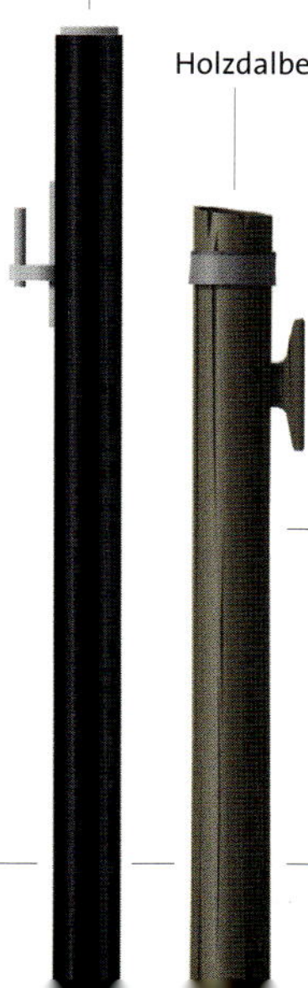

Dalben: Auch Dalben gibt es in unterschiedlichen Ausführungen, aus Beton, Stahl oder Holz, mit Gummipolsterung oder ohne. Die Leine wird beim Festmachen immer über den Dalben gelegt, nicht nur über den Haken (falls vorhanden). Dessen Aufgabe ist es lediglich, die Leine vor dem Abrutschen nach unten zu sichern; würde er mit vollem Zug belastet, könnte er verbiegen oder abreißen.

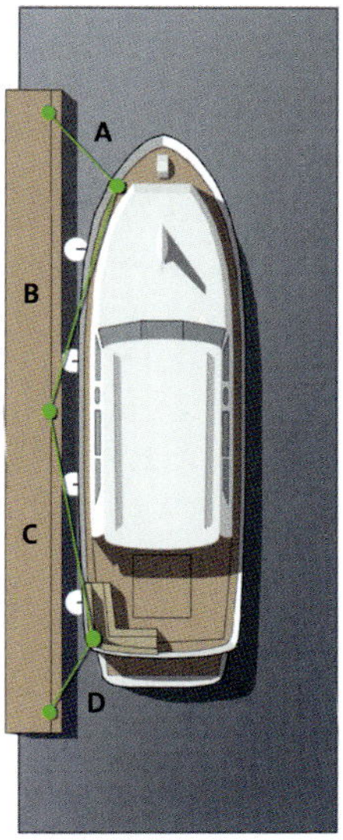

Längsseits: Marinas und Clubhäfen bieten nur selten längsseitige Liegeplätze an, da sich in Boxen und zwischen Fingerstegen mehr Boote unterbringen lassen. Typische Plätze, um längsseits zu gehen, sind stattdessen die Hafenmauern, der Uferanleger oder das äußere Kopfende eines Steges. Angelegt wird – wenn möglich – gegen Wind oder Strom, je nachdem, welches Element stärker ist. Vier Leinen werden ausgebracht: Vorleine (**A**), Achterleine (**D**), danach Vorspring (**B**) und Achterspring (**C**).

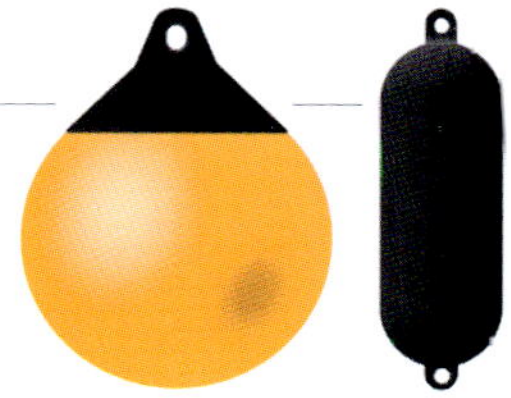

Fender: Normale Fender (rechts) werden an den Bootsseiten ausgebracht, ohne das Wasser zu berühren. Kugelfender (links) benutzt man für die zurückweichende Bugpartie und am Heck.

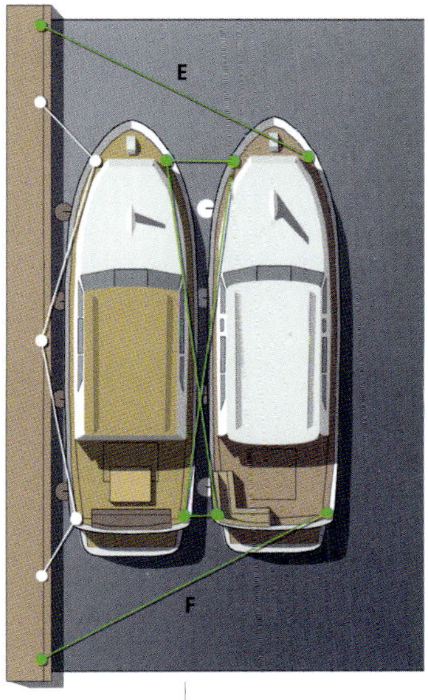

Fingerstege: In vielen Sportboothäfen der Binnenreviere gehören Boxen aus Fingerstegen inzwischen zum Standard. Hat man es einmal rückwärts an den Steg geschafft, ist diese Anordnung besonders bequem, da man seitwärts und über das Heck aussteigen kann. Wichtig ist dabei, dass nicht nur die Seite, sondern auch die tief liegende Badeplattform gut abgefendert wird, da sie sonst unter den Steg geraten kann. Auch hier werden, wenn möglich, wieder vier Leinen längsseits ausgebracht, ergänzt durch eine zweite Heckleine (**G**) auf der anderen Seite.

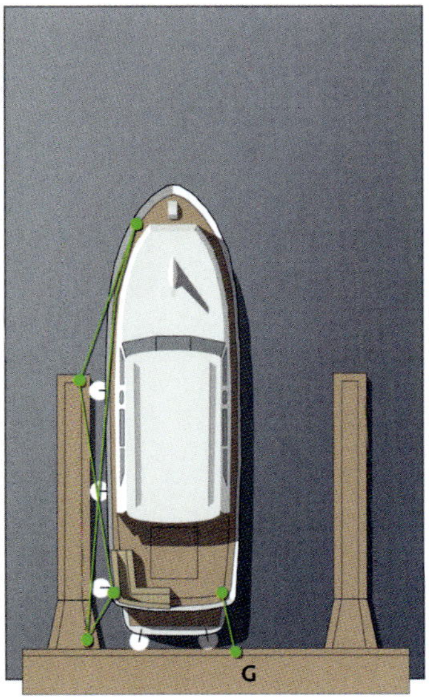

Päckchen: Liegen zwei oder mehr Boote aus Platzmangel nebeneinander, spricht man von einem Päckchen. Dabei gehört zum guten Ton, dass man das andere Boot anrufen und um Erlaubnis fragen sollte, bevor man längsseits kommt. Beim Landgang geht man immer über das Vorschiff, und man sollte sich auch erkundigen, wann der innen Liegende am nächsten Morgen losmachen möchte. Bringen Sie viele Fender aus! Zu den vier längsseitigen Leinen zum anderen Boot kommen zur Stabilisierung noch eine vordere Landleine (**E**) und eine achtere (**F**) hinzu.

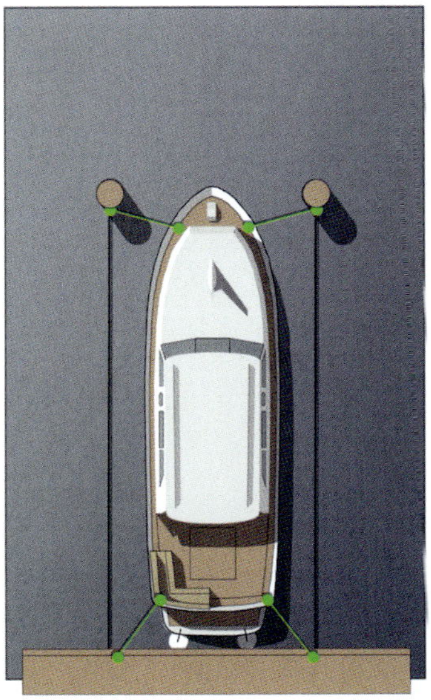

Box: An den Küsten wird man dagegen fast immer auf Boxen mit Dalben treffen; man kann mit dem Bug oder dem Heck voran anlegen, je nachdem, wie hoch der Steg ist. Wenn der Abstand zwischen den Dalben eng ausfällt, muss man die Fender vor der Einfahrt eventuell wieder an Bord nehmen, sie können sonst abreißen oder das Boot stoppen, sollten sie eingeklemmt werden. In der Regel werden zwei Vor- und zwei Achterleinen ausgebracht. Ist die Box sehr lang, können die Leinen zu den Dalben auch über Kreuz gelegt werden.

DAS ANKERN

Keine Frage, lebhafte Häfen haben ihre Vorteile: Strom am Steg, Restaurants und Kneipen gleich daneben, richtige Duschkabinen in der Marina. Aber immer muss das auch nicht sein, oder? Zum Glück bietet das Ankern dazu die passende Alternative: Einfach den Haken über Bord und man hat seine kleine Bucht vielleicht sogar ganz für sich allein, komplett mit schönster Natur rundherum. Und Ruhe – vorausgesetzt der Anker hält! Damit das so ist, hier die wichtigsten Punkte, die es zu beachten gilt. Wer mit dem Charterboot auf Törn geht, sollte sich die Funktion der Ankerausrüstung an Bord übrigens vorher genau erklären lassen; dann sind keine Fragen offen, wenn man den perfekten Platz schließlich gefunden hat. ■

Ankertypen gibt es eine ganze Menge; fast immer richtet sich die Wahl nach dem Ankergrund, der im Revier am häufigsten vorkommt, oder nach dem Platz im eigenen Ankerkasten. Auf dieser Seite werden die drei bei uns am weitesten verbreiteten Typen erklärt. Pflugschar- und Plattenanker sind beide für die hierzulande häufigen Sand- und Lehmböden gut geeignet. Der platzsparende Klappdraggen ist dagegen die bevorzugte Variante auf ganz kleinen Booten.

Pflugscharanker (auch C.Q.R. genannt): Wie der Name schon sagt, gräbt er sich wie ein Pflug in den Boden ein und verfügt über hohe Haltekraft. Ein Allzweckanker. Der ähnliche Delta-Anker verzichtet lediglich auf das Gelenk.

Klappanker (auch Klappdraggen): Da sich seine Flunken zusammenlegen lassen, ist er für Schlauchboote die beste Alternative. Im ausgeklappten Zustand werden sie mit einem Ring arretiert. Die Halteeigenschaften sind jedoch nur für kleine Boote ausreichend.

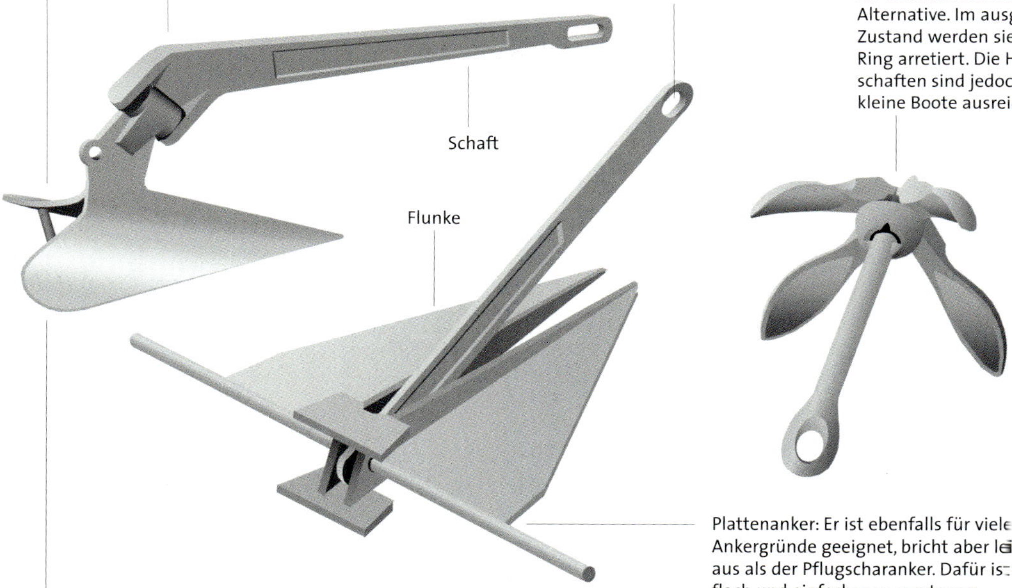

Plattenanker: Er ist ebenfalls für viele Ankergründe geeignet, bricht aber leichter aus als der Pflugscharanker. Dafür ist er flach und einfacher zu verstauen.

Sand, Schlick und Lehm bilden den besten Ankergrund; Seegrasfelder und felsige Abschnitte sind wesentlich weniger geeignet, da sich der Anker dort kaum oder gar nicht eingraben kann.

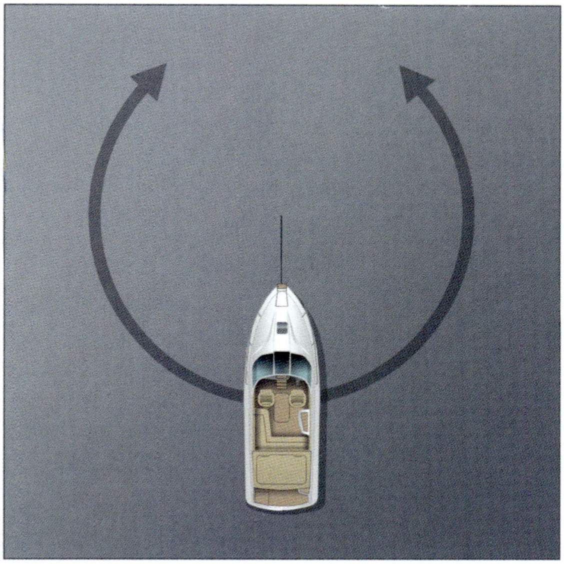

Der Schwojekreis: Bedenken Sie, dass sich Ihr Boot um den eigenen Anker drehen kann, wenn sich Wind- oder Stromrichtung ändern. Um Sie herum muss also genügend Platz sein, und das gilt nicht nur für eventuelle Untiefen oder das Ufer selbst, sondern auch für andere Ankerlieger in Ihrer Nachbarschaft. Dazu muss man wissen, dass sich nicht alle Bootstypen vor Anker gleich verhalten; ein tiefer Kiel – besonders bei Segelyachten – macht anfälliger für Strom, hohe Aufbauten – wie bei Motoryachten – bieten dagegen eher dem Wind Angriffsfläche. Es kann also sein, dass die Boote in einer Ankerbucht völlig unterschiedlich schwojen!

Sichtzeichen bei Tag und Nacht: Nachts müssen vor Anker liegende Sportboote ein weißes Rundumlicht zeigen, binnen auf der Fahrwasserseite, auf Seerevieren dort, wo es am besten gesehen werden kann (in der Regel im Masttopp). Tagsüber wird (nur auf Seerevieren) ein schwarzer Ball gesetzt.

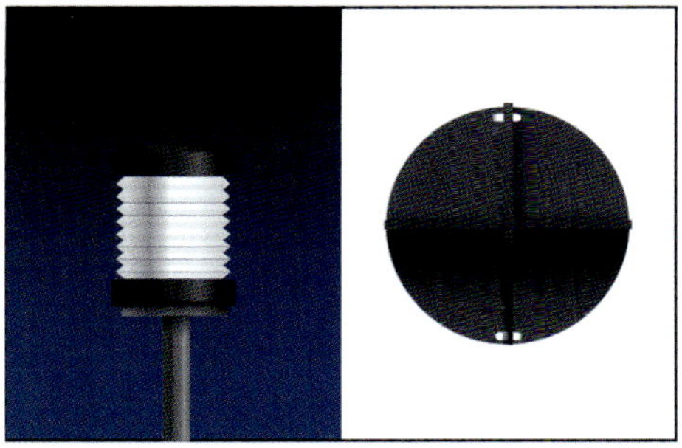

Ankeralarm: Für zusätzliche Sicherheit beim Ankern sorgt ein GPS-Empfänger, egal ob Handgerät (s. Abbildung) oder Kartenplotter. Wird der Ankeralarm aktiviert, gibt es einen Warnton, sobald das Boot beginnt, aus einem festgelegten Bereich zu driften oder zu schwojen.

Das Ankermanöver: Hat man mit der See- oder Gewässerkarte eine geschützte Ankerstelle mit gutem Haltegrund, ausreichender Wassertiefe und Platz zum Schwojen gefunden, stoppt man auf und steckt so viel Kette aus, bis der Anker den Grund berührt (Echolot oder Karte verraten die Tiefe). Nun lässt man das Boot mit Wind oder Strom achteraus treiben und steckt gleichmäßig weiter Kette aus, sodass sie gerade über den Grund verläuft. Ist die vierfache Länge unten (bzw. sechs- oder achtfache, je nach Ankergeschirr), wird die Kette gesichert und kurz achteraus eingekuppelt. Ruckt die Kette ein, hat sich der Anker eingegraben und hält. Dennoch muss weiter kontrolliert werden, ob das Boot nicht doch treibt. Am besten geht das mit dem GPS. Soll der Anker gelichtet werden, holt man Kette (oder Leine) so weit ein, bis sie senkrecht zum Grund führt. Nun wird der Anker selbst eingeholt. Hat er sich tief eingegraben, kann es notwendig sein, ihn auszubrechen. Dafür muss man kurz vorwärts einkuppeln; der Schub sollte reichen.

Länge des Geschirrs: Bei Kette sollte mindestens die vierfache Wassertiefe ausgesteckt werden, bei Kette und Leine die sechsfache und die zehnfache, wenn es sich nur um Leine handelt.

Ankerlieger auf einem Binnengewässer

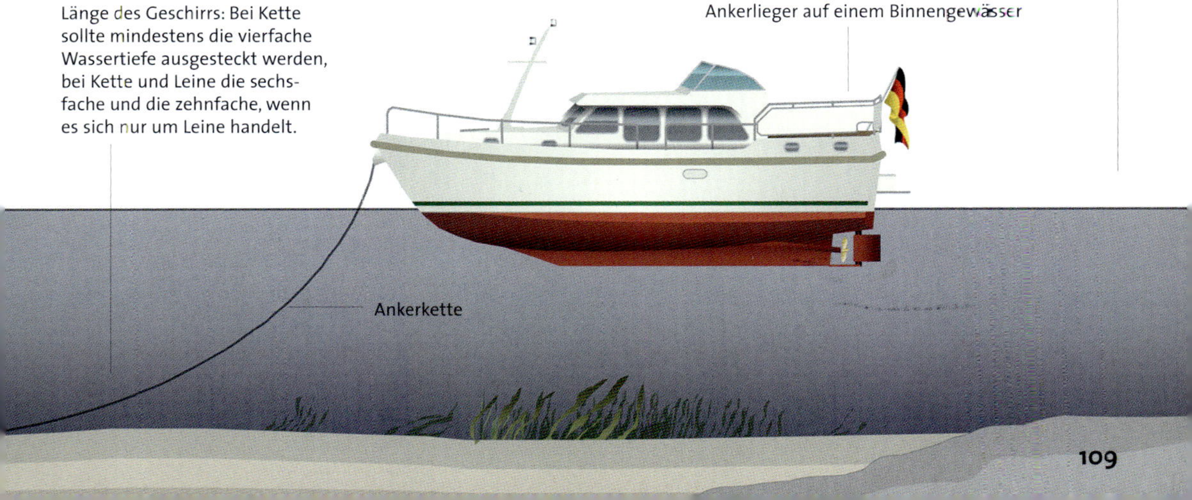

DAS TRIMMEN

Einsatz von Powertrimm und Trimmklappen

Der richtige Trimm ist bei schnellen Motorbooten besonders in Gleitfahrt wichtig; ist die Lage des Rumpfes nicht optimal, steigt der Treibstoffverbrauch, während der Fahrkomfort abnimmt. Um den Trimm zu beeinflussen, gibt es deshalb zwei technische Hilfsmittel: den Powertrimm für Z-Antriebe und Außenbordmotoren, und die Trimmklappen für alle Antriebsarten.

Moderne Z-Antriebe und größere Außenbordmotoren verfügen inzwischen durchweg über Powertrimm (s. unten). Mit seiner Hilfe lässt sich der Anstellwinkel des Antriebsschaftes im Verhältnis zum Heckspiegel eines Bootes per Knopfdruck stufenlos verändern. Entsprechend ändert sich auch der Schubwinkel des Propellers. Um dem Boot beim Übergang zur Gleitfahrt zu helfen, wird der Antrieb zunächst komplett nach unten getrimmt. So entwickelt der Propeller den größten Vorwärtsschub, der Bug bleibt unten und das Boot nimmt schneller Fahrt auf. Ist der Übergang zur Gleitfahrt geschafft, muss der Antrieb etwas nach oben getrimmt werden, da sonst Kurs- und Seitenstabilität verloren gehen können. Das Vorschiff hebt sich nun leicht aus dem Wasser und sowohl Geschwindigkeit als auch Drehzahl nehmen wegen des verringerten Wasserwiderstandes zu, ohne dass mehr Gas gegeben und der Verbrauch erhöht wird. Den optimalen Trimm erkennt man von Bord aus daran, dass der Punkt, an dem das Spritzwasser entsteht, am Rumpf weit nach hinten wandert. Außerdem läuft das Boot stabil geradeaus. Zu hoch darf der Antrieb allerdings

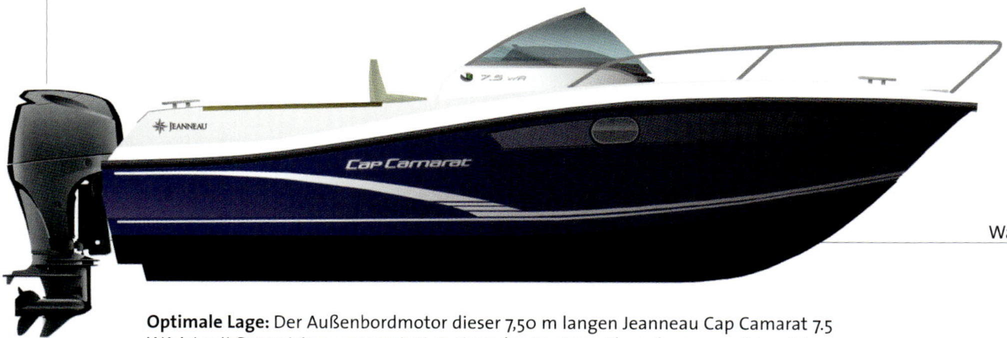

Optimale Lage: Der Außenbordmotor dieser 7,50 m langen Jeanneau Cap Camarat 7.5 WA ist mit Powertrimm ausgestattet. Liegt das Boot annähernd waagerecht auf dem Wasser, ist das Gewicht an Bord gut verteilt und der Trimm in Ordnung.

Powertrimm: Vom Fahrstand kann der Antrieb auf- oder abgetrimmt werden – je nach Ausgangslage und Fahrsituation. Auch in Gleitfahrt sollte das Boot annähernd waagerecht liegen; ein minimaler positiver Trimm von 2° bis 4° (mit leicht aufwärts gerichtetem Bug) ist optimal in Hinblick auf Verbrauch und Geschwindigkeit. Ist der Antrieb zu weit nach unten an den Spiegel getrimmt und der Winkel kleiner, droht Stabilitätsverlust, ist er zu groß und der Antrieb zu weit oben, ist die Fahrt unwirtschaftlich und unruhig.

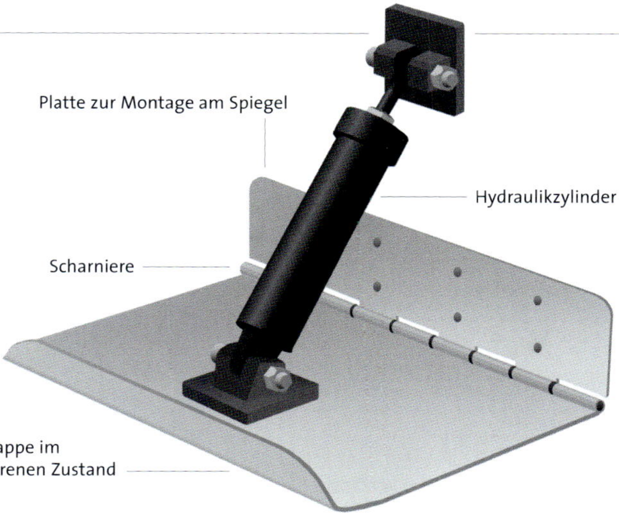

Trimmklappe: Trimmklappen werden möglichst weit außen an der Unterkante des Heckspiegels montiert. Elektrohydraulische Varianten sind am weitesten verbreitet, wobei sich Pumpe und Motor im Rumpfinneren befinden. Die Bedienung erfolgt über Druckknöpfe oder Wippschalter vom Fahrstand aus und kann getrennt oder für beide Klappen zusammen erfolgen. Automatiksysteme können sich den optimalen Trimm merken und auf Anforderung herstellen.

nicht getrimmt werden: Das ist dann der Fall, wenn der Bug zu wippen beginnt und das Fahrverhalten deutlich unruhiger (und unsicherer) wird. Außerdem besteht die Gefahr, dass der Propeller dann »Luft zieht« und die Drehzahl sprunghaft und deutlich hörbar in die Höhe geht, während das Boot gleichzeitig an Geschwindigkeit verliert.

Gleiter und Halbgleiter können unabhängig von der Antriebsart mit Trimmklappen ausgerüstet werden (s. oben). Sie werden möglichst weit außen auf beiden Seiten an der Unterkante des Heckspiegels montiert und können elektrisch oder hydraulisch einzeln abgesenkt und angehoben werden. Ab einer Geschwindigkeit von etwa 15 kn erzeugen sie dynamischen Auftrieb, der bei richtigem Anstellwinkel der Klappen das Bootsheck anheben kann. Beim Beschleunigen eines Bootes wird der Bug normalerweise stark angehoben, der Übergang zur Gleitfahrt dauert entsprechend lang. Werden die Trimmklappen nach unten getrimmt, hebt sich das Heck, der Bug senkt sich und das Boot kommt schneller ins Gleiten. Einmal in Gleitfahrt, können die Klappen bei hohen Fahrgeschwindigkeiten wieder angehoben werden. Soll das Boot jedoch möglichst langsam (und sparsam) gleiten, können die Klappen wieder abgesenkt werden. Der zusätzliche Auftrieb unter dem Heck sorgt dann dafür, dass das Boot später (und bei geringerer Geschwindigkeit) in die Verdrängerfahrt zurückfällt, als es ohne Klappeneinsatz der Fall wäre.

Wenn das Boot zu einer Seite krängt – etwa aufgrund der Beladung –, können Trimmklappen diese »Schieflage« meist ebenfalls ausgleichen. Dazu wird nur die Klappe auf der tiefer liegenden Seite abgesenkt. Dort hebt sich dann das Heck und die Krängung verschwindet wieder. Natürlich sind Übung und Fingerspitzengefühl für das genaue Austrimmen in jedem Fall eine wichtige Voraussetzung. ■

Bootsgröße: Auch größere Gleiter und Halbgleiter müssen für optimalen Fahrkomfort und Verbrauch getrimmt werden. Diese Motoryacht vom Typ Galeon 385 HTS ist bei 12,26 m Länge mit zwei Innenbordmotoren und Z-Antrieben ausgerüstet.

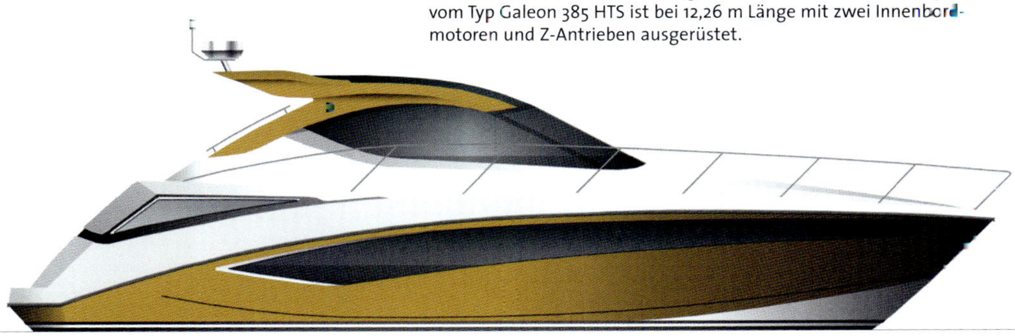

DIE NAVIGATION

Die Zeiten, als nur mit Kompass, Zirkel und Karte navigiert wurde, sind längst vorbei; auch in der Navigationsecke hat die Elektronik Einzug gehalten und ist zu einem Hilfsmittel von beeindruckender Leistungsfähigkeit und Vielseitigkeit geworden, vom multifunktionalen Kartenplotter mit großformatigem Farbdisplay bis zum Pocket-PC und Smartphone für die Hosentasche. Trotzdem bleibt die gedruckte Seekarte aus Papier die unverzichtbare Basis der Navigation. Wer weiß schon, wie viel Witterung die Elektronik aushält oder wie lange der Akku hält, wenn es darauf ankommt? ■

Koordinatennetz: Auf jeder Seekarte sind Breiten- und Längengrade zur Positionsbestimmung eingetragen; Entfernungen dürfen nur mithilfe der Breitengradeinteilung an den seitlichen Kartenrändern vorgenommen werden. Ein Grad Breite entspricht einer Seemeile (sm) von je 1,852 km Länge oder zehn Kabellängen von je 185 m Länge.

Darstellung von Landflächen: Auf einer Seekarte sind nur jene Merkmale an Land wiedergegeben, die bei der Navigation hilfreich sein können, wie Kirchtürme, Windanlagen oder Fabrikschornsteine, Steilufer, Waldflächen oder bebaute Gebiete. Dazu kommen noch die wichtigsten Straßen.

Nummer der Anschlusskarte

Missweisung: Die Position des magnetischen Nordpols verändert sich fortlaufend und weicht vom festen geografischen Koordinatennetz aus Längen- und Breitengraden ab. Die Abweichung (Missweisung) in Grad und die jährliche Veränderung für das Kartengebiet sind auf der Karte angegeben.

genaue Kartenbezeichnung mit Maßstab, Projektionsverfahren (Mercator: Längen- und Breitengrade im rechten Winkel zueinander) und Kartendatum zur Einstellung eines GPS-Empfängers (WGS 84 ist der bei uns übliche Standard)

Hafen: Detailpläne sind entweder in der gleichen Karte eingedruckt oder in einem Begleitheft zu finden.

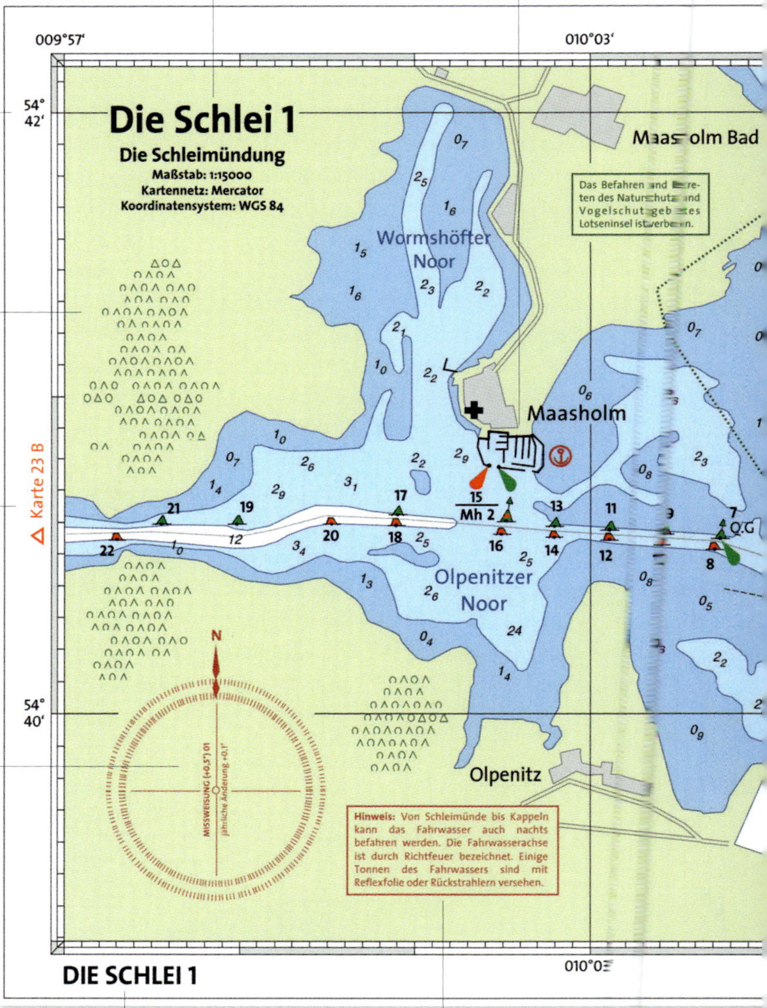

Kartenname: Revierabschnitt innerhalb eines Sportbootkartensatzes

amtliche Zusatzinformationen zu Befahrensregeln wie Betonnung, Geschwindigkeiten oder Signalen

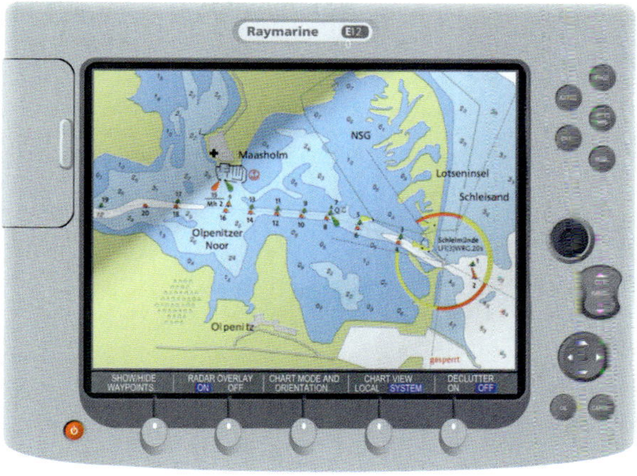

Farbkartenplotter: Große Plotter wie der E120 von Raymarine sind inzwischen echte Allzweckgeräte. Ihre hochauflösenden Bildschirme können geteilt werden, um zusätzlich zur klassischen Kartendarstellung noch weitere Informationen anzuzeigen. Auf Plottern können Wegpunkte und Routen gespeichert werden. Die Kartendaten befinden sich auf einer Speicherkarte, die eingesteckt wird.

Fahrwasser mit Betonnung und den genauen Bezeichnungen der Tonnen

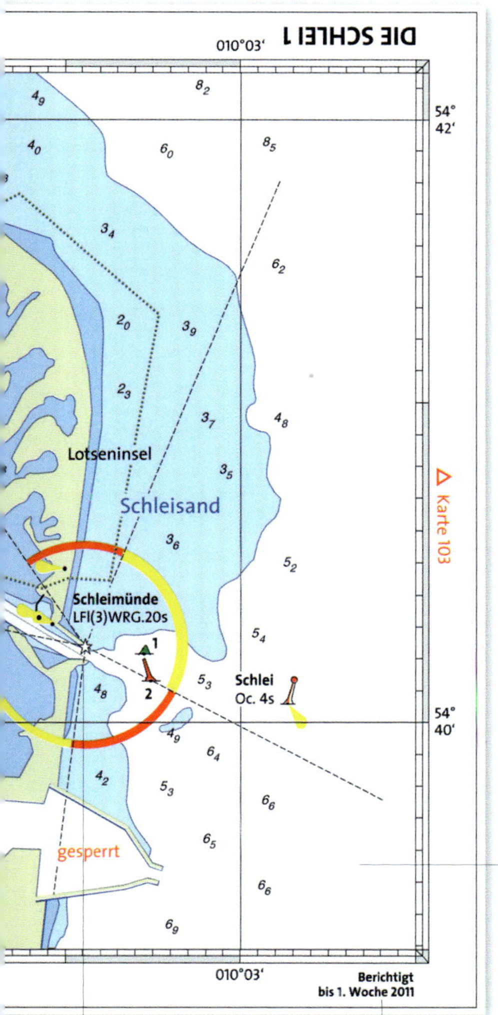

Seekarten und Sportbootkarten: Seekarten werden die klassischen, großformatigen Einzelblätter genannt, die man auch auf den Kartentischen der Berufsschifffahrt findet. Sportbootkarten basieren auf den gleichen amtlichen, nautischen und hydrografischen Informationen, sind aber im wahrsten Sinne auf den Gebrauch an Bord von Sportbooten zugeschnitten: Die Blätter sind deutlich kleiner, der Druck ist farbiger und die Reviere sind meistens zu Kartensätzen von einem Dutzend Einzelkarten oder mehr zusammengefasst.

Kleingeräte: Praktisch und platzsparend, können auch sie bei der Orientierung hilfreich sein; ein Ersatz für die Seekarte sind sie jedoch ebenso wenig wie größere Plotter. Die Palette reicht von speziell für den Bordgebrauch entwickelten (und folglich robusten) Hand-GPS-Geräten mit oder ohne Kartendarstellung bis hin zu Pocket-PCs (PDAs) mit Navigationsoftware oder Smartphones mit entsprechenden Applikationen – wie das abgebildete iPhone von Apple.

Darstellung von Wasserflächen: Punkte gleicher Tiefe sind mit Linien verbunden, Flächen mit Mindesttiefen in Ufernähe (oder bei Untiefen) farblich abgehoben. Dazu kommen Angaben mit Einzellotungen und häufig Zusatzinformationen zur Beschaffung des Meeresgrundes, besonders, wenn dort Gefahren wie Kabel, Wracks oder Munitionsreste lauern.

Leuchtfeuer mit Kennung und Sektoren

Das Berichtigungsdatum gibt an, bis zu welchem Zeitpunkt die Karte vor dem Druck aktualisiert wurde.

DAS WETTER

Entstehung, Tiefdruckgebiete und Windstärke

Der Spruch, dass es kein falsches Wetter gibt, sondern nur die falsche Kleidung, trifft für Sportbootfahrer natürlich nur bedingt zu. Während sich binnen vieles abwettern lässt, weil Wind und Welle ihre Macht dort nur zum Teil ausspielen können, kann es vor der Küste schnell ungemütlich werden, wenn man vom Wetter überrascht wird – Ölzeug hin oder her. Damit es so weit nicht kommt, muss man sich vorher informieren; durch einen ersten, prüfenden Blick auf den Himmel und mögliche Wolkenformationen und danach auf den aktuellen Seewetterbericht. Der gibt kurz und knapp wieder, was sich in ganz Europa wettertechnisch abspielt und was daraus zu folgern ist.

Doch dazu gleich mehr. Werfen wir erst einen kurzen Blick darauf, wie unser Wetter überhaupt entsteht: Der Motor der weltweiten Wettermaschine sind die tropischen Zonen am Äquator. Dort steigt unablässig warme Luft auf, kühle Luft strömt von oben nach und sorgt für Bewegung. Hoch- und Tiefdruckgebiete entstehen, beeinflusst durch warme oder kalte Ozeane und Kontinente, und die Erddrehung versetzt sie in Rotation. Auf der Nordhalbkugel drehen sich die Hochs im Uhrzeigersinn und die Tiefs dagegen. Sie sind also permanent in Bewegung, und je nachdem, wie groß das Druckgefälle zwischen ihnen ist, sorgen sie für mehr oder weniger Wind und gutes oder schlechtes Wetter.

Hochdruckgebiete haben in der Regel gutes Wetter im Gepäck. Deutlichstes Merkmal ist ein strahlend blauer Himmel, egal zu welcher Jahreszeit. Die Isobaren – so nennt man Linien, die Punkte gleichen Luftdrucks miteinander verbinden – liegen weit auseinander, das Luftdruckgefälle und der daraus resultierende Wind sind gering. Ganz anders verhält es sich dagegen bei

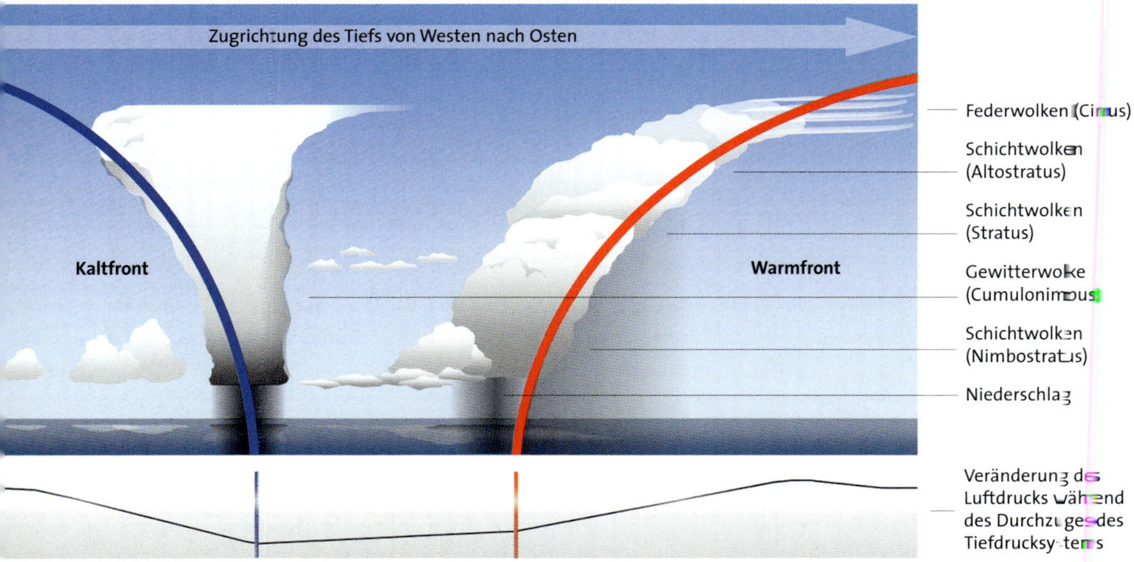

Durchzug eines Tiefdruckgebietes: Erste Anzeichen eines herannahenden Tiefdruckgebietes sind Federwolken in sehr großer Höhe. Über die nächsten 12 bis 24 Stunden verdichtet sich die Bewölkung und sinkt immer weiter herab. Schlechtere Sichtverhältnisse und Regen können auftreten. Der Luftdruck beginnt stetig zu fallen, bis die Warmfront durchgezogen ist. Danach fällt er nur noch leicht oder bleibt konstant. Die Bewölkung kann zwischenzeitlich auflockern, im Bereich der Kaltfront muss jedoch wieder mit starkem Niederschlag, Gewittern und Sturmböen gerechnet werden. Auf der Rückseite der Kaltfront steigt der Luftdruck, und es klart wieder auf.

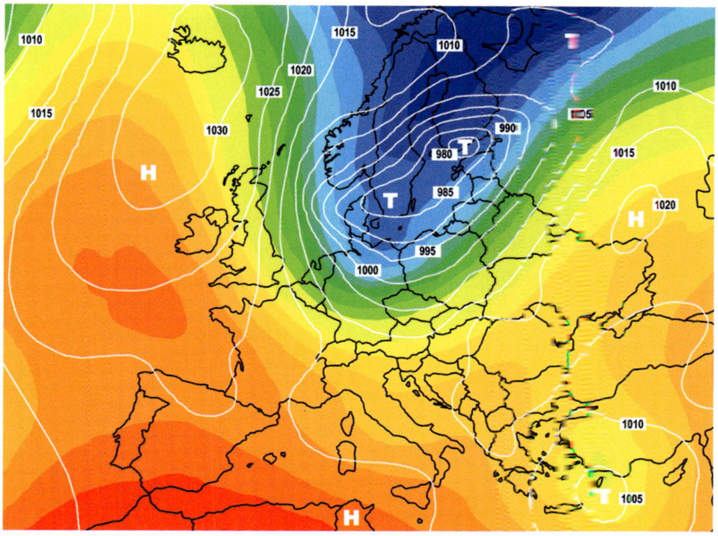

Sturmflutlage: Ein Orkantief über Skandinavien sorgt für hohes Druckgefälle über der Nordsee (auf dieser Analysekarte durch dicht beieinanderliegende weiße Isobaren erkennbar). Der resultierende Nordweststurm drückt die auflaufende Flut gegen die Küste und in die Flussmündungen.

den Tiefdruckgebieten: Sie entstehen, wenn warme und kalte Luftmassen in Kontakt kommen. Bei ihnen liegen die Isobaren in dichten Ringen um den Kern herum (s. Wetterkarte oben). Wie ein Strudel im Wasser saugt das Tief nun gegen den Uhrzeigersinn Luft von den umliegenden Hochs an, um sich langsam aufzufüllen. Je niedriger sein Druck, desto größer seine Kraft. Im Gefolge eines Tiefs kommen in kurzen Abständen Warm- und Kaltfront; während sie von Westen nach Osten ziehen bringen sie unstetes bis schlechtes Wetter, viel Niederschlag und oft genug gefährliche Sturm- und Gewitterböen. Wenn die Warmfront dabei von der Kaltfront eingeholt wird, spricht der Wetterbericht von einer Okklusionsfront.

Auch der Seewetterbericht, der mehrmals täglich aktualisiert vom Deutschen Wetterdienst erstellt und in den verschiedensten Medien veröffentlicht wird (alle Informationen gibt es auch im Internet unter www.dwd.de), beginnt mit der Wetterlage. Darauf folgen Starkwind- und Sturmwarnung (wenn vorhanden), die Vorhersagen und Aussichten, jeweils nach Seerevieren geordnet. Dazu kommt der Trend für Nord- und Ostsee und die einzelnen Stationsmeldungen mit den aktuellen, lokalen Wettermeldungen von Schottland bis nach Finnland. ■

DIE BEAUFORT-SKALA

Windstärke in Beaufort	Windgeschwindigkeit in Knoten	Windgeschwindigkeit in km/h	Bezeichnung
0	0–1	0–1	Stille
1	1–3	1–5	leiser Zug
2	4–6	6–11	leichte Brise
3	7–10	12–19	schwache Brise
4	11–16	20–28	mäßige Brise
5	17–21	29–38	frische Brise
6	22–27	39–49	starker Wind
7	28–33	50–61	steifer Wind
8	34–40	62–74	stürmischer Wind
9	41–47	75–88	Sturm
10	48–55	89–102	schwerer Sturm
11	56–63	103–117	orkanartiger Sturm
12	> 64	> 118	Orkan

DIE NOTSIGNALE

Echte Notsituationen treten selten ein; wenn es aber einmal so weit ist, sollte man kühlen Kopf bewahren und die Lage genau prüfen, bevor man ein entsprechendes Signal abgibt: Natürlich gibt es Unterschiede: So kann man durch Sichtzeichen ein anderes Sportboot als Schlepphilfe herbeirufen, im echten Seenotfall mit einem einzigen »Mayday«-Ruf aber auch die ganze SAR-Maschinerie in Gang setzen (s. Seite 98). Einige Signale sind hier abgebildet, die vollständige Übersicht findet sich in den Kästen. Es erklärt sich von selbst, dass Notsignale nicht zum Spaß gezeigt werden dürfen.

Pyrotechnische Signalmittel wie ein gezündeter Rauchtopf sind auch auf größere Entfernung kaum falsch zu verstehen.

OFFIZIELLE NOTZEICHEN (SEE)

KVR (Kollisionsverhütungsregel) 37: Die folgenden Signale, die zusammen oder einzeln verwendet oder gezeigt werden, bedeuten Not und die Notwendigkeit der Hilfe:

- **A** Kanonenschüsse oder andere Knallsignale in Zwischenräumen von etwa einer Minute,
- **B** anhaltendes Ertönen eines Nebelsignalgeräts,
- **C** Raketen oder Leuchtkugeln mit roten Sternen einzeln in kurzen Zwischenräumen,
- **D** das durch Telegrafiefunk oder andere Signalart gegebene Morsesignal ···––––··· (SOS),
- **E** das Sprechfunksignal aus dem gesprochenen Wort »Mayday«,
- **F** das Notzeichen NC des Internationalen Signalbuchs,
- **G** ein Signal aus einer viereckigen Flagge, darüber oder darunter ein Ball oder etwas, das einem Ball ähnlich sieht,
- **H** Flammensignale auf dem Fahrzeug, z. B. brennende Teer-, Öltonnen oder dergleichen,
- **I** eine rote Fallschirm-Leuchtrakete oder eine rote Handfackel,
- **J** ein Rauchsignal mit orangefarbenem Rauch,
- **K** langsames, wiederholtes Heben und Senken der seitwärts ausgestreckten Arme,
- **L** das Telegrafiefunk-Alarmzeichen,
- **M** das Sprechfunk-Alarmzeichen,
- **N** von einer Seenotfunkboje ausgestrahlte Funksignale,
- **O** zugelassene Signale, die über Funksysteme einschließlich Radartransponder auf Überlebensfahrzeugen übermittelt werden.

Diese Signale dürfen nur verwendet oder gezeigt werden, wenn Not und die Notwendigkeit der Hilfe vorliegen; die Verwendung von Signalen, die mit diesen Signalen verwechselt werden können, ist verboten.

OFFIZIELLE NOTZEICHEN (BINNEN)

Binnenschifffahrtsstrassen-Ordnung (BinSchStrO): §§ 3.30 und 4.04: Ein in Not befindliches Fahrzeug kann mit folgenden Sicht- und Schallzeichen Hilfe herbeirufen:

- **A** Notzeichen bei Nacht: ein Licht, das im Kreis geschwenkt wird,
- **B** Notzeichen bei Tag: eine rote Flagge, die im Kreis geschwenkt wird, oder ein sonstiger geeigneter Gegenstand, der im Kreis geschwenkt wird,
- **C** Schallzeichen: wiederholte lange Töne,
- **D** Schallzeichen: Gruppe von Glockenschlägen.

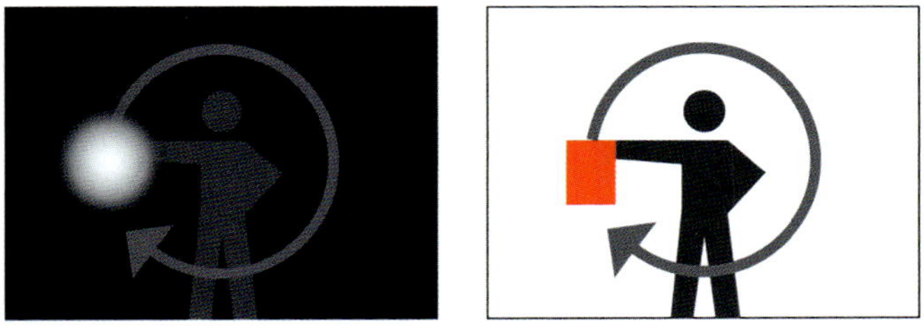

Binnen: Nachts wird ein Licht im Kreis geschwenkt (links), tagsüber eine rote Flagge oder ein anderer geeigneter Gegenstand – Hauptsache, er zieht Aufmerksamkeit auf sich und macht die Notlage deutlich (rechts).

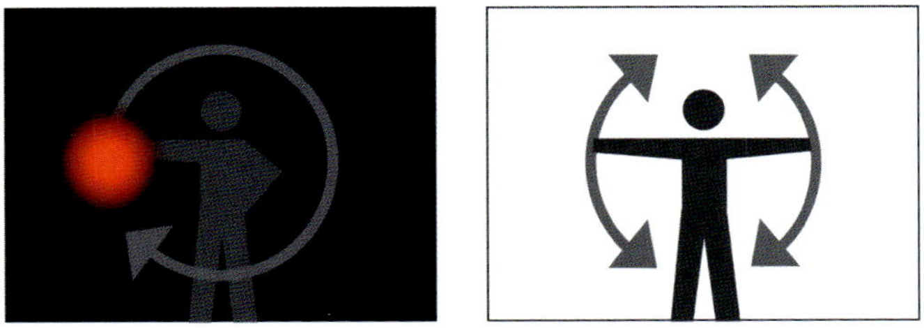

See: Ein optisches Notsignal in der Nacht ist das Abbrennen einer roten Handfackel (links), am Tag können beide Arme ausgestreckt auf und nieder bewegt werden, am besten von gut sichtbarer Position aus (rechts).

See: Die beiden Flaggen N und C übereinander ergeben das Notsignal des Internationalen Signalbuches.

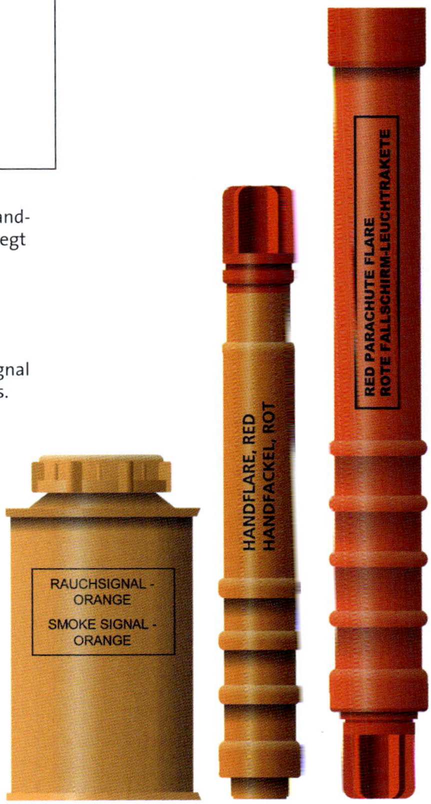

See: Pyrotechnische Signalmittel sind gut sichtbar und entsprechend wirkungsvoll. Von links nach rechts: Rauchsignal orange, rote Handfackel, rote Fallschirmleuchtrakete. Für Erwerb und Nutzung ist jedoch ein zusätzlicher Sachkundenachweis erforderlich.

6

CHARTER

Urlaubsplanung
Deutschland
Europa
Bootstypen

AUF CHARTERTÖRN

Revierauswahl, Führerschein, Reiseoptionen

Das Netz der europäischen Charterreviere überspannt längst den ganzen Kontinent, von Finnland bis nach Portugal, von Schottland bis nach Griechenland – und es wird immer dichter, binnen wie buten. Zuletzt ist kein Jahr vergangen, in dem nicht neue Stützpunkte hinzugekommen wären. Viele Statistiken belegen, dass die Urlaubsreise auf gemietetem Kiel immer populärer wird. Ein Grund dafür ist sicherlich die bereits erwähnte große Auswahl an Zielregionen; ein anderer die Möglichkeit, vielerorts auch ohne Bootsführerschein auf Törn gehen zu können (s. Kasten auf dieser Seite).

Grundsätzlich sind alle angeboteten Reviere in Europa auch für den Charter geeignet. Ein wichtiger Punkt liegt jedoch auf der Hand: Der Anspruchsgrad unterscheidet sich. Und das gilt nicht nur für die Trennung zwischen See- und Binnenrevieren, sondern auch innerhalb der »führerscheinfreien« Regionen im In- und Ausland. Gerade Einsteiger sollten sich deshalb vor Auswahl und Buchung eines bestimmten Törns überlegen, ob sie ihre Vorkenntnisse als Skipper (und Crew) angemessen einschätzen, um die Reise zu einem wirklich entspannten Urlaubs-erlebnis werden zu lassen.

Moderne Technik: Seit 2011 bietet Europas größter Vercharterer Le Boat auch Hausboote der nächsten Generation an: Der Typ ist 14,97 m lang und bietet je nach Variante Platz für neun Personen. Der zukunftsweisende Hybridantrieb wird auch von Solarzellen gespeist. Manöver werden mit einem Joystick gefahren – dank Podantrieb auch seitwärts.

SKIPPERN OHNE FÜHRERSCHEIN

Streng genommen gibt es zumindest in Deutschland keine »führerscheinfreien« Reviere. Dass auf einer ganzen Reihe von Binnenwasserstraßen (besonders in Mecklenburg, s. Seite 123) trotzdem ohne amtlichen Sportbootführerschein geskippert werden darf, ist der Charterbescheinigung zu verdanken. Sie wird erst nach gründlicher theoretischer und praktischer Einweisung durch den Vercharterer (mit Protokoll) ausgestellt und ist danach nur für den Zeitraum der Charter gültig. Die Boote müssen eine Länge von weniger als 15 m haben und ihre Höchstgeschwindigkeit darf 12 km/h nicht überschreiten. Eingeführt wurde das Konzept im Jahre 2000, und die Statistiken weisen so geringe Unfallquoten auf, dass die Charterbescheinigung inzwischen als voller Erfolg gewertet wird. Eine vollständige Liste der Gewässerabschnitte, auf denen sie gilt, findet sich in Anhang B (s. Seite 132). Auf vielen anderen europäischen Binnenrevieren ist das Befahren dagegen übrigens tatsächlich führerscheinfrei.

DIE EINWEGFAHRT

Einwegfahrten (oder auch One-Way-Fahrten) sind Chartertörns, die unterschiedliche Start- und Zielhäfen haben. Das hat zwei große Vorteile für die Crews: Die Reichweite vergrößert sich, da die gleiche Strecke nicht auf Hin- und Rückfahrt bewältigt werden muss, und man bekommt in der Regel durch die größere Anzahl der möglichen Liegehäfen und Städte entlang der Route auch mehr zu sehen.

Je nach Buchungslage kann die Fahrtrichtung vom Vercharterer vorgegeben werden. Für den Rücktransport zur Ausgangsbasis gibt es (meist kostenpflichtige) Shuttle-Dienste. Einwegfahrten existieren nicht in allen Revieren und wenn ja, dann nicht immer für alle Bootstypen; der Vercharterer muss mindestens über zwei Stützpunkte im Revier verfügen, und die Nachfrage insgesamt sollte den logistischen Aufwand lohnen. In Deutschland besonders reizvoll sind zweiwöchige Einwegfahrten von der Ostsee über die Oder bis in den Raum Berlin oder zur Müritz – oder eben umgekehrt.

Grund genug für eine knappe Übersicht der Charterreviere Deutschlands und Europas (mit ihren Stärken und Schwächen) auf den nächsten beiden Doppelseiten. Zunächst folgt ein etwas genauerer Blick auf Deutschlands beliebteste Charterregion, danach die übrigen wichtigen Reviere Europas. Am unteren Rand jedes Infokastens befindet sich dann eine Einschätzung des jeweiligen Anspruchsgrades auf einer Skala von eins bis fünf. Bei der Auswertung wird schnell deutlich, dass der Großteil der Binnenreviere auch mit weniger Erfahrung noch gut zu meistern ist (Anspruchsgrad 2). Besser noch: Es gibt sogar gleich zwei ausgesprochene »Anfängerreviere«: zum einen die weitläufigen, inzwischen bestens erschlossenen und ohne Sportbootführerschein zugänglichen Mecklenburgischen Gewässer (s. Seiten 122/123), zum anderen den gutmütigen, mit vorbildlicher Infrastruktur versehenen Shannon in Irland (s. Seite 124).

Weitere Informationen finden sich auch in der nautischen Törnliteratur (im Buch- und Fachhandel erhältlich), deren Lektüre sich in jedem Fall schon vor Reiseantritt lohnt. Auf der Internetseite des Motorbootmagazins »Boote« (www.boote-magazin.de) sind zudem zahlreiche Charter-Reportagen abrufbar, die die Infrastruktur und nautischen Besonderheiten im Detail beschreiben und inzwischen zu fast allen Regionen vorliegen. Am Ende des Kapitels werden außerdem noch die verschiedenen Bootstypen und Ausstattungsmerkmale vorgestellt. ■

Ganz Europa: Die Auswahl an Charterzielen auch außerhalb Deutschlands ist enorm. Neben klassischen Revieren, wie den Niederlanden oder Frankreich, gibt es auch viele exotische Destinationen, die ein völlig neues Booterlebnis versprechen (s. Seiten 124/125). Dazu gehört die Saimaa-Region im Süden Finnlands – das größte zusammenhängende Seengebiet Europas. Auch dort kann man auf eigenem Kiel ohne Bootsführerschein auf Törn gehen. Die Charterboote der Firma Saimaan Solmu verfügen sogar über eine eigene Sauna an Bord ...

Seezeichen in Finnland: große Schwimmstangen mit Reflektorstreifen

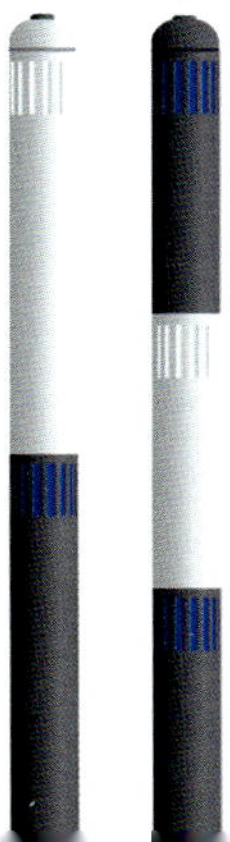

Stählernes Charterboot vom Typ Saima 1100 S: Länge 11,10 m, 4 Kojen

Abzugsrohr für den Ofen der Sauna im Heck

DAS »BLAUE PARADIES«

Das mit weitem Abstand beliebteste und größte Charterrevier der Republik liegt im Nordosten. Dort bilden die schiffbaren Binnenwasserstraßen Mecklenburgs, Brandenburgs und Berlins Deutschlands »Blaues Paradies« – und das ist noch nicht einmal übertrieben. Seen jeder Größe, Flussläufe und Kanäle bieten Törnabwechslung ohne Ende. Tausend Wetterstimmungen, spannende Städte und fast unberührte Natur garantieren eine erlebnisreiche Zeit. Würde man alle Haupt- und Nebengewässer aneinanderreihen, käme man spielend auf eine Gesamtlänge von 2000 km. Da wundert es kaum, dass inzwischen rund sechzig Charterunternehmen ihre Boote anbieten – vom Abenteuer-Holzfloß mit Außenborder bis zur edlen Stahlyacht oder zum modernen Hybridhausboot. Dabei lässt sich das Revier grob einteilen in den etwas anspruchsvolleren Süden, rund um die Metropole Berlin, und den »verkehrsberuhigten« Norden. Ein echter Magnet für Bootsurlauber ist die Region zwischen Waren, Neustrelitz und Rheinsberg mit Müritz und Mecklenburgischer Kleinseenplatte (s. rechte Seite) – ohne Frage das Herz des »Blauen Paradieses«.

Die Seen: Es ist der Wechsel von Kanälen und offenen Wasserflächen, der das Revier so reizvoll macht. Große Einzelseen wie der Schweriner See bilden dabei allerdings die Ausnahme. Weitaus häufiger sind ganze Seenstrecken oder Seenplatten – wie die großen und die kleinen Mecklenburgischen Seen. Wer seine Ruhe haben möchte, dem bieten sich vielfältige Ankerstellen zum Baden oder Übernachten. Einige Seen dürfen mit Charterbescheinigung allerdings nur in der bezeichneten Fahrrinne überquert werden.

Blaue Stunde im Paradies: Der Rheinsberger See mit seinem Schloss liegt am südlichen Ende der Rheinsberger Gewässer, einer Nebenwasserstraße in der Mecklenburgischen Kleinseenplatte.

Bootshäuser und bewaldete Ufer sind typisch für die Mecklenburgischen und Märkischen Gewässer. Dieses Charterboot ist gerade bei Mirow unterwegs. Der Ort liegt an der Müritz-Havel-Wasserstraße.

Die Kanäle: Wer zum ersten Mal im Nordosten unterwegs ist, wird überrascht sein, wie natürlich selbst die meisten künstlichen Wasserstraßenabschnitte wirken. Beton und Stahlspundwände sind tabu, befestigt sind Ufer und Böschungen meist mit Schotter und gerammten Holzpfählen – und wo es nicht stört, darf sich die Natur gerne bis ins Wasser ausbreiten. Die geringe Höchstgeschwindigkeit von meist weniger als 10 km/h (je nach Revier) garantiert entspanntes Reisen. Kritische Stellen sind immer mit Tonnen oder Tafelzeichen markiert.

MECKLENBURG UND BRANDENBURG

Stille Flussläufe und unzählige Seen bilden Deutschlands vielseitigstes Binnenrevier. Mit Anschluss nach Brandenburg, Berlin und zur Elbe.

+ Perfekt für Einsteiger, viele Törnvarianten, umfassende Infrastruktur, touristisch reizvoll, kaum Berufsschifffahrt, Charterscheinregelung.

– In der Hauptsaison oft Wartezeiten.

Anspruchsgrad: 1 (s. Seite 124)

Charterbescheinigung (s. Seite 120): Auf den weiß unterlegten Gewässern dürften Charterskipper auch ohne Führerschein auf Törn gehen. Während einige, einzelne Strecken nur sehr kurz sind, stehen im Norden des »Blauen Paradieses« zwischen Dömitz und Zehdenick rund 400 verbundene Wasserstraßenkilometer zur Verfügung.

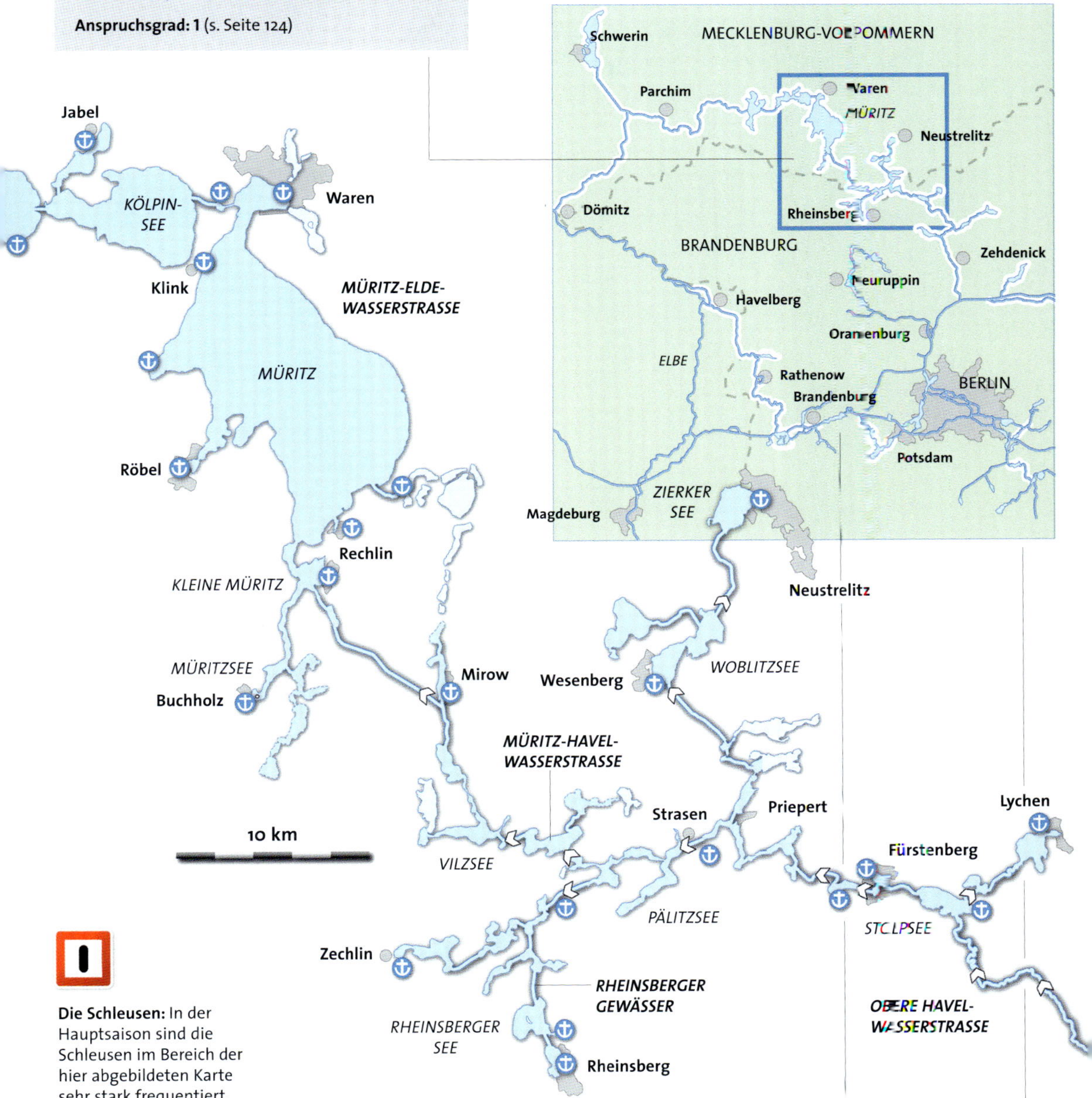

Die Schleusen: In der Hauptsaison sind die Schleusen im Bereich der hier abgebildeten Karte sehr stark frequentiert. Wartezeiten von bis zu zwei Stunden sind besonders an den Wochenenden keine Seltenheit, wobei der Hauptansturm am späten Vormittag einsetzt.

BRANDENBURG UND BERLIN

Über Havel, Spree und ruhige Nebengewässer durch märkische Auen und Wälder hinein ins Herz der deutschen Hauptstadt.

+ Viel Abwechslung zwischen Natur und Großstadt, Berlin mit dem eigenen Boot entdecken, zum Teil Charterscheinregelung.

– Erhebliche Berufsschifffahrt, insgesamt hohes Verkehrsaufkommen im Stadtbereich Berlins.

Anspruchsgrad: 2 (s. Seite 124)

CHARTERN IN EUROPA

Wer andere Charterreviere in Deutschland oder Europa auf eigenem Kiel erkunden möchte, findet auf dieser Doppelseite eine Übersicht über das aktuelle Angebot. Jeder Kasten enthält eine knappe Darstellung, wie Revier und Region beschaffen sind. Zwar sind generell alle der hier aufgeführten zwölf Ziele für den Charterurlaub gut geeignet; ein schneller Überblick über Stärken und Schwächen soll aber ebenso bei der Auswahl helfen wie der Anspruchsgrad. Er gibt an, wie groß die Vorkenntnisse von Skipper und Crew sein sollten. Die Skala reicht von 1 (ohne Einschränkungen für Anfänger geeignet) bis 5 (solide nautische Kenntnisse und Törnerfahrung dringend empfohlen). ■

1 SHANNON UND ERNE

Irlands großes Flusssystem; stauereguliert, aber naturbelassen, größere Seen, sanfte Hügellandschaft – eben typisch »grüne Insel«.

+ Perfekte Infrastruktur durch langjährige Charterindustrie, viele öffentliche Liegestellen, wenig Schleusen, unproblematische Navigation, sehr entspannend; führerscheinfrei.

– Nicht alle Orte touristisch reizvoll, ungewöhnliches Betonnungssystem.

Anspruchsgrad: 1

2 SÜD-ENGLAND

Vielseitige Möglichkeiten für Hausboote auf der frei fließenden Themse oder den gezeitenabhängigen Flussläufen der Norfolk Broads bis zu urigen »Narrowboats« auf dem dichten Kanalnetz Englands.

+ Große Auswahl an völlig unterschiedlichen Revieren, passable Infrastruktur, spannende Landgänge; führerscheinfrei.

– Mitunter sehr individuell, kaum deutsche Törnliteratur.

Anspruchsgrad: 2

3 NIEDER-LANDE

Flache Kulturlandschaft mit einem engen Netz meist künstlicher Wasserstraßen, viele Brücken und Schleusen, hübsche Städte.

+ Europas klassisches Binnenrevier mit ausgezeichneter Infrastruktur (hoher Stellenwert des Bootssports in der Bevölkerung), dazu unkomplizierter Schleusen- und Brückenbetrieb.

– Viel Betrieb im Sommer, Wartezeiten, Landschaft mitunter wenig abwechslungsreich.

Anspruchsgrad: 2

4 WESTLICHE OSTSEE

Abwechslungsreiches Seerevier, unzählige Häfen aller Größen von Flensburg über Kiel bis Wismar und Rostock. Mögliche Abstecher nach Dänemark.

+ Flexible Zielwahl je nach Wetterlage, große Marinas, Kontraste zwischen offener See und wunderschönen Förden wie der Schlei.

– Weite Strecken, überfüllte Häfen in der Hauptsaison, viel Schiffsverkehr, Wetter kann den Törnablauf behindern.

Anspruchsgrad: 4

5 BODDEN-GEWÄSSER

Von der offenen Ostsee abgeschirmte Reviere in den Bodden, bei passendem Wetter kann Rügen mit Kap Arkona und Kreidefelsen umrundet werden.

+ Idyllische Natur, weniger Boote als in der Kieler Bucht und bei schlechtem Wetter besser geschützt, kaum Großschifffahrt.

– Zum Teil noch recht bescheidene Infrastruktur (in kleinen Häfen), Befahrenseinschränkungen in Naturschutzgebieten.

Anspruchsgrad: 3

6 MASURISCHE SEEN

Die grüne Idylle der masurischen Seenplatte, gesäumt von Schilfgürteln und verbunden durch kurze Kanäle, rund um das Zentrum der Region in Mikolajki.

+ Zeitgemäße Infrastruktur inzwischen in den meisten Häfen, unkomplizierte Atmosphäre, weitflächig, führerscheinfrei.

– Vergleichsweise aufwendige Anreise (langer Transfer), die meisten Städte im Revier bislang kaum touristisch erschlossen.

Anspruchsgrad: 2

7 WEST-FRANKREICH

Im rauen Nordwesten Frankreichs verbinden alte Wasserstraßen prachtvolle mittelalterliche Städte. Mit dem Hausboot geht es zu den Burgen der Bretagne oder zu den Schlössern des Anjou.

+ Vielseitig und gut erschlossen, kulturell und historisch eindrucksvoll, gute Charterinfrastruktur, führerscheinfrei.

– Viele Schleusen, Beriebszeiten erfordern genaue Planung, recht weite Anreise.

Anspruchsgrad: 2

8 OST-FRANKREICH

Unterwegs im uralten Kulturland zwischen Ardennen, Elsass und Burgund auf Flüssen und Kanälen, die durch unzählige Schleusen gebändigt werden.

+ Bestens erschlossen, malerische Flüsse mit vergleichsweise wenigen Schleusen, kulturell und kulinarisch vielseitig, kurze Anreise, führerscheinfrei.

– Kanäle sehr schleusenreich, landseitige Infrastruktur zum Teil leider sehr stark ausgedünnt.

Anspruchsgrad: 2

9 SÜD-FRANKREICH

Die Binnenreviere im weitläufigen Süden des Landes spannen sich von Charente und Lot im Westen bis zu den warmen Regionen des Midi und der Camargue nahe dem Mittelmeer.

+ Gute Infrastruktur, im Sommer in der Regel gutes Wetter mit viel Sonne, spannende Kultur, Urlaubsgefühl und mediterranes Flair.

– In der französischen Feriensaison sehr stark frequentiert, knappe Liegeplätze, öfter lange Wartezeiten.

Anspruchsgrad: 2

10 DIE BALEAREN

Die aus fünf Inseln bestehende Gruppe der Balearen liegt im offenen westlichen Mittelmeer. Charterangebote gibt es zurzeit auf Mallorca und Menorca.

+ Faszinierendste Art, die »Lieblingsinsel« der Deutschen kennenzulernen (Inselumrundung in 14 Tagen), eindrucksvolle Natur, problemlose Anreise.

– Nautisch extrem anspruchsvoll (offene See), sehr hohe Nebenkosten (z. B. Liegegebühren).

Anspruchsgrad: 5

11 LAGUNEN VENETIENS

Die weitläufigen Lagunen Venetiens bilden das nordwestliche Ende der Adria. Neben seinen alten Handelsstädten bieten sich auch Inseln als Ziele an.

+ Venedig mit Boot als einmaliges Urlaubserlebnis, einfache Anreise, geschützte Gewässer, führerscheinfrei.

– Infrastruktur für die angebotenen Hausboote noch nicht überall genügend entwickelt, viel Bootsverkehr, nautisch durchaus anspruchsvoll.

Anspruchsgrad: 3

12 KROATISCHE ADRIA

Schroffe Küsten, unzählige Inseln und kristallklares Wasser: Die kroatische Adriaküste lockt mit vielen schönen Abschnitten wie den einzigartigen Kornaten.

+ Weitläufiges Revier, einmalige Natur, viele Ankerbuchten, großes Charterangebot, lange Saison, moderne Marinas (weiter im Ausbau), belebte Häfen, schöne Küstenstädte.

– Nautisch anspruchsvoll, Wetterumschwünge, im Sommer zum Teil stark überfüllte Häfen.

Anspruchsgrad: 4

DIE CHARTERFLOTTE

Bootstypen, Ausstattung und Auswahlkriterien

Fast ebenso wichtig wie die Auswahl des passenden Reviers ist natürlich die des Charterbootes selbst: Während die Flotten der großen, in mehreren Ländern vertretenen Charterfirmen im Binnenbereich fast ausschließlich aus Hausbooten bestehen (meist marken-exklusiv mit Serienmodellen in verschiedenen Größen und Varianten), setzen regionale Anbieter auf individuellere Motoryachten (als Verdränger oder Gleiter) und kleinere Kajütboote.

Die inzwischen weitverbreitete Bezeichnung Hausboot ist etwas irreführend, denn im Grunde handelt es sich ebenfalls auch um Kajütboote oder Motoryachten. Der Unterschied besteht darin, dass sie – wie die unten abgebildete Kormoran 1140 – speziell auf den Charterbetrieb zugeschnitten sind und auf die Crews, die sich nicht alltäglich auf dem Wasser aufhalten. Dazu gehört eine robuste Konstruktion mit gutem Fenderschutz und leicht erlern- und bedienbarer Technik ebenso wie eine praktische Raumaufteilung und ausreichend Platz an Deck. Ihre geringe Höchstgeschwindigkeit ist für Binnenreviere ausreichend. Das spart unterwegs Stress und stärkt das Naturerlebnis, führt aber dazu, dass man mitunter ein bisschen früher aufstehen muss, wenn man einen langen Törntag vor sich hat. Ein weiteres Plus der gemütlichen Verdrän-

Hausboot: Das Hausboot vom Typ Kormoran der Firma Kuhnle Tours gibt es in sechs Größen für zwei bis zwölf Personen. Diese 1140 Primus (11,40 m Länge) bietet sechs Kojen und zwei weitere umwandelbare Schlafplätze im Salon. Sie kostet je nach Saison etwa 1500 bis 2700 Euro pro Woche (plus Betriebskosten und Extras). Viele Vercharterer bieten zudem unter bestimmten Voraussetzungen Rabatte an.

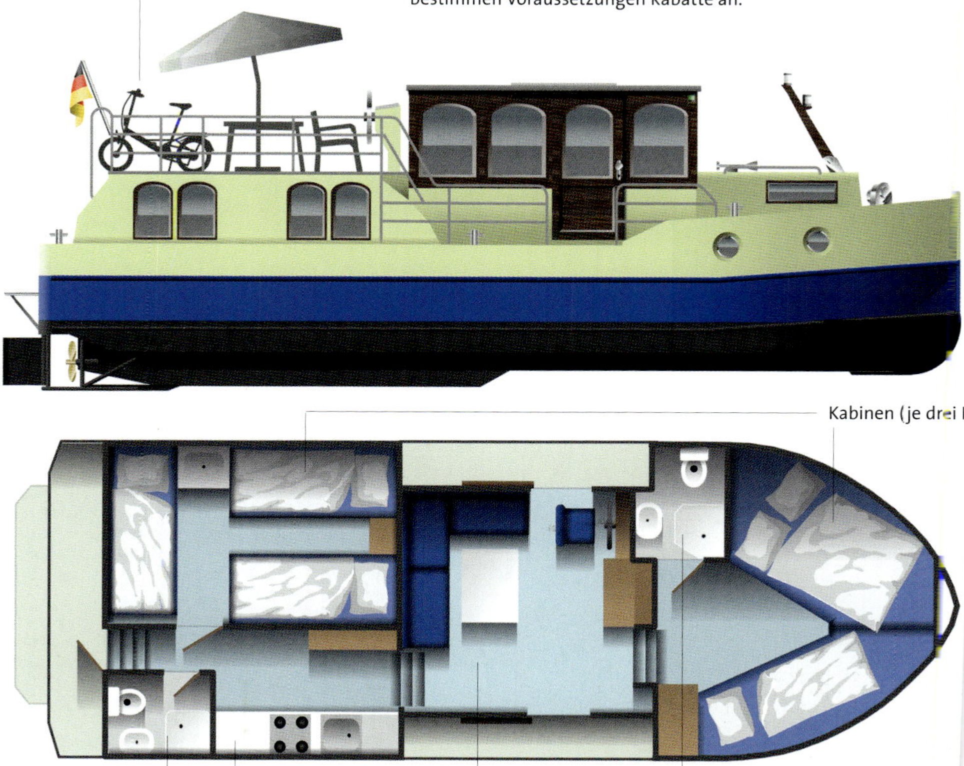

WORAUF MAN ACHTEN MUSS

VERSICHERUNGSSCHUTZ: Klären Sie mit dem Vercharterer, welche Risiken zu welcher Höhe durch den Chartervertrag gedeckt sind; im Zweifelsfall besteht noch die Möglichkeit zum Abschluss einer Zusatzversicherung.
EXTRAS: Welche Ausstattung ist eingeschlossen, für was muss extra bezahlt werden? Ein Vergleich zwischen verschiedenen Vercharterern lohnt immer. Überlegen Sie auch, was Sie zusätzlich benötigen. Klassische, kostenpflichtige Extras sind Beiboot und Fahrräder.
BETRIEBSKOSTEN: Auch die Berechnung der Betriebskosten kann unterschiedlich erfolgen, mal pauschal nach Betriebsstunden, mal nach tatsächlichem Verbrauch. Ebenfalls klären.
ÜBERNAHME: Die Übernahme erfolgt nach Checkliste. Stellen Sie sicher, dass alles, für das Sie unterschreiben, wirklich vorhanden ist!

ger ist, dass es sie auch in Ausführungen für bis zu zehn oder sogar noch mehr Personen gibt.

Ein ebenfalls in Deutschland weitverbreiteter Charterbootstyp ist der niederländische Stahlverdränger. Diese klassischen Motoryachten ab etwa 10 m Länge sind in der Regel »schiffiger«, leistungsstärker, edler und individueller ausgestattet als Hausboote. Dafür kann die Handhabung der Technik etwas weniger intuitiv sein, wobei ein bisschen Erfahrung von Vorteil ist.

Das auf dieser Seite dargestellte Beispiel zeigt eine Proficiat Retro 1025. Auch schnelle Motoryachten werden angeboten; sie sind zwar keine Raumwunder, aber bieten eben ein ganz besonderes Fahrgefühl. Zudem ist die eindrucksvolle Reisegeschwindigkeit dieser Gleiter auf weiträumigen Seerevieren entlang der Ostseeküste von entscheidendem Vorteil.

Der hohe Treibstoffverbrauch bedeutet allerdings hohe Betriebskosten. Die kostengünstigste Variante unter den Charterbooten ist das kleine Kajütboot (s. Seite 33 unten), allerdings müssen dafür natürlich Abstriche beim Platzangebot gemacht werden.

Nicht in jedem Revier stehen alle Bootstypen zur Verfügung; gibt es eine größere Auswahl zwischen Typen und Modellen (wie fast überall in Deutschland und den Niederlanden), hat ein Vergleich selbst dann Sinn, wenn man zu den »Fans« des einen oder anderen Typs gehört.

Entscheidende Details könnten zum Beispiel sein, über wie viele Kojen ein Boot tatsächlich verfügt, wo sie liegen und ob der Umbau problematisch ist, falls jemand im Salon schlafen soll. Wie sieht es mit Bug- und Heckstrahlruder aus, die alle Manöver nicht nur für Einsteiger so unendlich erleichtern? Vielleicht verfügt der angebotene Stahlverdränger ja über eine Flybridge (bei schönem Wetter wünschenswert), das angebotene Hausboot jedoch nicht. Oder umgekehrt: Sind mit dem Hausboot Einwegfahrten möglich (siehe Kasten oben), die mit einem anderen, eigentlich favorisierten Typ nicht angeboten werden? ■

Motoryacht: Niederländische Stahlverdränger wie diese Proficiat Retro 1025 sind als Charterboote ebenfalls sehr beliebt. Zur Ausstattung gehören bei diesem 10,50 m langen 6-Personen-Boot auch Bug- und Heckstrahlruder. Die Höhe von 3,90 m kann durch Abbau des Cabrioverdecks auf 3,20 m, verringert werden – wichtig bei einigen Brücken.

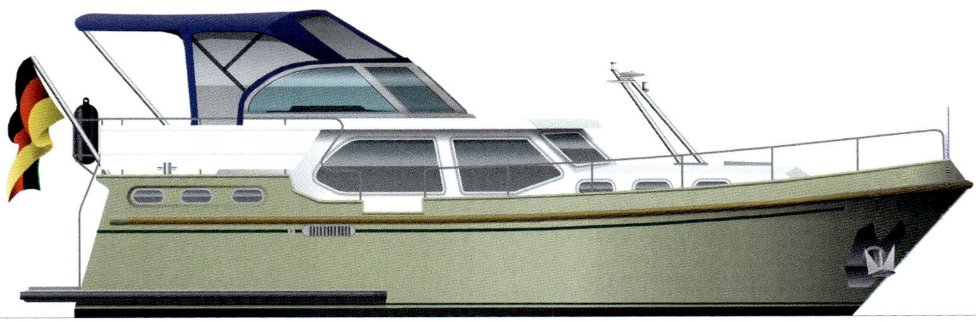

ANHANG

mit
Register

A: DEUTSCHE WASSERSTRASSEN

Die für motorisierte Sportboote schiffbaren Wasserstraßen Deutschlands sind hier zusammengefasst. Dabei handelt es sich um die Binnenwasserstraßen des Bundes, auf denen entweder die Binnen- oder die Seeschifffahrtsstraßen-Ordnung oder die entsprechenden, ähnlichen internationalen Vorschriften gelten (für die Gültigkeitsbereiche s. auch Seiten 48/49), viele Landesgewässer sind ebenfalls aufgeführt. Die Ziffern auf den Karten entsprechen jenen in der Referenzliste. Angegeben sind Bezeichnung der Wasserstraße, Länge (auf volle Kilometer gerundet) und die Anzahl der Schleusen oder Hebewerke (S) bzw. Sperrwerke (SW).

1 **Rhein** L: 732 km, S: 12 S
2 **Schiff.-Weg Rhein-Kleve** L: 10 km, S: 1
3 **Mosel** L: 243 km, S: 13
4 **Saar** L: 106 km, S: 10
5 **Lahn** L:67 km, S: 12
6 **Neckar** L: 201 km, S: 27
7 **Main** L: 388 km, S: 34
8 **Main-Donau-Kanal** L: 171 km, S: 16
9 **Donau** L: 213 km, S: 6
10 **Ruhr** L: 41 km, S: 5
11 **Rhein-Herne-Kanal** L: 49 km, S: 5
12 **Wesel-Datteln-Kanal** L: 60 km, S: 6
13 **Datteln-Hamm-Kanal** L: 47 km, S: 2
14 **Dortmund-Ems-K.** L: 226 km, S: 15
15 **Obere Ems** L: 38 km, S: 4
16 **Untere Ems** L: 40 km
17 **Ems-Seitenkanal** L: 9 km, S: 2
18 **Küstenkanal** L: 70 km, S: 2
19 **Untere Hunte** L: 25 km, SW: 1
20 **Elisabethfehnkanal** L: 15 km, S: 2
21 **Leda** L: 25 km, SW: 1

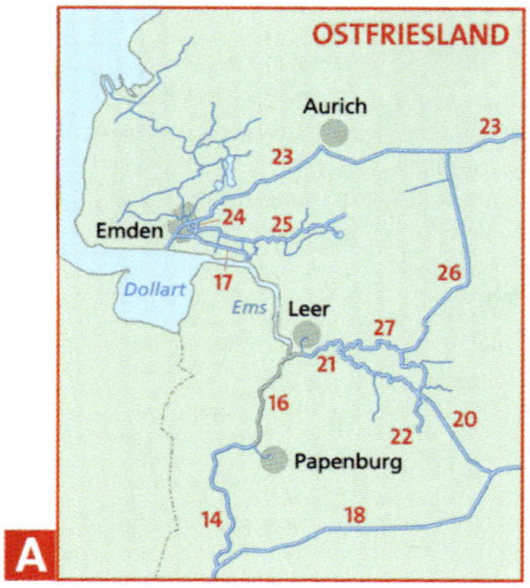

ZEICHENERKLÄRUNG

- **Seeschifffahrtsstraße**
- **Binnenschifffahrtsstraße** Bundes- oder Landesgewässer
- Abschnittsmarkierung
- weitere, für motorisierte Sportboote schiffbare Nebengewässer
- 26 fortlaufende Gewässernummer in der Tabelle
- 54.7 Gewässerabschnitt
- *Elbe* Gewässer oder Wasserstraße
- Papenburg Stadt

22 **Sagter Ems** L: 6 km
23 **Ems-Jade-Kanal** L: 72 km, S: 6
24 **Verbindungskanal** L: 2 km, S: 1
25 **Fehntjer Tief** L: 29 km
26 **Nordgeorgsfehnkanal** L: 32 km, S: 8
27 **Jümme** L: 19 km
28 **Haren-Rütenbrock-K.** L: 14 km, S: 4
29 **Ems-Vechte-Kanal** L: 17 km, S: 1
30 **Mittellandkanal** L: 325 km, S: 3
31 **Stichkanal Ibbenbüren** L: 1,1 km
32 **Stichkanal Osnabrück** L: 15 km, S: 2
33 **Verbindungskanal Nord** L: 1 km, S: 1
34 **Verbindungskanal Süd** L: 1 km, S: 2
35 **Stichkan. Hannover Linden** L: 11 km
36 **Verbindungsk. zur Leine** L: 2 km, S: 1
37 **Stichkanal Misburg** L: 3 km
38 **Stichkanal Hildesheim** L: 14 km, S: 1
39 **Stichkanal Salzgitter** L: 18 km, S: 2
40 **Rothenseer Verbindungsk.** L: 5 km, S: 1
41 **Elbe-Seitenkanal** L: 115 km, S: 2
42 **Elbe-Havelkanal** L: 55 km, S: 3
43 **Niegripper Verbindungsk.** L: 1 km, S: 1
44 **Pareyer Verbindungsk.** L: 3 km, S: 1
45 **Roßdorfer Altkanal** L: 7 km
46 **Wendsee-Wasserstraße** L: 4 km
47 **Untere Fulda** L: 32 km, S: 5
48 **Weser** L: 410 km, S: 8
49 **Aller** L: 117 km, S: 4
50 **Lesum** L: 10 km, S: 3, SW: 1
51 **Hamme** L: 24 km, S: 3
52 **Wümme** L: 19 km
53 **Schiff.-Weg Elbe-Weser** L: 64 km, S: 3
54 **Elbe** L: 727 km, S: 1
55 **Saale** L: 124 km, S: 12
56 **Obere Saale** L: 35 km, S: 5
57 **Unstrut** L: 44 km, S: 5
58 **Saale-Leipzig-Kanal** L: 11 km
59 **Elbe-Lübeck-Kanal** L: 67 km, S: 7
60 **Untertrave** L: 22 km
61 **Ilmenau** L: 29 km, S: 3, SW: 1
62 **Dove-Elbe** L: 19 km, S: 2
63 **Bille** L: 8 km, S: 2
64 **Este** L: 13 km, SW: 2
65 **Lühe** L: 13 km, SW: 1
66 **Pinnau** L: 20 km, SW: 1
67 **Krückau** L: 11 km, SW: 1
68 **Schwinge** L: 5 km, SW: 1
69 **Stör** L: 49 km, SW: 1
70 **Oste** L: 74 km, SW: 1
71 **Nord-Ostsee-Kanal** L: 99 km, S: 2
72 **Gieselaukanal** L: 3 km, S: 1
73 **Eider** L: 110 km, S: 3
74 **Untere Havel-W.** L: 149 km, S: 6
75 **Havel-Mündungsstrecke** L: 18 km, S: 2
76 **Potsdamer Havel** L: 30 km
77 **Ketziner Havel** L: 3 km
78 **Emster Gewässer** L: 16 km
79 **Brandenburger Stadtkanal** L: 4 km, S:1
80 **Brandenburger Niederhavel** L: 7 km
81 **Beetzsee-Riewendsee-W.** L: 22 km
82 **Rathenower Havel** L: 4 km, S: 1
83 **Hohennauener Wasserstraße** L: 10 km
84 **Havelkanal** L: 35 km, S: 1
85 **Spree-Oder-W.** L: 130 km, S: 7
86 **Landwehrkanal** L: 11 km, S: 2
87 **Spreekanal** L: 2 km
88 **Müggelspree** L: 12 km
89 **Seddinsee und Gosener Kanal** L: 6 km
90 **Obere Spree-W.** L: 58 km, S: 4
91 **Kleiner Müllroser See** L: 1 km
92 **Berlin-Spandauer-Schiff.-K.** L: 15 km, S: 1
93 **Westhafenkanal** L: 3 km
94 **Charlottenburger Verbindungsk.** L:2 km
95 **Neuköllner Schifffahrtsk.** L: 4 km, S: 1
96 **Teltowkanal** L: 38 km, S: 1
97 **Griebnitzkanal** L: 4 km
98 **Britzer Verbindungskanal** L: 3 km
99 **Rüderdorfer Gewässer** L: 11 km, S: 1
100 **Langerhanskanal** L: 1 km
101 **Löcknitz** L: 11 km
102 **Dahme-Wasserstraße** L: 24 km, S: 3
103 **Wernsdorfer Seenkette** L: 6 km
104 **Nottekanal, Mellensee** L: 24 km, S: 3
105 **Gallun-Kanal** L: 4 km, S: 1
106 **Storkower Gewässer** L: 33 km, S: 3
107 **Teupitzer Gewässer** L: 18 km
108 **Havel-Oder-W.** L: 135 km, S: 4
109 **Tegeler See** L: 5 km
110 **Veltener Stichkanal** L: 3 km
111 **Oranienburger Kanal** L: 8 km, S: 1
112 **Ruppiner Kanal** L: 15 km, S: 2
113 **Ruppiner Wasserstraße** L: 56 km, S: 2
114 **Fehrbelliner W.** L: 18 km, S: 1
115 **Oranienburger Havel** L: 3 km
116 **Finowkanal** L: 32 km, S: 12
117 **Werbelliner Gewässer** L: 17 km, S: 2
118 **Wriezener Alte Oder** L: 3 km
119 **Schwedter Querfahrt** L: 4 km, S: 1
120 **Oder** L: 199 km
121 **Westoder** L: 37 km
122 **Obere Havel-W.** L: 94 km, S: 11
123 **Wentow-Gewässer** L: 11 km, S: 1
124 **Templiner Gewässer** L: 22 km, S: 2
125 **Lychener Gewässer** L: 8 km, S: 1
126 **Müritz-Havel-W.** L: 32 km, S: 4
127 **Rheinsberger Gewässer** L: 13 km, S: 1
128 **Zechliner Gewässer** L: 8 km
129 **Müritz-Elde-W.** L: 180 km, S: 17
130 **Stör-Wasserstraße** L: 45 km, S: 1
131 **Uecker** L: 3 km
132 **Peene** L: 105 km
133 **Ryck** L: 6 km
134 **Unterwarnow** L: 12 km
135 **Warnow** L: 2 km, S: 1

ABKÜRZUNGEN: **Schiff.-Weg** = Schifffahrtsweg, **-k. -K.** = Kanal, **Verbindungsk.** = Verbindungskanal, **-W.** = Wasserstraße

B: CHARTERBESCHEINIGUNG – REVIERE

Die folgende Tabelle listet alle Binnenschifffahrtsstraßen auf, die mit einer Charterbescheingung (s. Seite 124) befahren werden dürfen und nennt auch die jeweiligen Abschnitte mit der genauen Begrenzung der Kilometrierung. Die roten Ziffern entsprechen der Auflistung der Wasserstraßen im Anhang A (s. Seiten 130/131). Zu vielen Abschnitten gibt es zusätzliche Einschränkungen, wie etwa ein Befahrensverbot ab Windstärke 4 Beaufort oder eine an bezeichnete Fahrrinnen gebundene Durchfahrtserlaubnis für Seenstrecken. Welche Einschränkungen genau gelten, kann der Sportbootvermietungsverordnung (BinSch-SportbootVermV) entnommen werden, aus der diese Angaben stammen.

	Wasserstraße Bezeichnung	Liste (S. 134/135)	von km		bis km	
1	**Peene**	132	**2,50**	Malchin	**34,90** **104.60**	Demmin Peenestrom (für Inhaber des SBF See)
2	**Müritz-Elde-Wasserstraße**	129				
2.1	Stör-Wasserstraße (130)		**0**	Einmündung in die Müritz-Elde-Wasserstraße	**19,88**	Einmündung in den Schweriner See
2.1	Stör-Wasserstraße (130)		**19,88**	Einmündung in den Schweriner See	**44,70**	Hohen Viecheln
2.3	Müritz-Elde-Wasserstraße		**0,95**	Schleuse Dömitz	**121,00**	Beginn Plauer See
2.4	Müritz-Elde-Wasserstraße		**121,00**	Beginn Plauer See	**126,00**	Lenz
2.5	Müritz-Elde-Wasserstraße		**126,00**	Lenz	**152,50**	Klink an der Müritz
2.6	Müritz-Elde-Wasserstraße		**152,50**	Klink an der Müritz	**167,00**	Ausf. Hafendorf Claassee
2.7	Müritz-Elde-Wasserstraße		**167,00**	Ausf. Hafendorf Claassee	**180,00**	Buchholz
3	**Müritz-Havel-Wasserstraße** mit Haupt- und Nebenstrecken	126	**0,00**	Einmündung in die Obere Havel-Wasserstraße	**31,80**	Einmündung in die Müritz-Elde-Wasserstraße
4	**Untere Havel-Wasserstraße**	74				
4.1	Potsdamer Havel (76) mit Haupt- und Nebenstrecken		**28,00**	Babelsberger Enge	**0,00**	Einmündung in die Untere Havel-Wasserstraße
4.2	Untere Havel-Wasserstraße mit Haupt- und Nebenstrecken, einschließlich Beetzsee-Riewendsee-Wasserstraße (81)		**56,00**	Brandenburg	**67,50**	Plaue
4.3	Untere Havel-Wasserstraße mit Haupt- und Nebenstrecken		**67,50**	Plaue	**145,80**	Havelberg
4.4	Untere Havel-Mündungsstrecke (75) mit Haupt- und Nebenstr.		**145,80**	Havelberg	**156,00**	Quitzöbel
5	**Obere Havel-Wasserstraße**	122				
5.1	Obere Havel-Wasserstraße mit Haupt- und Nebenstrecken		**15,90**	Schleuse Zehdenick	**94,40**	Hafen Neustrelitz Plaue
5.2	Obere Havel-Wasserstraße mit Haupt- und Nebenstrecken		**43,95**	Schleuse Liebenwalde (Malzer Kanal)	**15,90**	Schleuse Zehdenick
6	**Havel-Oder-Wasserstraße**	108				
	Finowkanal (116)		**89,30**	Schleuse Liepe	**57,37**	Zerpenschleuse
	Werbelliner Gewässer (117)		**4,00**	Pechteich	**19,80**	Joachimsthal
7	**Rüdersdorfer Gewässer** mit Haupt- und Nebenstrecken	99	**0,00**	Dämeritzsee	**3,78**	Schleuse Woltersdorf
8	**Dahme-Wasserstraße** mit Haupt- und Nebenstrecken	102	**10,30**	Krimnicksee	**26,04**	Prieros
9	**Spree-Oder-Wasserstraße**	85				
9.1	Gosener Kanal (89)			Gesamtstrecke		Gesamtstrecke
9.2	Seddinsee (89)			Gesamtstrecke		Gesamtstrecke
9.3	Neuhauser Speisekanal			Gesamtstrecke		Gesamtstrecke
9.4	Drahendorfer Spree			Gesamtstrecke		Gesamtstrecke
10	**Saale**	55	**89,20**	Schleuse Trotha	**115,22**	Rischmühlenschleuse
11	**Saar**	4	**87,60**			deutsch-französ. Grenze
12	**Lahn**	5	**70,00**		**137,07**	Hafen Lahnstein

Quelle: Binnenschifffahrt-Sportbootvermietungsverordnung (BinSch-SportbootVermV), Anlage 5: Binnenschifffahrtsstraßen, die mit Charterbescheinigung befahren werden dürfen, Stand: November 2010 (zul. geändert durch Verordnung vom 21. April 2009)

C: RECHTLICHE GRUNDLAGEN

Wer nachlesen möchte, wie die gesetzlichen Regelungen für die Sportschifffahrt auf den deutschen Wasserstraßen im Originaltext lauten, findet an dieser Stelle eine Auflistung der wichtigsten Verordnungen und Gesetze zu diesem Bereich. Alle Dokumente können auf der offiziellen Internetseite des Wasserstraßeninformationservices ELWIS unter www.elwis.de (s. auch Anhang D) angesehen oder heruntergeladen werden. Die Versionen befinden sich immer auf aktuellem Stand.

VERKEHRSVORSCHRIFTEN (BINNEN)
- **Binnenschifffahrtsstraßen-Ordnung** (BinSchStrO)
- **Rheinschifffahrtspolizeiverordnung** (RheinSchPV)
- **Moselschifffahrtspolizeiverordnung** (MoselSchPV)
- **Donauschifffahrtspolizeiverordnung** (DonauSchPV)

VERKEHRSVORSCHRIFTEN (SEE)
- **Kollisionsverhütungsregeln** (Internationale Regeln von 1972 zur Verhütung von Zusammenstößen auf See; KVR)
- **Seeschifffahrtsstraßen-Ordnung** (SeeSchStrO)
- **Schifffahrtsordnung Emsmündung** (EmsSchO)
- **Verordnung über das Befahren der Bundeswasserstraßen in Nationalparken im Bereich der Nordsee** (NPNordSBefV)
- **Befahrensregelungsverordnung Küstenbereich Mecklenburg-Vorpommern** (Verordnung über das Befahren der Bundeswasserstraßen in Nationalparken und Naturschutzgebieten im Bereich der Küste von Mecklenburg-Vorpommern; NPBefVMVK)

SPORTBOOTFÜHRERSCHEINE
- **Sportbootführerscheinverordnung-Binnen** (Verordnung über das Führen von Sportbooten auf den Binnenschifffahrtsstraßen; SportbootFüV-Bin)
- **Sportbootführerscheinverordnung-See** (Verordnung über die Eignung und Befähigung zum Führen von Sportbooten auf den Seeschifffahrtsstraßen; SportbootFüV-See)

CHARTER (BOOTSVERMIETUNG)
- **Binnenschifffahrt-Sportbootvermietungsverordnung** (Verordnung über die gewerbsmäßige Vermietung von Sportbooten sowie deren Benutzung auf den Binnenschifffahrtsstraßen; BinSch-SportbootVermV)

KENNZEICHNUNG
- **Binnenschifffahrt-Kennzeichnungsverordnung** (Verordnung über die Kennzeichnung von auf Binnenschifffahrtsstraßen verkehrenden Kleinfahrzeugen; KlFzKV-BinSch)

SPRECHFUNK
- **Binnenschifffahrt-Sprechfunkverordnung** (Verordnung über den Betrieb von Sprechfunkanlagen auf Ultrakurzwellen in der Binnenschifffahrt und den Erwerb des UKW-Sprechfunkzeugnisses für den Binnenschifffahrtsfunk; BinSchSprFunkV)

AUFGABEN DES BUNDES
- **Bundeswasserstraßengesetz** (WaStrG)
- **Binnenschifffahrtsaufgabengesetz** (Gesetz über die Aufgaben des Bundes auf dem Gebiet der Binnenschifffahrt; BinSchAufgG)

D: INTERNETADRESSEN

Das Internet hält eine Menge von Informationen für Motorbootskipper bereit. Hier sind einige sehr interessante Adressen:

BEHÖRDEN
- **Elektronischer Wasserstraßeninformationsservice:** www.elwis.de – Nautische Nachrichten, Sperrungen, Gesetze, Merkblätter
- **Wasser- und Schifffahrtsverwaltung des Bundes:** www.wsv.de – Informationen zu Wasserstraßen, Bauprojekten, Organisation
- **Deutscher Wetterdienst:** www.dwd.de – Seewetterbericht, Wetterkarten, Satellitenbilder, Wetterwarnungen
- **Bundesamt für Seeschifffahrt und Hydrographie:** www.bsh.de – Gezeitenberechnung, Strömungen, Berichtigungsservice

ORGANISATIONEN UND VERBÄNDE
- **Deutscher Motoryachtverband:** www.dmyv.de – Dachverband, Vereinsliste, Nachrichten, Informationen zu Revieren
- **Informationssystem »Gelbe Welle«:** www.gelbe-welle.de – Kriterien, Standorte, Piktogramme, Klassifizierung
- **Deutsche Gesellschaft zur Rettung Schiffbrüchiger:** www.dgzrs.de – Stationen, Ausrüstung, Alarmierung, Einsatzberichte
- **Wassertourismus-Guide:** www.toernplaner.net – Törnplanung online: Info-Datenbank mit Gewässern, Häfen und Infrastruktur

MEDIEN
- **Motorbootmagazin »Boote«:** www.boote-magazin.de – Boots- und Zubehörtests, Revier- und Reisereportagen, Blog und Forum
- **Delius Klasing Verlag:** www.delius-klasing.de – Fachverlag für nautische Literatur, Törn- und Revierführer und Sportbootkarten
- **Harald Paul:** www.haraldpaul.com – Deutschlands einziger Motorboot-Extremskipper, Online-Logbuch seiner Abenteuertörns

BOOTSMESSEN
- **boot:** www.boot.de – Düsseldorf: Januar
- **interboot:** www.interboot.de – Friedrichshafen (Bodensee): September
- **hanseboot:** www.hamburg-messe.de/hanseboot – Hamburg: Oktober/November
- **boot und fun:** www.bootundfun.de – Berlin: November

E: SCHIFFFAHRTSZEICHEN

Auf dieser Doppelseite sind alle Schifffahrtszeichen der Binnenschifffahrtsstraßen-Ordnung abgebildet (s. auch Seite 66). Für die vollständigen Bezeichnungen und die zu Grunde liegenden Paragrafen sei auf die Verordnung selbst verwiesen. Die drei Schifffahrtspolizeiverordnungen kennen jeweils noch einige wenige zusätzliche Zeichen, die jedoch sehr selten sind. Auf den Seeschifffahrtsstraßen ist es umgekehrt – auch dort haben die Zeichen das gleiche Aussehen, dafür sind es aber sehr viel weniger. Die Farbe Rot weist auf Gebote und Verbote hin, die Farbe Blau auf Empfehlungen und Erlaubnisse.

Besondere Vorsicht · Anhalten · Schifffahrtsbeschränkungen · Schallzeichen geben · Höchstgeschwindigkeit · Funkgerät auf angezeigtem Kanal in Betrieb nehmen

Nur in Hauptwasserstraße einfahren oder queren, wenn der Verkehr dort nicht behindert wird · Begrenzte lichte Höhe · Begrenzte Wassertiefe · Begrenzte Breite von Durchfahrt oder Fahrwasser · Entfernung (in m) zum Tafelzeichen einhalten

Sog und Wellenschlag vermeiden · Fahrzeuge mit Maschinenantrieb verboten · Sportfahrzeuge verboten · Stillliegeverbot (Ankern und Festmachen am Ufer) · Verbot, am Ufer festzumachen · Stillliegeverbot (in m) innerhalb der angegeb. Breite

Wasserskilaufen verboten · Segeln verboten · Baden verboten · Wassermotorräder verboten · Verbot für Fahrzeuge ohne Maschinen- oder Segelantrieb · Surfen verboten

Allgemeines Überholverbot [1] · Überholen und Begegnen verboten [1] · In Pfeilrichtung fahren · Überholverbot für Verbände [1,2] · Wendeverbot · Ankerverbot auf Seite des Schildes

Auf die Fahrwasserseite an Backbord wechseln [1] · Auf die Fahrwasserseite an Steuerbord wechseln [1] · Fahrwasserseite an Backbord halten [1] · Fahrwasserseite an Steuerbord halten [1] · Fahrwasser nach Backbord überqueren [1] · Fahrwasser nach Steuerbord überqueren [1]

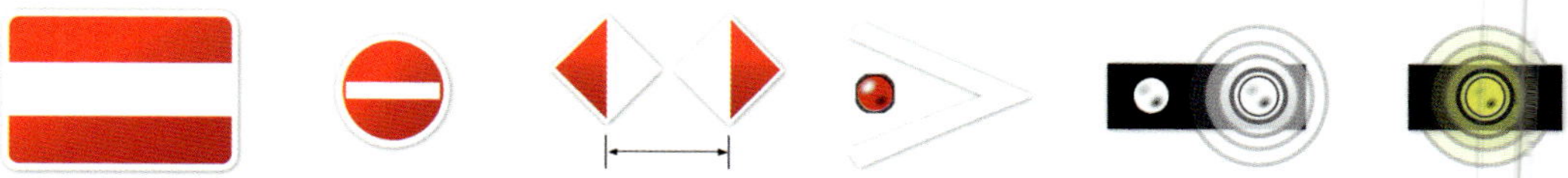

Verbot der Durchfahrt oder gesperrte Wasserfläche · Fahren außerhalb der Begrenzung verboten · Einfahrt in diese Richtung verboten · Empfehlung, in diese Richtung zu fahren · Achtung ausfahrende Fahrzeuge!

1 gilt nicht für Kleinfahrzeuge, 2 gilt auch zwischen Verbänden und gekuppelten Fahrzeugen, 3 nur Donau, 4 ohne gefährliche Fracht

Frei fahrende Fähre · Nicht frei fahrende Fähre · Fahrzeuge mit Maschinenantrieb erlaubt · Sportfahrzeuge erlaubt · Wasserskilaufen erlaubt · Segeln erlaubt

Kitesurfen erlaubt · Wassermotorräder erlaubt · Fahrzeuge ohne Maschinen- oder Segelantrieb erlaubt · Surfen erlaubt · Wendestelle · Nautischer Informationsfunk (Beispiel: Kanal 18)

Die benutzte Wasserstraße gilt als Nebenwasserstraße der einmündenden · Einmündende Wasserstraßen gelten als Nebenwasserstraßen · Kreuzende Hochspannungsleitung · Wehr

Empfehlung, in Pfeilrichtung zu fahren · Ende eines Gebots oder Verbots · Trinkwasserstelle · Fernsprechstelle · Stillliegen erlaubt auf Seite des Schildes · Festmachen am Ufer erlaubt auf Seite des Schildes

Höchstzahl der Fahrzeuge, die Stillliegen dürfen · Stillliegen erlaubt (in m) innerhalb der angeg. Breite · Ankern erlaubt auf Seite des Schildes · Liegestelle für die Schifffahrt ohne gefährliche Fracht · wie vorstehend; mit entzündbarer Fracht · wie vorstehend; mit gesundheitsschädlicher Fracht

wie vorstehend; mit explosiver Fracht · Liegestelle für die Schifffahrt außer Schubschifffahrt [4] · wie vorstehend; mit entzündbarer Fracht · wie vorstehend; mit gesundheitsschädlicher Fracht · wie vorstehend; mit explosiver Fracht · Liegestelle für die Schubschifffahrt [4]

wie vorstehend; mit entzündbarer Fracht · wie vorstehend; mit gesundheitsschädlicher Fracht · wie vorstehend; mit explosiver Fracht · Pfeil zeigt Richtung und Strecke der Gültigkeit an · Schild mit ergänzender Erklärung

Hochwassermarken (dunkel auf hellem Grund oder umgekehrt) · Durchfahrt erlaubt · Durchfahrt innerhalb der Begrenzung empfohlen · Empfohlene Durchfahrt nur von dieser Seite · Empfohlene Durchfahrt von beiden Seiten

Quelle: Binnenschifffahrtsstraßen-Ordnung (BinSchStrO), Kapitel 5 § 5.01: Schifffahrtszeichen, Anlage 7: Schifffahrtszeichen, Stand: Nov. 2010

F: BEZEICHNUNG DER FAHRZEUGE – BINNEN

Hier finden Sie in alphabetischer Reihenfolge nahezu alle Möglichkeiten zur Bezeichnung der verschiedenen Fahrzeuge durch Lichter und Signalkörper im Gültigkeitsbereich der Binnenschifffahrtsstraßen-Ordnung[1].

ARTEN DER LICHTER:

- **Topplicht:** ein weißes Licht, sichtbar über einen Bogen von 225° bzw. von recht voraus bis 112,5° auf beiden Seiten.
- **Seitenlichter:** farbige Lichter, sichtbar von recht voraus bis 112,5° auf der jeweiligen Seite (rot: Backbord, grün: Steuerbord).
- **Hecklicht:** ein weißes Licht, sichtbar über einen Bogen von 135° bzw. von recht achteraus bis 67,5° auf beiden Seiten.
- **Rundumlicht:** von allen Seiten sichtbares Licht, also sichtbar über den ganzen Horizontbogen (360°), je nach Funktion in verschiedenen Farben: weiß, rot, grün oder blau.
- **Funkellicht**

ARTEN DER SIGNALKÖRPER UND -ZEICHEN:

- **Kegel:** Farbe je nach Funktion, schwarz oder blau.
- **Doppelkegel:** zwei Kegel, deren Spitzen voneinander weg zeigen, sodass die Form eines Rhombus entsteht. Farbe je nach Funktion, grün oder gelb.
- **Ball (gelb):** für geschleppte Fahrzeuge.
- **Zylinder (gelb):** für Schleppfahrzeuge, mit schmalen schwarzen und weißen Streifen am oberen und unteren Ende.
- **Wimpel (rot):** für Fahrzeuge mit Vorrang.
- **Flagge A:** »Taucherflagge«.
- **Tafeln oder Flaggen (rot/weiß):** zur Anzeige freier und nicht freier Seiten bei schwimmendem Gerät.
- **Schwimmkörper (gelb):** »Döpper«, zur Kennzeichnung der Lage von Netzen und Ankern.

FAHRZEUGGRUPPEN UND IHRE BEZEICHNUNGEN:

Arbeitsfahrzeuge: Fahrzeuge in Fahrt, die in der Wasserstraße arbeiten, können (bei behördlicher Erlaubnis) ein von allen Seiten sichtbares gelbes Funkellicht führen.

Fähren: Fährfahrzeuge müssen während des Betriebes in Fahrt und beim Stillliegen an ihrer Anlegestelle – je nach Antriebstyp – als von allen Seiten sichtbare Kennzeichung führen:
- **Gierseilfähren:** ein weißes Licht.
- **Nicht frei fahrende Fähren:** ein weißes Licht, darüber ein grünes Licht.
- **Frei fahrende Fähren:** zusätzlich zu Seitenlichtern und Hecklicht ein weißes Licht, darüber ein grünes Licht. Seitenlichter und Hecklicht dürfen beim Stillliegen während des Betriebes weiterhin gezeigt werden.

Fahrgastschiffe: Fahrzeuge in Fahrt, die zur Beförderung von mehr als 20 Personen zugelassen sind und deren Länge geringer als 20 m ist, müssen als zusätzliche, von allen Seiten sichtbare Kennzeichnung einen gelben Doppelkegel führen.

Fahrzeuge, die weder durch Segel oder Maschine angetrieben werden: Solche Fahrzeuge, also etwa Ruderboote oder gestakte Kähne, führen bei Nacht ein von allen Seiten sichtbares weißes Licht. Beiboote müssen dieses Licht nur bei Annäherung zeigen.

Festgefahrene oder gesunkene Fahrzeuge: Festgefahrene oder gesunkene Fahrzeuge müssen folgende Kennzeichnung führen: auf der Seite, wo die Durchfahrt frei ist, ein weißes Licht, darüber ein rotes Licht, bei Tag eine Tafel oder Flagge, die obere Hälfte rot, die untere weiß, oder entsprechend zwei einzelne Tafeln oder Flaggen, die obere rot, die untere weiß, auf der Seite, wo die Durchfahrt nicht frei ist, bei Nacht ein rotes Licht auf gleicher Höhe wie das rote Licht auf der freien Seite, bei Tag eine rote Flagge oder Tafel auf gleicher Höhe wie die rote oder rot-weiße Flagge oder Tafel auf der freien Seite.

Gefährliche Ankerlieger: Wenn Anker so ausgeworfen sind, dass Kabel oder Ketten die Schifffahrt gefährden können, muss zusätzlich folgende Kennzeichnung geführt werden:
- **Stillliegende Fahrzeuge:** bei Nacht ein von allen Seiten sichtbares zweites weißes Licht unter dem ersten entsprechenden Licht des Stillliegers. Die Lage des Ankers muss zusätzlich durch einen gelben Schwimmkörper mit Radarreflektor gekennzeichnet sein.
- **Schwimmendes Gerät:** Bei Nacht muss die Lage des Ankers durch eine Tonne mit einem von allen Seiten sichtbaren weißen Licht und einem Radarreflektor gekennzeichnet sein, bei Tag durch einen gelben Schwimmkörper mit Radarreflektor.

Gefährliche Güter: Fahrzeuge in Fahrt, die gefährliche Güter befördern, müssen – je nach Art der Fracht – als zusätzliche, von allen Seiten sichtbare Kennzeichnung führen (auch beim Stillliegen muss die Gefahrenkennzeichnung weitergeführt werden):
- **Entzündbare Stoffe:** bei Nacht ein blaues Licht, bei Tag einen blauen Kegel mit der Spitze nach unten.
- **Gesundheitsschädliche Stoffe:** bei Nacht zwei blaue Lichter übereinander, bei Tag zwei blaue Kegel mit der Spitze nach unten übereinander.
- **Explosive Stoffe:** bei Nacht drei blaue Lichter übereinander, bei Tag drei blaue Kegel mit der Spitze nach unten übereinander.

Gekuppelte Fahrzeuge: Gekuppelte Fahrzeuge in Fahrt führen bei Nacht ein Topplicht auf jedem Fahrzeug (ohne Maschinenantrieb darf auch stattdessen ein weißes, von allen Seiten sichtbares Licht geführt werden, das nach hinten durch Mattglas abgeblendet ist), je ein Seitenlicht außen an den Fahrzeugen, dazu ein Hecklicht auf jedem Fahrzeug.

Kleinfahrzeuge: Kleinfahrzeuge mit Maschinenantrieb führen in Fahrt bei Nacht ein Topplicht auf gleicher Höhe wie die Seitenlichter und mindestens 1 m davor oder 1 m höher, dazu ein Hecklicht. Die Seitenlichter können auch in einer einzelnen Laterne am oder nahe am Bug geführt werden. Hecklicht und Topplicht dürfen ebenfalls durch ein von allen Seiten sichtbares weißes Licht anstelle des Topplichtes ersetzt werden. Geschleppte oder gekuppelte Kleinfahrzeuge müssen ebenfalls ein von allen Seiten sichtbares weißes Licht führen.

Maschinenfahrzeuge: Einzelne Maschinenfahrzeuge in Fahrt führen bei Nacht je nach Größe folgende Kennzeichnung:
- **Fahrzeuge bis 110 m Länge:** Topplicht auf dem Vorschiff, Seitenlichter, Hecklicht.
- **Fahrzeuge über 110 m Länge:** Ein Topplicht auf dem Vorschiff, ein zweites, höheres Topplicht auf dem Achterschiff, Seitenlichter, Hecklicht.

1 Quelle: Binnenschifffahrtsstraßen-Ordnung (BinSchStrO), Kapitel 3 Abschnitte I–III: Bezeichnungen der Fahrzeuge, Stand: Nov. 2010

Schleppverbände: Fahrzeuge eines Schleppverbandes führen je nach Position in Fahrt folgende Kennzeichnung:

- **Erstes Fahrzeug:** zusätzlich zu Seitenlichtern und Topplicht ein zweites Topplicht unter dem ersten, dazu ein gelbes Hecklicht, bei Tag einen von allen Seiten sichtbaren gelben Zylinder mit schwarz-weißen Rändern auf dem Vorschiff. Hat ein Verband mehrere Maschinenfahrzeuge an der Spitze, müssen alle zusätzlich ein drittes Topplicht unter dem zweiten führen.
- **Geschleppte Fahrzeuge:** bei Nacht ein weißes, von allen Seiten sichtbares Licht, nach hinten durch Mattglas abgeblendet, bei Tag einen von allen Seiten sichtbaren gelben Ball an gut sichtbarer Stelle.
- **Letztes Fahrzeug:** wie die übrigen geschleppten Fahrzeuge, bei Nacht zusätzlich jedoch ein weißes Hecklicht.

Schubverbände: Schubverbände führen in Fahrt bei Nacht drei weiße Topplichter in dreieckiger Anordnung auf dem Vorschiff des vordersten Fahrzeuges (bei mehreren Fahrzeugen nebeneinander auf dem linken), ein Topplicht auf jedem anderen Fahrzeug, dessen ganze Breite von vorn sichtbar ist, Seitenlichter auf dem breitesten Teil des Verbandes, drei Hecklichter nebeneinander auf dem Schubschiff, ein Hecklicht auf jedem anderen Fahrzeug, dessen ganze Breite von hinten sichtbar ist. Bei zwei Schubfahrzeugen führt das rechte drei, das linke nur ein Hecklicht. Wird der Schubverband geschleppt, führt das Schubschiff bei Nacht drei gelbe Hecklichter, bei Tag einen von allen Seiten sichtbaren gelben Ball an gut sichtbarer Stelle.

Schutzbedürftige Fahrzeuge und Anlagen: In Fahrt befindliche oder stillliegende Fahrzeuge oder schwimmende Anlagen können zum Schutz vor Sog- und Wellenschlag folgende zusätzliche Kennzeichnung führen: bei Nacht ein weißes Licht, darüber ein rotes Licht an gut sichtbarer Stelle, bei Tag eine Tafel oder Flagge, die obere Hälfte rot, die untere weiß, oder entsprechend zwei einzelne Tafeln oder Flaggen, die obere rot, die untere weiß.

Schwimmendes Gerät: Schwimmdes Gerät bei der Arbeit oder Fahrzeuge, die in der Wasserstraße arbeiten und dabei stillliegen, müssen folgende Kennzeichnung führen: **1.** auf der Seite, wo die Durchfahrt frei ist, bei Nacht zwei grüne Lichter, bei Tag zwei grüne Doppelkegel übereinander oder das entspechende grün-weiß-grüne Tafelzeichen (s. Seite 137 unten), auf der Seite, wo die Durchfahrt nicht frei ist, bei Nacht ein rotes Licht auf gleicher Höhe wie das oberste grüne Licht auf der freien Seite, bei Tag einen roten Ball auf gleicher Höhe wie der oberste grüne Doppelkegel oder das entsprechende rot-weiß-rote Tafelzeichen (s. Seite 136 unten) **oder 2.** auf der Seite, wo die Durchfahrt frei ist, ein weißes Licht, darüber ein rotes Licht, bei Tag eine Tafel oder Flagge, die obere Hälfte rot, die untere weiß, oder entsprechend zwei einzelne Tafeln oder Flaggen, die obere rot, die untere weiß, auf der Seite, wo die Durchfahrt nicht frei ist, bei Nacht ein rotes Licht auf gleicher Höhe wie das rote Licht auf der freien Seite, bei Tag eine rote Flagge oder Tafel auf gleicher Höhe wie die rote oder rot-weiße Flagge oder Tafel auf der freien Seite.

Segelnde Fahrzeuge: Segelnde Fahrzeuge in Fahrt führen bei Nacht je nach Größe folgende Kennzeichnung:

- **Fahrzeuge, mit Ausnahme der Kleinfahrzeuge:** Seitenlichter und Hecklicht.
- **Kleinfahrzeuge:** Seitenlichter und Hecklicht oder alle drei Lichter in einer einzigen Laterne im Masttopp oder ein von allen Seiten sichtbares weißes Licht in Kombination mit einem zweiten weißen Licht bei Annäherung eines anderen Fahrzeuges. Führt das segelnde Kleinfahrzeug zusätzlich mit Antriebsmaschine, muss bei Tag ein schwarzer Kegel mit Spitze nach unten gut sichtbar geführt werden.

Stillliegende Fahrzeuge: Stillliegende Fahrzeuge, ausgenommen Fähren, schwimmendes Gerät bei der Arbeit, sowie festgefahrene oder gesunkene Fahrzeuge, müssen zur Kennzeichnung generell führen:

- **Fahrzeuge, mit Ausnahme der Kleinfahrzeuge:** bei Nacht ein von allen Seiten sichtbares weißes Licht auf der Fahrwasserseite, mindestens 3 m über der Ebene der Einsenkungsmarken.
- **Kleinfahrzeuge:** bei Nacht ein von allen Seiten sichtbares weißes Licht auf der Fahrwasserseite.
- **Bestimmte Fischereifahrzeuge:** bei ausgebrachten Netzen im Fahrwasser oder in Fahrwassernähe zusätzlich von allen Seiten sichtbare weiße Lichter in ausreichender Anzahl, die die Lage des Netzes oder Auslegers kenntlich machen, bei Tag stattdessen gelbe Döpper (Schwimmkörper).

Taucharbeiten: Fahrzeuge oder Stellen, von denen Taucharbeiten durchgeführt werden, müssen zum Schutz der Taucher zusätzlich bei Tag und Nacht die blau-weiße Flagge A des internationalen Signalbuches zeigen; bei Nacht ist die Flagge anzustrahlen.

Überwachungsbehörden: Fahrzeuge der Überwachungsbehörden können bei Tag und Nacht ein blaues Funkellicht führen; das gilt auch für Feuerlöschboote, Wasserrettungsfahrzeuge im Einsatz oder beispielsweise die Bundespolizei.

Vorrangfahrzeuge: Fahrzeuge in Fahrt, denen die Behörden einen Vorrang eingeräumt haben, müssen zusätzlich bei Tag einen roten Wimpel gut sichtbar auf dem Vorschiff führen.

G: SCHALLSIGNALE – BINNEN

Die wichtigsten Schallsignale im Gültigkeitsbereich der Binnenschifffahrtsstraßen-Ordnung[2]. Ein kurzer Ton (•) ist ein Ton von etwa einer Sekunde Dauer, ein langer Ton (–) ein Ton von etwa vier Sekunden Dauer. Die Pause zwischen zwei aufeinanderfolgender Tönen beträgt etwa eine Sekunde.

–	**Achtung!**
•	**Ich richte meinen Kurs nach Steuerbord.**
• •	**Ich richte meinen Kurs nach Backbord.**
• • •	**Meine Maschine geht rückwärts.**
• • • •	**Ich bin manövrierunfähig.**
• • • • • • • •	**Gefahr eines Zusammenstoßes** (Folge sehr kurzer Töne; mehr als 5)
– – – – –	**Notsignal** (wiederholte lange Töne oder Gruppe von Glockenschlägen)
• –	**Bleib-weg-Signal**

– – •	**a:** Ich beabsichtige, Sie an meiner Steuerbordseite zu überholen.
– – • •	**b:** Ich beabsichtige, Sie an meiner Backbordseite zu überholen.
•	**c:** Antwort des Vorausfahrers auf **a:** Überholen nicht an Steuerbord möglich, dafür an Backbord.
• •	**d:** Antwort des Vorausfahrers auf **b:** Überholen nicht an Backbord möglich, dafür an Steuerbord.
• •	**e:** Antwort des Überholers auf **c:** Ich überhole an Backbord.
•	**f:** Antwort des Überholers auf **d:** Ich überhole an Steuerbord.
– •	**g:** Ich wende über Steuerbord!
– • •	**h:** Ich wende über Backbord!

2 Quelle: Binnenschifffahrtsstraßen-Ordnung (BinSchStrO), Kapitel 4 Abschnitte I: Bezeichnungen der Fahrzeuge, Stand: Nov. 2010

H: BEZEICHNUNG DER FAHRZEUGE – SEE

Hier finden Sie in alphabetischer Reihenfolge nahezu alle Möglichkeiten zur Bezeichnung der verschiedenen Fahrzeuge durch Lichter und Signalkörper, wie sie die Kollisionsverhütungsregeln vorsehen[1]. Dazu kommen national gültige Ergänzungen durch die Seeschifffahrtsstraßen-Ordnung[2].

ARTEN DER LICHTER:

- **Topplicht:** ein weißes Licht, sichtbar über einen Bogen von 225° bzw. von recht voraus bis 112,5° auf beiden Seiten.
- **Seitenlichter:** farbige Lichter, sichtbar von recht voraus bis 112,5° auf der jeweiligen Seite (rot: Backbord, grün: Steuerbord).
- **Hecklicht:** ein weißes Licht, sichtbar über einen Bogen von 135° bzw. von recht achteraus bis 67,5° auf beiden Seiten.
- **Rundumlicht:** von allen Seiten sichtbares Licht, also sichtbar über den ganzen Horizontbogen (360°), je nach Funktion in verschiedenen Farben: weiß, rot oder grün.
- **Funkellicht**
- **Gleichtaktlicht**

ARTEN DER SIGNALKÖRPER UND -ZEICHEN:

- **Kegel**
- **Doppelkegel (Rhombus):** zwei Kegel, deren Spitzen voneinander wegzeigen, sodass die Form eines Rhombus entsteht.
- **Doppelkegel (Stundenglas):** zwei Kegel, deren Spitzen zueinander zeigen, sodass die Form eines Stundenglases entsteht.
- **Ball**
- **Zylinder**
- **Flagge A:** »Taucherflagge«.
- **Flagge B:** »Gefahrgutflagge«.
- **Flagge (grün):** »Zollflagge«.
- **Leuchtkugeln (weiße Sterne)**

FAHRZEUGGRUPPEN UND IHRE BEZEICHNUNGEN:

Ankerlieger: Ein Fahrzeug vor Anker muss je nach Größe folgende Kennzeichnung führen, wo sie am besten zu sehen ist:
- **Fahrzeuge vor Anker:** ein weißes, von allen Seiten sichtbares Licht oder einen Ball vorne, an oder nahe dem Heck ein zweites weißes, von allen Seiten sichtbares Licht, niedriger als das vordere.
- **Fahrzeuge vor Anker unter 50 m Länge:** Anstelle der zuvor genannten Lichter darf ein weißes, von allen Seiten sichtbares Licht dort geführt werden, wo es am besten gesehen werden kann.
- **Fahrzeuge vor Anker unter 7 m Länge:** Liegt das Fahrzeug nicht in einem engen Fahrwasser, einer Fahrrinne oder auf einer Reede oder in der Nähe davon, braucht es die zuvor genannten Lichter oder den Signalkörper nicht zu führen.

Bundeswehr und Bundespolizei: Fahrzeuge der Bundeswehr und Bundespolizei und Fahrzeuge, die Zielscheiben für Schießübungen schleppen, schießen bei gefährlicher Annäherung anderer Fahrzeuge Leuchtkugeln mit weißen Sternen.

Fähren: Fährfahrzeuge müssen während des Betriebes in Fahrt und beim Stillliegen an ihrer Anlegestelle – je nach Antriebstyp – als von allen Seiten sichtbare Kennzeichnung führen:
- **Nicht frei fahrende Fähren:** bei Nacht zwei von allen Seiten sichtbare Lichter übereinander, unten weiß, darüber grün.
- **Frei fahrende Fähren:** Frei fahrende Fähren auf Nord-Ostsee-Kanal, Warnow und Trave führen je ein gelbes, von allen Seiten sichtbares Gleichtaktlicht im Topp sowie vorn und hinten an jeder Seite (bei den Ecklichtern nur sichtbar im fahrzeugabgewandten Sichtwinkel).

Fischereifahrzeuge: Fischende Fahrzeuge in Fahrt oder vor Anker müssen je nach Fangmethode folgende Kennzeichnung führen:
- **Fischender Trawler:** Ein Fischereifahrzeug, dass ein Netz oder Fanggerät durchs Wasser schleppt, führt zwei von allen Seiten sichtbare Lichter übereinander, unten weiß, darüber grün, oder einen Signalkörper in Form eines Stundenglases, außerdem ein Topplicht achterlicher und höher als das grüne Rundumlicht; ein Fahrzeug von unter 50 m Länge kann ein solches Licht führen, ist jedoch nicht dazu verpflichtet, bei Fahrt durchs Wasser zusätzlich Seitenlichter und Hecklicht.
- **Fahrzeug, das nicht trawlt:** Ein Fischereifahrzeug, das nicht trawlt, führt zwei von allen Seiten sichtbare Lichter übereinander, unten weiß, darüber rot, oder einen Signalkörper in Form eines Stundenglases, bei ausgebrachtem Fanggerät, das waagerecht mehr als 150 Meter ins Wasser reicht, ein weißes Rundumlicht oder einen Kegel mit nach oben zeigender Spitze in Richtung des Fanggeräts, bei Fahrt durchs Wasser zusätzlich Seitenlichter und Hecklicht.

Gefährliche Güter: Fahrzeuge, die bestimmte gefährliche Güter transportieren, oder leere Fahrzeuge führen bei Nacht ein rotes, von allen Seiten sichtbares Licht, bei Tag die Flagge B des internationalen Signalbuches.

Grundsitzer: Ein Fahrzeug auf Grund muss die Lichter eines Ankerliegers führen und zusätzlich dort, wo sie am besten gesehen werden können, zwei rote, von allen Seiten sichtbare Lichter oder drei Bälle übereinander. Ein Fahrzeug von unter 12 m Länge muss die zuvor genannten Lichter oder Signalkörper nicht zu führen.

Lotsenfahrzeuge: Fahrzeuge im Lotsendienst müssen an oder nahe dem Masttopp zwei von allen Seiten sichtbare Lichter übereinander führen, unten rot, darüber weiß, in Fahrt zusätzlich Seitenlichter und ein Hecklicht.

Manövrierbehinderte Fahrzeuge: drei von allen Seiten sichtbare Lichter in der Folge rot-weiß-rot übereinander dort, wo sie am besten gesehen werden können, drei Signalkörper in der Folge Ball-Rhombus-Ball übereinander dort, wo sie am besten gesehen werden können, bei Fahrt durchs Wasser zusätzlich ein oder mehrere Topplichter (je nach Größe), Seitenlichter und Hecklicht. Ein manövrierbehindertes Fahrzeug, das baggert oder Unterwasserarbeiten ausführt, muss zusätzlich zwei rote, von allen Seiten sichtbare Lichter oder zwei Bälle übereinander führen, um die Seite anzuzeigen, an der die Behinderung besteht, und zwei grüne von allen Seiten sichtbare Lichter oder zwei Rhomben übereinander, um die Passierseite(-n) für ein anderes Fahrzeug anzuzeigen.

Manövrierunfähige Fahrzeuge: zwei rote, von allen Seiten sichtbare Lichter übereinander dort, wo sie am besten gesehen werden können, zwei Bälle oder ähnliche Signalkörper übereinander dort, wo sie am besten gesehen werden können, bei Fahrt durchs Wasser zusätzlich Seitenlichter und Hecklicht.

1 Quelle: Kollisionsverhütungsregeln (KVR), Teil C Regeln 20–30: Lichter und Signalkörper, Stand: Nov. 2010
2 Quelle: Seeschifffahrtsstraßen-Ordnung (SeeSchStrO), 1. Abschn. § 5 und Anlage II: Sichtzeichen und Schallsignale, Stand: Nov. 2010

Maschinenfahrzeuge: Maschinenfahrzeuge in Fahrt müssen je nach Größe folgende Kennzeichnung führen:

- **Fahrzeuge unter 50 m Länge:** Topplicht vorn, Seitenlichter, Hecklicht.
- **Fahrzeuge ab 50 m Länge:** Ein Topplicht vorn, ein zweites Topplicht höher und achterlicher, Seitenlichter, Hecklicht.
- **Fahrzeuge unter 12 m Länge:** Topplicht, Seitenlichter, Hecklicht; Topp- und Hecklicht können anstelle des Topplichtes durch ein weißes, von allen Seiten sichtbares Licht ersetzt werden. Die Seitenlichter können ebenfalls in einer einzelnen Zweifarbenlaterne zusammengefasst werden.
- **Fahrzeuge unter 7 m Länge und mit 7 kn Höchstgeschwindigkeit:** ein weißes, von allen Seiten sichtbares Licht, und – wenn möglich – Seitenlichter in separaten Laternen oder in einer einzelnen Laterne.

Polizeidienst: Fahrzeuge des öffentlichen Dienstes zeigen bei der Erfüllung polizeilicher Aufgaben ein blaues, von allen Seiten sichtbares Funkellicht. Das gilt auch für Fahrzeuge der Deutschen Gesellschaft zur Rettung Schiffbrüchiger bei Durchführung eines Rettungseinsatzes.

Ruderfahrzeuge: Ein Fahrzeug unter Ruder darf die für Segelfahrzeuge vorgeschriebenen Lichter führen, andernfalls muss eine Laterne oder Lampe mit weißem Licht bei Annäherung eines anderen Fahrzeuges gezeigt werden.

Schleppverbände: Fahrzeuge eines Schleppverbandes führen je nach Position in Fahrt folgende Kennzeichnung

- **Schleppendes Fahrzeug:** zusätzlich zu Seitenlichtern zwei Topplichter übereinander, bei einer Länge des Anhanges (ab Heck des schleppenden Fahrzeuges) von mehr als 200 m drei Topplichter übereinander (und einen rhombusförmigen Signalkörper an gut sichtbarer Stelle), dazu immer ein gelbes Schlepplicht über dem Hecklicht.
- **Geschleppte Fahrzeuge:** Seitenlichter, bei einer Länge des Anhanges (ab Heck des schleppenden Fahrzeuges) von mehr als 200 m einen rhombusförmigen Signalkörper an gut sichtbarer Stelle, dazu ein Hecklicht.
- **Starrer Schubverband:** Starre Schubverbände führen entsprechend ihrer Gesamtlänge die Lichter eines Maschinenfahrzeuges.

Segelfahrzeuge: Segelfahrzeuge in Fahrt müssen je nach Größe und Antriebsart folgende Kennzeichnung führen:

- **Segelfahrzeuge:** Seitenlichter, Hecklicht.
- **Segelfahrzeuge unter 20 m Länge:** Die Seitenlichter dürfen in einer einzelnen Zweifarbenlaterne am Bug zusammengefasst werden, Seitenlichter und Hecklicht dürfen in einer einzelnen Dreifarbenlaterne im Masttopp zusammengefasst werden, bei getrennten Seitenlichtern und Hecklicht dürfen zusätzlich im Masttopp zwei von allen Seiten sichtbare Laternen übereinander geführt werden: unten grün, darüber rot.
- **Segelfahrzeuge unter 7 m Länge:** Wenn möglich müssen die Lichter eines Segelfahrzeuges unter 20 m Länge geführt werden; ist das nicht möglich, muss eine Laterne oder Lampe mit weißem Licht bei Annäherung eines anderen Fahrzeuges gezeigt werden.
- **Fahrzeuge unter Segel- und Maschinenantrieb:** Alle Fahrzeuge unter Segel, die gleichzeitig mit Maschinenkraft fahren, müssen im Vorschiff einen Kegel mit nach unten zeigender Spitze führen, wo er am besten gesehen werden kann.

Taucharbeiten: Fahrzeuge, die Taucharbeiten durchführen, führen die Lichter eines manövrierbehinderten Fahrzeuges bei Unterwasserarbeiten; ist das aufgrund der Fahrzeuggröße unmöglich, müssen zumindest die Lichterfolge rot-weiß-rot und zusätzlich eine mindestens 1 m große Tafel in Form der Flagge A des internationalen Signalbuches gezeigt werden.

Tiefgangbehinderte Fahrzeuge: Ein tiefangbehindertes Fahrzeug darf zusätzlich drei rote, von allen Seiten sichtbare Lichter übereinander oder einen Zylinder dort führen, wo sie am besten gesehen werden können.

Zollfahrzeuge: Fahrzeuge im Zolldienst führen bei Nacht drei grüne, von allen Seiten sichtbare Lichter übereinander, bei Tag eine viereckige grüne Flagge an beliebiger Stelle.

I: SCHALLSIGNALE – SEE

Die wichtigsten Schallsignale im Gültigkeitsbereich von Seeschifffahrtsstraßen-Ordnung und Kollisionsverhütungsregeln[3]. Ein kurzer Ton (•) ist ein Ton von etwa einer Sekunde Dauer, ein langer Ton (–) ein Ton von etwa vier bis sechs Sekunden Dauer. Die Pause zwischen zwei aufeinanderfolgenden Tönen beträgt etwa eine Sekunde.

–	**Achtung!**
– • • • • – • • • •	**Gefahr- und Warnsignal**
• – • – • – • – • –	**Bleib-weg-Signal** (Signal mindestens fünfmal hintereinander mit je zwei Sekunden Zwischenpause pro Minute)
	Kursänderungssignale:
•	Ich ändere meinen Kurs nach Steuerbord.
• •	Ich ändere meinen Kurs nach Backbord.
• • •	Meine Maschine geht rückwärts.
	Aufforderungssignale:
• • • • •	Bitte der Ausweichpflicht nachkommen
• – • •	Aufforderung zum Anhalten durch ein Fahrzeug des öffentlichen Dienstes
	Überholsignale:
– – •	Ich beabsichtige, an ihrer Steuerbordseite zu überholen.
– – • •	Ich beabsichtige, an ihrer Backbordseite zu überholen.
– • – •	Zustimmung des zu überholenden Fahrzeuges zum Überholvorgang.
	Signale bei verminderter Sicht:
–	Maschinenfahrz. mit Fahrt durchs Wasser
– –	Maschinenfahrz. in Fahrt ohne Fahrt durchs Wasser
– • •	Manövrierunfähige, tiefgangbehinderte, schleppende, schiebende Fahrz.; Segelfahrz. in Fahrt, Manövrierbehinderte Fahrz. in Fahrt oder vor Anker; fischende Fahrzeuge in Fahrt oder vor Anker
– • • •	Geschlepptes Fahrz. oder letztes Fahrzeug eines Schleppzuges, wenn bemannt
• – •	Warnsignal eines Ankerliegers
Glocke	Ankerlieger unter 100 m Länge
Glocke + Gong	Ankerlieger ab 100 m Länge

3 Quellen: Kollisionsverhütungsregeln (KVR), Teil D Regeln 32–37: Schall- und Lichtsignale; Seeschifffahrtsstraßen-Ordnung (SeeSchStrO), 1. Abschn. § 6 und Anlage II: Sichtzeichen und Schallsignale, beide Stand: Nov. 2010

A

B

C

D

E

F

G

H

probefahrt*
*Jetzt Gratisheft bestellen
boote
EUROPAS GRÖSSTES MOTORBOOT-MAGAZIN
BOOTSPAPIERE
WER BRAUCHT WAS?
SO MACHEN ES DIE PROFIS
CABRIOPFLEGE
BOOTSTEST
SEA RAY 255
SEALINE F42
STURIER 500
SCHWEDEN
Entdecken Sie den Spaß am Motorbootfahren mit BOOTE, Europas größtem Motorboot-Magazin. Alles über innovative Technik, aktuelle Trends und die schönsten Reiseziele, mit aufschlussreichen Tests für Besitzer, Charterer und Skipper.
Jeden Monat neu am Kiosk. Gratis-Probeheft unter 0521 - 55 99 11 oder www.boote-magazin.de
boote
machen Spaß